JN136441

地力をつける

Learn Calculus,
Expand Your Potentials

微分と積分

小林俊行
Toshiyuki Kobayashi

岩波書店

目　次

第1章 本書の目標

社会に出れば，学校では学ばなかったような問題に直面します．ものごとを根本から考える「地力（じりき）」を養っておくと，想定外の問題に遭遇したときの対応力の幅を広げてくれるでしょう．それでは，数学の地力をつけるために，どのようなことを意識するとよいのでしょうか？

この本の目標は，解析学の大事な考え方を学びながら，数学の直観力を高めるお手伝いをすることです．

数学の直観力は「何が根本的なことか」をイメージし，それを理解することから生まれます．

読者の中には高校で1変数関数の微分や積分の計算を習った方もいらっしゃるでしょう．本書では計算法も少しお話ししますが，何よりもまず，

「そもそも微分や積分は何をとらえようとしているか」

という根本的な部分に焦点を当てます．このために「身近な場所で微分や積分がどのような形で現れているか」をさまざまな視点から分析してみます．

微分や積分は極限操作で定義されます．本書では無限や極限に対する感覚を磨くため，なんとなく知っているつもりの「大きな数」や「収束の速さ」や「誤差」についても，具体的な題材を使って再考します．

1.1 数学の概念の芯をつかむ

数学というと「難しい問題を解く」という印象があるかもしれません．本書の目標は，試験問題を解くことではありません．それぞれの読者が数学の概念の芯になる部分に触れ，それを自分なりに理解しようとする姿勢を大事にします．形だけを覚えた「公式」はすぐに忘れがちです．一方，「本質的なことをつかんで理解する」のは容易ではありませんが，いったん理解できれば細かい

ことを忘れても大事なことは残り，それが素養として長続きします．

さて，小学校から高校までに学習する数学は，いくつかの例外はありますが，その大部分は300年前くらいまでに得られた数学理論（の一部）です．たとえば，2次方程式の解法や三角関数は紀元前に起源をもつものですし，ニュートンやライプニッツが微分・積分の基盤づくりをしたのは約350年前です．確かに，数学の理論は時や場所を越えた普遍性があり，古代ギリシャで証明された定理は2000年以上経過した現代の日本でも定理として成り立ちます．

一方，数学理論は300年前に発展が止まったのではなく，むしろ加速して，新しい数学概念や理論が次々と誕生し，深化しています．現代の自然科学や経済学や金融業界では，こういった最近の数学も駆使します．AI（人工知能）の土台も数学ですし，コンピュータやデータ通信や資源探査にも数学が基礎として使われています．未来においても，さらに新しい数学理論や数学的な考え方が生まれ，それがさまざまな場面で用いられることになるでしょう．

ところで，現代数学の概念は，最大限の汎用性と厳密な論理を同時に追求するあまり，きわめて抽象的な形で記述されがちです．いきなり抽象的な概念を聞いても，それを咀嚼（そしゃく）して理解するのは簡単ではありません．その一方で，公式や定理をブラックボックスとして鵜呑（うの）みにしてしまうと，実際に使おうとしたときに大きな間違いをする可能性があります．

本書は，身近な具体例を用いて，抽象的な概念の芯となる部分に早く触れられるように構成しました．将来，読者の皆さんが別の場面で数理的な新しい概念に接したときにも，何が大事かをイメージしながら，それをやわらかい思考で取り入れることができる地力を培（つちか）うきっかけになればと考えています．

1.2　微分と積分は何をとらえているか

微分は，「微小な変化でどのような変動が起こるか」を分析する数学の手法です．「微小な」という言葉は少し曖昧で，人によって解釈が異なってしまいそうですが，数学では，**極限**という概念を用いて「無限小レベルの変化」として厳密に微分を定義することになります．

微分は局所的な性質を記述する強力な手法です．関数や図形を局所的に**近似**する際には微分を使います．その近似がどの程度の誤差を含みうるか，という誤差評価にも微分法が用いられます．また，微分は自然科学における普遍的な法則や社会科学の原理を記述する場合にも役立つことがあります．たとえば物理学における万有引力の法則や，経済学における最適化の一部の問題は微分を用いて記述されます．法則や原理がわかっている場合の一例として，惑星の動きやボールの飛び方の未来予測をすることを想像してみてください．物体にはどの瞬間にも物理法則が作用しています．これを微分方程式という言葉で表すことによって，数学的に精密に分析する基盤ができるのです．

さて，現実の事象を解明しようとすると，その事象に関わる要因は1つではなく複数の要因が絡み合っていることが多いでしょう．複数の要因が絡み合っている状況を数量的に表すのが**多変数関数**です．多変数関数の解析は1変数の場合よりも難しくなります．たとえば，変数が2個以上あると，「変数を少し動かす」といってもいろいろな動かし方があります．これを精密に扱うのが**偏微分**の理論です．

一方，**積分**は「そこにある量を算出する道具である」と受け止めると，微分よりも具体的な概念です．実際，歴史的に見ると，積分の概念は微分よりもはるか前に誕生しています．1変数関数の積分は，「微分の逆演算」として解釈することもできるのですが，より広い状況で積分の概念を定義しようとすると，微分の逆演算という視点にこだわらない方がうまくいきます．そこで，本書では，「そこにある量」を小分けして合算して求めるという素朴な考え方(区分求積法)を積分論の主軸にして，1変数関数から多変数関数の場合までの積分を扱います．

1.3　本書の内容

本書で取り上げるテーマを紹介しましょう．

微分を「無限小レベルの変化」としてとらえる際には，極限という概念を使います．また，積分論(第6章)では「領域をどんどん細かく分割して極限をとる」というお話もします．極限とか無限大とか無限小などの概念は，本当は神様しか扱えないものかもしれないのですが，私たちはどのように考えればよいのでしょうか？ 数学では，相対的に無視できるものを切り捨てるという操作を論理的に積み重ねて，無限という概念に向き合います．

このように述べると，無機的な論理だけで無限や極限という概念を扱っているように見えますが，実はそうではありません．論理の背後には，もっと人間的な‘感覚’があります．‘感覚’を研ぎ澄ませると論理を明快に組み立てることが可能になり，また論理思考のミスも減ります．たとえば‘塵も積もれば山となる’とか‘見かけ倒し’といったことは，数学においても，極限操作や近似・誤差評価を行うときに遭遇します．こういったことがどういう状況で起こるかを見抜ける‘感覚’こそが論理の道標（みちしるべ）となるのです．

第2章と第3章では，無限の一歩手前をお話しします．「巨大な数どうしを比較する」「見積もる」「近似と誤差」がキーワードとなります．そこでは身近な例を取り上げ，手計算で大まかな値を見積もったり，逆にスーパーコンピュータを長時間走らせても真の値に近づけない例などを分析したりしながら，こういった感覚を磨いていきたいと思います．

第4章から第6章までのテーマが微分と積分です．

高校で微分・積分を習った方は，たとえば「放物線とその2つの接線で囲まれた部分の面積を求めよ」といった問題で，接線を求めるには微分を使い，面積を求めるには積分を使って解かれたことがあるかもしれません．これは冒頭で述べた「難しい問題を解く」という一例です．本書の目標は，こういった微分や積分の計算問題がすらすらと解けるようになることではなく，「そもそも微分や積分は何をとらえているか」という芯になる部分を理解することです．

変数が複数ある多変数関数の局所的な振る舞いを分析するというのが第5章の偏微分のテーマとなります．その準備として，第4章では1変数の関数の微分について理解を深めます．まず，身近な日常生活の「どのような場面で微分を感じるか」を想像しながら微分に関する直観力を磨きます．さらに，微分を用いて「関数を局所的に近似する」という考え方を学ぶと同時に，その誤

差評価も考察します．近似をしたつもりなのに大きな誤差が生じているとすると，その兆候はどこかに現れているはずです．局所近似の**誤差の兆候**は高階の微分に現れます．これを逆に突き詰めると**テイラー展開**という概念に到達します．そこで使う論理として，一見当たり前に見えるけれども，意外に役立つ**存在定理**についてもお話しします．

このような形で 1 変数の微分についての感覚を第 4 章で十分に高めたうえで，第 5 章では多変数関数の偏微分のお話に入ります．偏微分の定義自身は 1 変数の微分と同様なのですが，変数がたくさんあるので，それぞれの変数に関する偏微分のデータをどのように統合して使うかということが大事になります．本書では野山を歩くことを思い浮かべながら「どこに山や谷や峠があるのか」とか「どの斜面が急峻(きゅうしゅん)か」を地図で表現する，あるいは逆に，等高線図を見ながら「山道の登り下りを読み取る」といったことを通じて，偏微分の意味を複数の視点から学びます．多変数関数を身近にイメージする練習をした後に，その局所的な振る舞いや制約条件の付いた場合の最適化問題に対する**ラグランジュの未定乗数法**などの考え方に触れ，偏微分法の芯の部分についての理解を深めます．

最後の章は積分論です．本書では，特殊な問題に対して「積分を上手に計算する」という方向ではなく，汎用性のある積分論を考えます．前述したように，歴史的には，微分よりもはるか以前に積分の概念が生まれています．古代エジプトでは，面積を測るときに，三角形や長方形に分割して近似的に面積を求めていたようです．「小さく分けて合算する」という素朴で古典的な考え方は「積分」という言葉にぴったりの考え方であり，現代の積分論につながる普遍性をもっています．この素朴な考え方で多重積分も定義することができます．また 1 変数関数の積分が微分の逆演算であるという**微分積分学の基本定理**もこの素朴な考え方から導かれます．「そこにある量」をどのようにすれば積分で表せるかについては，本書では曲線の長さや立体の体積や ‘物体の釣り合い’ などのさまざまな具体例を取り上げながら考察します．

なお，本書では多変数関数は 2 変数あるいは 3 変数の場合を中心に扱います．変数が増えても解析的な部分は本質的に変わりませんが，たとえば変数が

100個あるような場合は，多数のデータを処理するときに線型代数学(あるいは行列論)の知識が必要になります．本書では，主に変数が2〜3個の場合を扱い，線型代数学は未習と仮定し，そのかわりに平面や空間の幾何的なイメージを活用して話を進めます．逆に線型代数学を学んだことのある読者は，本書で取り扱われている平面や空間の幾何学の定式化から，線型代数の1つの側面に触れることになるでしょう．

1.4　将来に役立つ思考力と吸収力を養うために

この本は東京大学の1, 2年生の文科のクラスにおける半年間の講義がもとになっています．数学を学校で学ぶのはひょっとするとこれが最後になるかもしれない学生さんたちが対象のクラスです．将来たとえば経済学の勉強をしたり，実業界や行政組織に入ってものごとを判断したり，社会科学的な分析をしてそれを発信したりするかもしれない学生さんたちも聴講しています．文科のクラスでは大学で履修する数学の時間数は少なく，また，高校であまり数学の勉強に力を入れてこなかった方も多く聴講しています．限られた短い講義時間の中で，どのように講義を工夫すれば，聴講している学生さんたちが，「将来社会に出て，いざ必要になったときに，また新しいことを勉強できる素地を養えるか？」と何年も試行錯誤して本書が生まれました．

この本のもとになった講義では，文系学生向けの通常のシラバスに含まれていない題材であっても，重要なものは自由に取り込みました．書籍化するときも，テーマの選択は講義をできるだけ忠実に反映しました．したがって，理系学生向けの1年間の講義でも扱わない「一歩進んだテーマ」も多少入っています．その一方で，詳細な公式や問題の解き方や数学科で習うような厳密な証明には深入りせず，「何が根本的かをイメージし，その考え方をつかんで直観力を磨く」ということに焦点を当てています．

さまざまな領域で使われている数学の公式をブラックボックスとして鵜呑みにするのではなく，その背後にある芯の部分を理解するためのコツをつかんでおくと，将来，いざ必要になったときに，また新しいことを勉強できる素地になるでしょう．

さて，文系・理系と分ける考え方や制度は，私たちの意識のどこかに影響を与えているかもしれません．この二分法は，日本の場合は大正時代に遡るようですが，海外では人文科学と社会科学と自然科学の3つに分けることもあります．いずれにしても，こういった分類法に影響されて，心理的に壁を作ってしまうのはあまり建設的ではないと思います．本書の対象読者は，文系の学生に限らず，理系の学生や，新たな気持ちで数学を学びたい社会人も想定しています．

「数学の地力をつける」という観点から，最後に1つ提案をしておきたいと思います．数学の直観力を磨くためには，根本的なことを直視して論理的に理解する努力に加えて，別の視点から眺めたり，数歩戻って，わからないと気づいたことを育てるという，ゆったりとした気持ちが大事なステップになると思ってください．「何かしっくりこない」とか「このあたりの何かがわからない，しかし，わからない中身を言葉にもできない」ということがあれば，そういったひっかかりそのものを，宝物と思ってみるのです．

‘わからないこと’は切り捨てるのが楽ですが，そうせずに，気長に「自分の心の中で育てる」と，その一部が熟成して，透明な感じですっきりと理解できることもあります．「わからない気持ち」という宝物から，アンテナの感度が上がったり，新たな視野が開けたりして，「地力をつける」ことにつながっていくことでしょう．

初読の際に本書の内容のすべてが理解できなくてもかまいません．それぞれの人が本書から何かを感じて，一生の財産になるような数学の地力をつけるきっかけにつなげてほしいと願っています．

第2章 大きな数をとらえる

「そんなことは知っているよ」と思うと，そこで思考が停止してしまいがちです．この章では小学生も知っていそうなことから始めて，遊びのような問題も取り上げながら，視点を変えて掘り下げるというトレーニングをしてみましょう．

まず，「大きな数」について考えます．そもそも「大きな数」とは何でしょうか？ あるときには1000でも十分大きな数かもしれません．その一方で，「銀河に存在する素粒子の数」のような大きな数でも，別の巨大な数と比較すると取るに足りないと判断すべきこともあります．

みなさんは小学生のときから，億とか兆とか京とか，そういう数の名称は知っているでしょう．この章では，「知っているよ」で済ませるのではなく，その数の大きさを，複数の視点からとらえてみます．さらに，どのような状況で巨大な数（あるいは，逆に微小な数）が現れやすいかを観察します．ここで養った‘感覚’は第3章以降で用いられる「極限」の論理をつかむ土台となります．

さて，実生活や仕事では，数や量を素早く見積もりたいことがあります．大まかに見積もった値にどの程度の誤差が生じうるかを論理的に評価することも重要です．とらえどころのない量を自分の知識と判断力をフルに使って，短時間で論理的に推定することを**フェルミ推定**とも言います．国内の大学の数学のカリキュラムでは今のところ取り上げることは少ないようですが，何が「効くか」を論理的に考え，また，そのために「全体を見る」ということは，数学的な感覚にも通じるところがあります．第2.2節では，「桁違い」にならない程度の大まかな推定を目指す中で「あやうい箇所の影響」を具体例を通して吟味する練習もします．

ところで，コンピュータにまかせておけば，「大きな数」でもきちんと計算してくれるでしょうか？ 本章では，プログラミングの時点で十分考慮せずに高性能のコンピュータで長時間計算したときの数値が見当外れになりうる簡単なケースを取り上げ，「極限」と「誤差評価」について，どのようなことに気をつければよいかを探ってみます．

2.1 大きな数を感覚的にとらえる方法

みなさんの中には，将来社会に出て大きな事業を志す方もいらっしゃれば，個人の生活とは桁違いの予算に責任をもつような公的な立場に立つ方もいらっしゃることでしょう．400円の定食と800円の定食の差については鋭い感覚をもっていたり，買い物をするときに1万円のものか2万円のものかで非常に時間をかけて吟味したりするのに，はるかに大きな額のものを判断しなければいけないときに限って頭が働かなくなったとすると大変です．また，国と地方の長期債務の残高が，合わせて約1300兆円だと言われても，その金額の $\dfrac{1}{10}$ 倍や10倍とどのように違うのか，イメージがわかないかもしれません．ここでは普段の生活には関係なさそうな巨大な数字に対しても，「桁違い」の間違いをしないように，その規模をつかむ工夫をしてみましょう．

名称と定義を知っていると，それだけで「わかっている」という気持ちになりがちです．みなさんは，

$$10^4 = 1\,万$$

$$10^8 = 1\,億$$

$$10^{12} = 1\,兆$$

$$10^{16} = 1\,京\ (けい)$$

とよぶことはご存知でしょう．しかし，1兆や1京どころか，そもそも1億という数の大きさを肌で感じているでしょうか．「知っている」と思っていることを複数の視点から掘り下げてみる習慣をつけると，さまざまな場面で感受

性が高まります．頭をやわらかくして培われた‘感覚’はいつか役に立ったり，社会生活でのリスク管理につながることもあるでしょう．

以下では，1億，1兆，1京というのがどれくらいの大きさかを，身近なことと関連させてとらえる方法を考えてみます．

2.1.1 大きさを時間に置き換える

まず，1億という数から始めましょう．1億が1万の1万倍であることは小学校で習います．しかし，1億という数が単に「とても大きい」というのではなく，たとえば1桁多い10億とはどう異なるか，あるいは1桁少ない1000万との違いについて，自分なりの感覚をもっているでしょうか？ そこで，こんな問題を考えてみましょう．

> **問題** 「$1, 2, 3, \cdots$」と順に唱えていって1億まで到達するのに，どのくらい時間がかかるか？

1から10までだけなら数秒で言えるかもしれませんが，1000万以上になって「7365万2879」などと1個の数を発声するには，かなり早口でも3秒程度かかってしまうでしょう．1000万以上の数は，1から1億までの数の90％ですから，どの数も唱えるのに3秒かかると概算してみます．これは，大まかに見積もるのであれば，90％のものを押さえるとよいだろう，という考え方です．そうすると，3秒$\times 10^8 = 3$億秒がおおよその答えです．

ここで止めてしまうとイメージがつかめません．そこで3億秒というのは生活時間と比べてどのくらいかということを考えましょう．数を唱えることを職業として，1日8時間，1年250日くらい働くとすると，1分 = 60秒，1時間 = 3600秒なので，1年の労働時間は3600秒/時間$\times$8時間/日$\times$250日$= 7.2 \times 10^6$秒くらいになります．したがって3億秒は

$$\frac{3 \times 10^8\,\text{秒}}{7.2 \times 10^6\,\text{秒/年}} \fallingdotseq 42\,\text{年}$$

の労働時間くらいに相当します．ここで≒は「おおよそ等しい」ことを表す便利な記号です．厳密な議論が必要なときは，第2.4節のように誤差評価をし

ます．話を戻して，1から1億までを順に唱えようとすると，早口で唱えてもおおよそ40年分の労働時間に匹敵する，つまり，ひたすら数を唱えるのが仕事だとすると，働き始めてから定年までの全部の勤務時間を使って，ようやく1億まで数え終わるということになります．1億というのはそれくらいの数です．

単純作業として数を唱えるかわりに名前を1人ひとり読み上げたり，あるいはコンピュータに手で入力するという作業を考えると，もっと実感がわくかもしれません．1人の名前を読み上げるのにもたとえば3秒要するとすれば，約1億2000万人の日本人の名前を読み上げるのには50年くらいかかる．その約1割の人口の九州地方ならば，全住民の名前を5年くらいで読み上げられる．しかし，10億人ならば読み上げるのに数百年かかるわけです．

とても大きな数だと感覚がにぶくなり，その10倍であろうが $\frac{1}{10}$ 倍であろうが，どれも「とても大きい」というだけで，つい思考が停止してしまいがちです．しかし，適切な視点があれば，$\frac{1}{10}$ 倍や10倍のように「桁が違う」とどのように違うかもイメージがつかめます．上の例では「1つ1つ数える」ことによって，1億という大きな数が1000万とも10億とも違うことを身近にイメージできました．

2.1.2　1次元を3次元に置き換える

次に，1兆の大きさは‘感覚’としてとらえられるでしょうか．1兆というのは 10^{12} です．またpptという単位があります．これはparts per trillionの略で，1兆分の1という意味で使われます．1兆という巨大な数，あるいは1 pptという微小な数になると，時間や長さという1次元的な尺度では実感しづらくなります．

実際，1次元的な尺度では

1秒の1兆倍 ≒ 3万2000年　（縄文初期から現在までの時間の約2倍）

1 mmの1兆倍 = 100万 km　（地球から月までの距離の約3倍）

となり，たとえば1 pptという割合は

$$1\ \mathrm{ppt} = \frac{1}{1\,兆} \fallingdotseq \frac{0.4\ \mathrm{mm}}{地球から月までの距離} \fallingdotseq \frac{0.5\ 秒}{縄文初期から現在までの時間}$$

と表されます．これはお話としては面白いかもしれませんが，‘実感’とは離れすぎています．私たちは自分自身で月まで旅行したわけでもなく，縄文時代から生き続けているわけでもないのですから．つまり，1次元的な尺度では，時間であれ，長さであれ，1兆という数は，身近なものとして受け止めるには大きすぎるのです．ただ，コンピュータ技術の発展により，データ量に関しては，最近では1兆という数が現れ始めています．記憶容量やデータ量を評価するデジタルデータの単位で「テラバイト」という言葉を耳にされた方も多いでしょう．これは，1兆バイトのことです．

日常生活で扱うには 10^{12} が大きすぎるということは，兆や trillion といった用語の歴史的な不統一にも現れています．trillion は，アメリカでは $10^{12}=1$ 兆を表しますが，フランスや1970年代までのイギリスでは trillion は $10^{18}=100$ 京を表し，統一されていません．「兆」についても漢字文化圏の中で意味が異なります．日本では江戸時代初期にベストセラーになった算術書『塵劫記(じんこうき)』において命数法を整理する努力がなされた[*1]おかげで，近世から現在まで命数法は万進法でほぼ一貫しており，

$$1\,億 = 10^{8}, \quad 1\,兆 = 10^{12}, \quad 1\,京 = 10^{16}, \quad \cdots$$

です．台湾や韓国も日本と同じです．しかし，中国では混用が見られ，日本語の1兆 $(=10^{12})$ を1万億とよぶ万万進法では，10^{16} が1兆となりますが，近代になって million $(=10^{6})$ の訳語に「兆」を当てたり，その一方で金融界では日本と同じ万進法で「兆」を 10^{12} の意味で使ったりと，時代と場所・状況によって異なる意味で使われているようです．

このように長さや時間といった1次元的な尺度では，「兆」は日常生活で扱うには大きすぎる数です．一方，体積や濃度といった3次元的な尺度でとらえるとどうでしょうか．3次元的な尺度では，かなり身近なところに「兆」が

---

*1　吉田光由『塵劫記』1634（寛永11）年以降の版．

現れます.

大気汚染物質の濃度を測る単位としてppm (parts per million) という用語は聞いたことがあるでしょうか. 1 ppm は 10^{-6}, すなわち 100 万分の 1 を表します. 1 ppm のそのまた 100 万分の 1 が 1 ppt $= 10^{-12}$ です. ppt という単位は, 環境ホルモンの濃度や, 半導体の中に含まれる意図しない不純物などの微小な割合を表すのに用いられます.

約 1 ppt (=1 兆分の 1) の身近な例を 3 つ挙げてみます.

$$\frac{\text{直径 1 mm の砂糖粒の体積}}{\text{プールの水の体積}} \fallingdotseq \frac{1\ \text{km}^3}{\text{地球の体積}} \fallingdotseq \frac{10\ \text{g}}{\text{1000 万トン}} = 1\ \text{ppt}$$

最初の 2 つは, 3 次元の尺度で 1 兆分の 1 という量が「桁違い」にならない程度の粗い見積もりを書いています. たとえば, プールは大小ありますが 25 m×20 m×1 m のサイズを例にとり, 砂糖粒は直径 1 mm の球形と大まかに扱いました.

最後の等式は, 10 g の洗剤を 1 ppt に希釈するために必要な水の量は 1000 万トンということです. 1000 万トンといえば, 国内で 1 年間に生産される米・麦の総重量を上回るくらいの重量ですね.

今の議論を別の視点から見ると, 1 次元から, 2 次元, 3 次元と次元を上げていくと, 身近な場面でも, 巨大な数や微小な数が現れやすいということが観察できます.

次元を上げると巨大な数が現れやすい別の例として, 気象データを考えます. 気象データは複数種類あり, 気象庁の 1 日の収集データは 1 テラバイト (=1 兆バイト) を超えます. 天気予報や防災情報は, 過去と現在の観測データから数値解析で近未来の大気状態を予測して行われます. 気象データは空間 (3 次元) と時間 (1 次元) を合わせた 4 次元のメッシュ (網目) における区画ごとの情報を集計し, 数値解析を進めます. ここでは話を単純化して, 仮に, 時間, 空間の東西, 南北のそれぞれに 1000 個のメッシュを入れ, 高度については 100 個のメッシュを入れたとすると, 小分けした区画の総数は

$$1000^3 \times 100 = 10^{11} = 1000\ \text{億}$$

となります．この思考実験のように，4 次元のデータでは，かなり粗いメッシュでもそのデータ量がすぐに巨大になってしまうのです．

さて，本書で扱う微分や積分の計算の中で，たとえば n をどんどん大きくすると $\frac{n^2}{n^3}$ は限りなく 0 に近づくというような計算を行います．極限(limit)を表す記号 lim で

$$\lim_{n\to\infty} \frac{n^2}{n^3} = 0$$

と書き表します．これは分子も分母も無限大に近づく中で，分母に比べて分子を無視できるという等式です．分子を 1 辺 n の正方形の面積(2 次元)，分母を 1 辺 n の立方体の体積(3 次元)と見なせば，上の極限式は「次元が高くなると巨大な数が現れやすい」という性質の 1 つの姿と思うこともできます．

ここでは，このことを逆に利用し，1 兆という巨大な数でも，3 次元や 4 次元ではかなり身近なところで実感できるという例をお話ししました．

2.1.3　場合の数としてとらえる

京(けい)という名前の世界最速のスーパーコンピュータを日本が開発したということが 2011 年にニュースになりました．「京」という名前は，このコンピュータが 1 秒間に浮動小数点演算が何回できるかという指標(フロップス)において，世界で初めて 10 ペタ $= 10^{16} = 1$ 京 を超えたということに由来しています．京は 15 桁くらいの数の加減乗除を 1 秒間に 1 京回 ($= 10^{16}$ 回) 計算できるコンピュータでした．さらに約 10 年後，2020 年に世界最速と評価された日本のスーパーコンピュータ富岳(ふがく)は，京の 100 倍の性能を目指したそうで，「富岳は 100 京」と声に出すと，北斎の「富嶽百景」を思い浮かべるかもしれませんね．

いずれのスーパーコンピュータを開発するのにも 1000 億円以上かかったそうです．開発費用が 1000 億円とか，計算速度が 1 秒間に 1 京回とか，国と地方の長期債務の残高が，合わせて約 1300 兆円だとか，巨大な数を前にすると，1 桁異なってもどのように違うかさえ実感しにくいでしょう．1 京というのは 1 兆の 1 万倍，あるいは 1 億の 1 億倍ですが，そのイメージを身近につ

かめるように，みなさんも，想像を膨らませながら考えてみてください．

第 2.1.1 項では 1 億という数の大きさを実感する手段として，「1 つずつ数えるのに要する時間」を使いました．1 兆を理解するのには，1 次元ではなく 3 次元の量（たとえば体積・濃度）や 4 次元の量（たとえば気象データ）を取り上げました．このように，次元を上げると巨大な数が身近に現れやすくなりますが，別の視点として**場合の数**を取り上げてみましょう．ここでは 1000 兆（$=10^{15}$）から 1 京（$=10^{16}$）の間の数が場合の数として現れる例を 2 種類挙げます．

$$18! \fallingdotseq 6402 \text{兆}$$

$$2^{50} \fallingdotseq 1126 \text{兆}（\fallingdotseq 1.1 \text{ペタ}）$$

18!（18 の階乗）は 18 人が 1 列に並ぶときの並び方の場合の数です．一方，2^{50} は，たとえば 50 人を対象に Yes か No を答える（記名）アンケートをしたときの回答パターンの場合の数です．見かけが異なる例として，コインを投げて 50 回連続で表が出ることが，どのくらい稀なのかを考えてみます．50 回の表裏の出方の場合の数は 2^{50} 通りなので，50 回連続で表になる確率は $\frac{1}{2^{50}}$ です．50 回も続けて表が出るとイカサマではないかという気がしますが，その確率は 1126 兆分の 1≒1 京分の 9 くらいということです．このように階乗 $n!$ や指数関数 2^n が現れる場合の数では，$n=18$ や $n=50$ という身近な値で，あっさりと 1000 兆を超える数が現れるのです．

2^{50} が 1000 兆を超えることを確かめましょう．2 を 10 回かけると 1024 となるので，$2^{10}>1000=10^3$ です．両辺を 5 乗して

$$2^{50}=(2^{10})^5>(10^3)^5=10^{15}\ (=1000\text{兆})$$

がわかりました．

さて，一般に，指でものを数えるのは両手で 10 までです．しかし，10 本の指の曲げ方（それぞれの指を曲げるか，曲げないか）の場合の数は $2^{10}=1024$ 通りなので，指の曲げ方のパターンで 0 から 1023 までの 1024 個の数を数えることができます．（人の場合は訓練しないと小指と薬指が連動しがちで，この数え方は実用上は難しそうですが，コンピュータではこの 2 進法の考え方を使っています．）

なお，$2^{10}=1024$ がだいたい 10^3 だということから，情報工学では 2 進数に基づいたデータ量として 2^{10} を 1 キロ，2^{20} を 1 メガ，2^{30} を 1 ギガ，… とよぶこともありましたが，現在の国際単位系では，キロ，メガ，ギガ，テラ，ペタは $2^{10}, 2^{20}, 2^{30}, 2^{40}, 2^{50}$ ではなく，$10^3, 10^6, 10^9, 10^{12}, 10^{15}$ と決められています．$2^{10}=1024>10^3$ なので，両手の指が自由に動かせる人が，1 人，2 人，3 人，4 人，5 人といれば，全員の両手の指を使って 1 キロ，1 メガ，1 ギガ，1 テラ，1 ペタ個以上の数を表せることになります．

上述の 18! と 2^{50} はいずれも 1000 兆と 1 京の間の数でしたが，さらに進めると，階乗 $n!$ ではたった $n=19$ で 10 京を超え，指数関数 2^n では $n=54$ で 1 京 $=10^{16}$ を超えます．この増大の‘スピード’はこの後の議論で大事になります．本章では，第 2.3 節の「収束や発散の‘速さ’」で取り上げ，次章以降でも第 3.3 節での $n!$ の近似計算や第 4.2 節での級数展開の収束の議論などで，n^3 のようなべき乗，2^n といった指数関数，n の階乗 $n!$ の大きさ比べを再び取り上げます．

2.2　フェルミ推定

「フェルミ推定」は，まったく知らない量について，自分の知識を総動員し，知恵を絞って，論理的に推論し，短時間で概算するというものです．ローマ出身のアメリカの物理学者，エンリコ・フェルミ (1901–1954) の名前がついていますが，フェルミ以前もそういうことをやっていた人は多くいるでしょう．

未知の量について，知識と知恵を使って論理的に推定するというのは，そんなに楽なことではありません．検索サイトや生成 AI で既存の知識を集めるのとは対極にあり，自分の思考力だけに頼る作業です．当てずっぽうで結果を予想するのとは違います．結果を知ってから，後付けの理由で納得するのとも違います．知恵を絞って推論をすると，推論の中であやういところがあるときはそれを自覚できることが多いものです．一歩踏み込んで，それがどのくらいの誤差につながるかを考え，心に留めておくと，推定値が実際の結果から大きく外れていたとき，多くのことに気づけます．後から振り返ると，大事な要因だと気づいていたのに，何かの理由でその部分を避けていたとか，そもそも別のアプローチに切り替えるべきであったとか，自分で一度知恵を絞ったことには感受性が高くなっているからこそ，学習効果が大きくなるのではないかと思います．

結果だけを当てずっぽうで予想したり，検索に頼ったりすることに比べると，こういう思考作業は楽なことではありませんが，感性・判断力が鍛えられる．そういう知的トレーニングを繰り返すと，何が「効く」ファクターかを見抜こうという習慣が身につき，また筋の悪い推論であると気づいた場合に，まったく違うアプローチに切り替える機転にもつながるでしょう．

フェルミ推定は，いろいろなテーマで遊ぶと面白いと思います．地力をつける練習の一環として，この節では，フェルミ推定をいくつかの例で実際にやってみます．推定値が実際の値の $\frac{1}{10}$ 以下や 10 倍以上という「桁違い」にならないことを目標としましょう．

2.2.1　桜の木の花びらの枚数と本数

桜の花びらの多さは，風に舞うときは「花吹雪」，水面に浮かぶときは「花筏（いかだ）」といった風雅な言葉でも語られます．桜の花びらの総枚数はどのくらいあるのでしょうか？

そこで，満開の桜を前にして，こんな問題を考えます．

問題　(a) 1 本の桜の木に花びらは何枚あるか．
(b) 自分の住んでいる地域に桜の木は何本あるか．

当てずっぽうではなく，きちんと推測の論理を述べた上で，近似値を算出するのはかなり難しそうです．自分の頭脳を鍛えるのが目的なので，ネット検索で既存の知識を得るのではなく，数分間，知恵を絞って考えてみましょう．人によって何を手がかりに推定するかは異なるでしょう．何を手がかりにしてもよいのです．自分自身の知識と経験を活かせる方向で有効なアプローチを考え，何が大きな誤差につながりそうかを意識し，最終的に桁くらいは正しく推定することを目指す，それくらいの気持ちです．ここでは(a)は第 6 章でお話

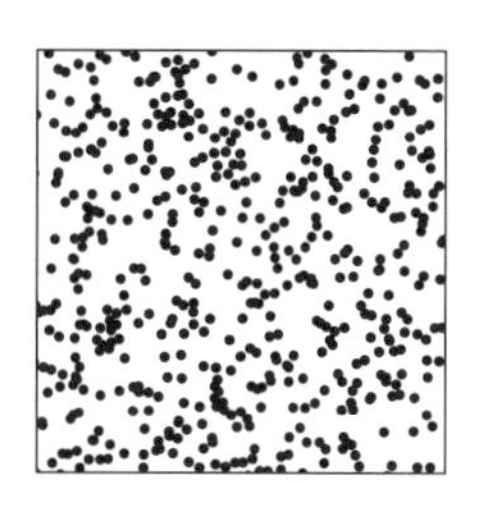

図 2.1　黒い点はいくつあるか？

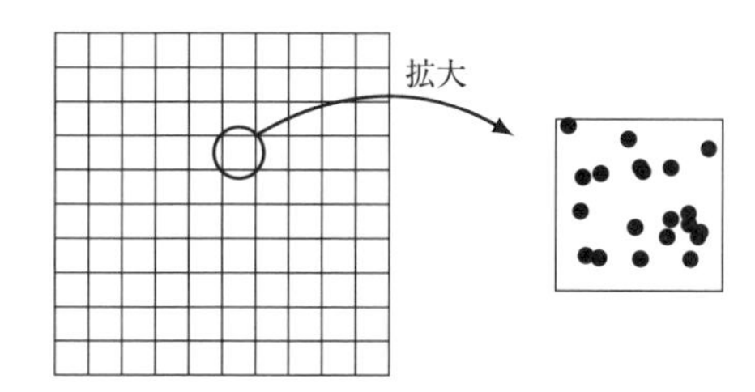

図 2.2　メッシュに分け，サンプル中の個数から全体の個数を推定する

しする区分求積法の考え方を取り入れ，(b)は地域として東京 23 区を例に取ってフェルミ推定の問題として考えます．

(a) 1 本の桜の木の花びらの枚数の推定

満開の桜の前に立って，その木の花びらの総枚数を推定してみましょう．当てずっぽうではなく，3 分間その桜を眺めて，実際の数の $\frac{1}{10}$ から 10 倍に収まるように論理的に推定しなさいと言われたら，あなたならどう考えますか？あるいは 10 分間集中して，実際の枚数の半分から 2 倍に収まる程度に目算できるでしょうか？

花びらの枚数を数えようと大きな桜の木をじっと見つめていると目がくらくらするかもしれません．この問いは‘大きな数’の桁を見積もる感覚を磨くと同時に，第 6 章でお話しする区分求積法による積分の考え方にもつながっています．

私は以下のように考えてみました．

手始めに，図 2.1 の中に黒い点がいくつあるかを大まかに推定することを考えます．たとえば縦・横に 10 ずつのメッシュに分け，その 1 つのサンプル中に 20 個の黒い点があるとすれば（図 2.2），全体では

$$20 \times 10 \times 10 \text{ 個} = 2000 \text{ 個}$$

くらいの黒い点があると推定できるでしょう．

これは 2 次元的に分布した点の数え上げですが，同じアイディアを使って

桜の花びらの総枚数を推定しましょう．とは言っても「3次元で縦・横・奥行に10ずつメッシュを入れて，単位体積あたりの桜の花びらの枚数は……」と考えると，とんでもない誤差が生じそうです．というのも，実際は枝も花もない空間がたくさんあるはずなのに，離れて見ると花と枝ばかりに目が行くからです．そこで1次元（枝の長さ）と3次元（空間における枝の広がりや花の小さな塊）を組み合わせて考えることにします．

まず，1本の桜の木の全体を少し離れたところでいろいろな角度から眺め，幹・枝で大まかに分割してみます．幹から分かれた大枝を手がかりに，この大枝が全体の何分の1かを見積もり，次に，着目した1つの大枝をさらに観察します．それが何本かの中枝に分かれているならば，1つの特定の中枝が大枝の中で何割かを目算します．特定した中枝が大きければ，目分量でさらに分割します．適当なサイズになれば，特定の中枝に含まれる小枝の長さの合計を目測できるでしょう．花があまりついていない小枝はカウントしないことにします．たとえばかなり大きな桜の木を観察して，幹から伸びている1つの大枝が全体の $\frac{1}{5}$ くらいとします．この大枝が4本の中枝に分かれており，1つの中枝に含まれる（花がついている）小枝の総長が20 mと見積もったとすると，全体で

$$5 \times 4 \times 20\ \mathrm{m} = 400\ \mathrm{m}$$

くらいの枝に花が咲いていると考えるわけです．これは3次元空間に広がる曲線（枝）の長さという1次元的な量を考えたわけです．

一方，桜は種類にもよりますが，たとえばソメイヨシノでは，花が鞠のように握りこぶしくらいの大きさの塊で咲きます．1 mの小枝に花の塊がいくつあり，1つの塊の中にいくつくらい花があるかを数えてみましょう．種類によっても樹齢によってもずいぶん異なりますが，たとえば1 mの小枝に15個の花の鞠があり，1つの鞠にだいたい16個の花があり，1つの花に5枚の花びらがあるならば，1 mあたりの花びらの枚数は

$$15 \times 16 \times 5\ 枚 = 1200\ 枚$$

となります．したがって，この桜の木には

$$1200\,\text{枚/m} \times 400\ \text{m} = 48\,\text{万枚}$$

ほどの花びらがあると見積もることができるでしょう．

このようにして，散歩しながら何本かの桜の木を眺めると，若い木ですと1万枚以下のものもあるようですし，立派な大木ならば50万枚を超えるものもあるようです．桜の種類や大きさにもよりますが，都内のソメイヨシノの木1本では，10万〜100万枚くらい，平均50万枚以下と私は見積もりました．

これは1つの方法ですが，他にもいろいろなアプローチがありそうです．読者のみなさんも，満開の桜の前で，思い思いのやり方で2〜3分くらいじっと見て，花びらの総枚数を推定してみてはいかがでしょうか．

(b) 東京23区内にある桜の木の本数の推定

東京23区は，面積が約630 km^2（東京都の約30%，日本全土の $\frac{1}{600}$ くらい）で，約1000万人が住んでいる地域です．この地域に桜の木は大小合わせて総計何本くらいあるのでしょうか？「正解」はわからないのですが，私は以下のように考えて，10万〜20万本あると推定しました．地域特性の差が大きいので，読者の方は，自分が住んでおられる地域で推定してみると楽しいでしょう．

まず，桜の木がどういうところにあるかと考えると，都心に山林はありませんが，街路樹や学校や公園・河川敷や寺社・公共施設などには桜の木が多く植えられており，一方，個人住宅などの民有地には桜の木は比較的少ないと思われます．その中の特定の1つの項目に焦点を当て，それが全体の中で占める割合を見積もるという推定法も考えられます．たとえば，人の一生のうち，起きている時間の10%くらいは学校で過ごしていると見なすと，桜の木も同じくらいの比率で全体の総数の10%くらいが学校にあるだろうと見積もる方法です．結果としては大きく外れていないかもしれませんが，このように特定の1つの視点だけから全体を推定すると，大きな誤差を生じるリスクが高いので，ここでは用いないことにします．素朴に，いくつかの主要な要因を独立に考え，それを合算することで桜の木の総本数を推定することにしましょう．

［街路樹の桜］まず街路樹について考えます．「道路 1 km あたり平均何本くらいの桜の木が植えられているか」と，「道路の総延長距離」を順に推定します．

道路には路地もあり大幹線道路もあります．これらをひっくるめて，道路には 50 m おきに両側に木が植えられているとすると，1 km には平均して 40 本くらいの街路樹があることになります．大幹線道路の街路樹には桜はあまり使われず，一方，区道などには桜が多いと思われますが，ざっと均（なら）してそのうちの 5% が桜と見積もると，道路 1 km あたり 40 本×5% = 2 本くらいの桜の木が植えられていることになります．

東京 23 区内の道路はどのくらいの総延長距離になるでしょうか？ 面積から道路の長さを推定してみます．実際には，高層ビル街の大きな道路から，下町の路地まであるわけですが，単純化して東西および南北に 70 m おきに道路があると見積もってみましょう．碁盤を想像してみてください．碁盤には縦横に線が引かれていますが，これを道路と思って，その総延長を考えるのと似た問題です．1 辺が 1 km の正方形の土地に南北および東西に 70 m おきに道路があるならば，その場所にある道路の本数は $\frac{1000}{70}\times 2$ 本となり，その長さは $\frac{1000}{70}\times 2$ km と推定されます．一方，東京 23 区 630 km^2 のうち，道路が敷設できる場所を 500 km^2 と見なすと，東京 23 区の道路の総延長距離はざっと

$$500\times\left(\frac{1000}{70}\times 2\right)\ \mathrm{km} \fallingdotseq 1.4\,\text{万 km}$$

くらいだと推定されます．

街路樹に関する先ほどの推定と合わせると，東京 23 区に街路樹として植えられている桜の木の本数が

$$1.4\,\text{万 km}\times 2\,\text{本/km} = 2.8\,\text{万本}$$

と推定されたことになります．

［学校・園の桜］校庭・園庭などにある桜の木の総本数を推定しましょう．まず，東京 23 区には小学校がどのくらいあるかを推定してみます．少子化の現在の日本では，年間出生数が近年は 100 万人を割り続けていることを考える

と，子供の 1 学年は総人口 1 億 2000 万人の $\frac{1}{120}$ 未満だろうと考えられます．そこで，東京 23 区の人口が 1000 万人だとすると，23 区内の 1 年間の新生児は 1000 万人 $\times \frac{1}{120}$ 未満として 8 万人くらいだろうと見積もってみます．1 学年が 100 人程度の小学校ならば，これは 800 校くらいになります．

小学校 1 校につき，何本くらいの桜の木があるでしょうか？ これは都内でも地域による差が大きく，私の知識・体験が特に及ばない部分ですが，暫定的な数として 7 本/校と仮定しましょう．

学校・園は，小学校だけではなく，保育園・幼稚園，中学・高校，大学・短大・専門学校とあります．在校生の人数比や東京という地域の特殊性も多少考慮して，それぞれにおける桜の木の総本数の比を暫定的に 0.5 : 1 : 1 : 1（保幼：小：中高：大学他）と見積もると，東京 23 区の学校・園にある桜の木は

$$7\,本/校 \times 800\,校 \times 3.5 \fallingdotseq 2\,万本$$

と推定されることになります．ただし，ここで使った議論や特に「暫定的」と述べた箇所はかなりの誤差を含み，再検討する余地があるでしょう．

［公園の桜］次に公園について考えます．少数の巨大な公園も，多数の小さな公園・広場のいずれも無視しにくいので，大・中・小に大まかに分けて見積もります．大きな公園には 1 か所で桜の木が 1000 本くらいあり，そういう大公園が 10 くらいあれば，10×1000 本になるでしょう．200 本くらいの桜のある遊歩道や公園は地元では名所でも，生活圏から離れるとなじみが少ないかもしれません．このような中規模の公園が 1 つの区に平均 10 くらいあるとすると，東京 23 区内の中規模の公園に桜の木は 200 本/園×10 園/区×23 区 = 4.6 万本あることになります．最後に，小さな公園や広場は人口 1000 人に 1 つあるとすると，東京 23 区内には 1 万くらいの広場・小公園があり，そこに 2 本くらいの桜があると見積もって

$$2\,本 \times 10000 = 2\,万本$$

となります．これらも，かなり甘い大雑把な推定値ですが，大+中+小規模の

公園で

$$(1+4.6+2)\text{万本} = 7.6\text{万本}$$

の桜の木があると推定してみます．

［その他（寺社，集合住宅，線路沿いの土手，個人住宅，民間企業の敷地など）］こういう場所にも桜の木があります．これらの総数も私には推定が難しく再検討を要しますが，大雑把に，学校の桜の2倍として2万本×2=4万本くらいとしてみましょう．

以上の推定値の合計（街路樹+学校・園+公園+その他）は

$$(2.8+2+7.6+4)\text{万本} = 16.4\text{万本}$$

となります．東京23区には16万～17万本くらいの桜の木があるのかな，というのが私の推定値です．ここでは正確な推定をするのが目的ではなく，数分間で素早く推定した過程において，推定した本人自身がどの部分が再検討を要するかをどのように自覚しているかをお見せするのが目的です．私の推定値は，かなり甘い評価が入っているので，あまり信頼できるものではありません．別の知識・経験をもっている方は，異なるアプローチでもっと正確な推定値を見つけることができるでしょう．

(c) 異質の巨大な数との比較

巨大な数は，ただ「大きい」というのでなく，異質の巨大な数と比較してみて初めて鋭い感覚でとらえられることがあります．たとえば，ここに大変なお金持ちがいて「桜の花びらを1枚100円で買ってあげよう」と言うとします（百円玉の表側には桜花が描いてあります）．そうすると自分の住む地域でパラパラと落ちてくる花びらの総額はたいへん大きな数になりそうです．これを，国と地方の長期債務の残高（合わせて約1300兆円）と比較してみましょう．これは異質の巨大な数と比較する思考トレーニングの一例です．

仮に(a)と(b)の推定値を使うと，東京23区内にある桜の花びらの総枚数は50万枚/本×17万本＝850億枚くらいになります．(a)では大きめの桜の木をサンプルにして1本に50万枚と推定しましたが，若い木も考えると平均値はもう少し小さくなるでしょう．しかし，今は「桁」を見たいのでこのまま続けます．そうすると，この推定では，花びらを1枚につき百円玉と交換すると，100円×850億＝8.5兆円<1300兆円となり，国と地方の長期債務の残高の方がはるかに大きくなります．

2.2.2 日本で1年間に降る雨水の量と地球にある水の量

1年間に日本全体でどのくらいの雨(や雪)が降るでしょうか？ 第6章では多重積分(第6.4節)を理解する1つの例として日本全体の1年間の総雨量を再考します．ここではこの問題を大まかな推量の例として扱います．

イメージをもっと明瞭にするため

> **問題** 地球の水全体をプールの水にたとえると，日本全国で1年間に降る雨や雪の総量はどの程度か？

という問いとして考えてみます．狭い国土に降る水の総量ですので，プールの水の中の1 mL(＝1 cm^3)にも満たない割合だろうか，あるいは意外と多く，バケツ1杯くらいの割合はありそうだとか想像されるかもしれません．しかし，フェルミ推定は当てずっぽうで‘正解’との近さを競うゲームではなく，「考える力」を鍛えるのが目的です．自分の知識と知恵を総動員して，「桁違い」にならない工夫をしましょう．使いたいデータを知らないとき，「誤差を意識しながら仮の推定値を使う」，あるいは「まったく別のアプローチを採用する」か，「知らないデータが最終結果にどのように影響しうるか」などを短時間で集中して思索すること自体が，地力の強化につながります．

さて，地球の水の総量を知らなくても，たとえば，もっと基本的な

- 地球の水の大部分は海水である
- 海の平均の深さは富士山の高さ(3776 m≒4 km)くらい
- 北極から赤道までの距離は1万km(長さの単位「メートル」の由来)

- 海の面積は地表面積の $\frac{2}{3}$ くらい
- 半径が R の球の表面積は $4\pi R^2$

ということをおおよそ知っていれば，地球の地表面積は

$$4\pi \times (\text{地球の半径})^2 = 4\pi \times \left(\frac{4\text{ 万 km}}{2\pi}\right)^2 = \frac{1.6\times 10^9\ \text{km}^2}{\pi}$$

となり，地球の水の総量は

$$\frac{2}{3}\times\text{地球の地表面積}\times\text{海の平均の深さ} \fallingdotseq \frac{2}{3}\times\frac{1.6\times 10^9\ \text{km}^2}{\pi}\times 4\ \text{km} \fallingdotseq 14\text{ 億 km}^3$$

と概算されます．上のようなデータを知らなければ，検索サイトに頼らず，自分自身の知恵を総動員して「桁違い」にならない程度に大まかに見積もる思索のチャレンジをすると，何かの「気づき」があることでしょう．

一方，1 年間に日本全土に降る雨水の量は

- 日本の面積が 38 万 km^2 くらい
- 年間降水量は（場所によるが平均すると）人の身長（175 cm）くらい

ということを知っていれば

$$38\text{ 万 km}^2 \times 1.75\ \text{m} = 665\ \text{km}^3$$

と推定されます．このデータを知らなければ，別のアプローチで大まかに推定してみるのです．

さて，上に述べたことを合わせると

$$\frac{1\text{ 年間に日本全土に降る雨水の総量}}{\text{地球の水の総量}} \fallingdotseq \frac{665\ \text{km}^3}{14\text{ 億 km}^3}$$

となります．このままではピンとこないかもしれません．もともとの問題は「地球の水全体をプールの水にたとえる」ことで，この量の感覚をつかもうという趣旨でした．地球全体の水の量をプールの水に置き換えてみましょう．プールの大きさもまちまちですが，第 2.1 節の例でお話ししたようにプールの水を仮に 500 m^3 とし，地球の水の総量がプールの水だとすると，日本で 1 年間に降る雨水の量は

$$\frac{665\ \mathrm{km}^3}{14\ 億\ \mathrm{km}^3} \times 500\ \mathrm{m}^3 = \frac{665}{14 \times 10^8} \times 500 \times 10^6\ \mathrm{cm}^3 \fallingdotseq 240\ \mathrm{cm}^3$$

という割合になります．これはコップ 1 杯くらいの分量です．毎年コップ 1 杯の水がプールの水に注ぎこまれる，というのが，地球の水全体から見た日本の年間降水量の大まかなイメージというわけです．1 cm^3 くらいの割合だとか，バケツ 1 杯くらいの割合だとか当てずっぽうに言うと「桁違い」になってしまいます．

これは，大きなものとそれよりもはるかに大きなものを比較するとき，身近なものを用いて大まかに把握する 1 つの例です．基礎データが比較的しっかりしている自然科学の例なので，概算値はかなり正確に出せました．

なお，こういった見積もりをする際には，あやふやな知識や公式に頼りきるのは危険です．あやしいと感じたら，記憶に頼らず，少なくとも「ここは再検証すべき」と意識しておくと，別の視点から検証する知恵が出てくるかもしれません．

球の表面積が $4\pi R^2$ ($\fallingdotseq 12R^2$) となることは第 6.4.4 項の積分論でお話ししますが，もしこの公式をうろ覚えで，たとえば，高さ 1 の円錐の体積と混同して $\frac{\pi}{3}R^2$ ($\fallingdotseq R^2$) という間違った記憶で計算すれば，推定値が「桁違い」，つまり，実際の値の 10 倍より大きくなってしまいます．これは‘記憶’に頼った箇所で思考を省略するために生じるミスの典型例です．頭に浮かんだ‘公式’があやしいと感じたら，ちょっと別の考え方でチェックするのがよいでしょう．球の表面積でしたら，球に外接する立方体の表面積 ($=(2R)^2 \times 6 = 24R^2$) より小さいはずだし，球の断面となる円盤の面積の 2 倍 ($\pi R^2 \times 2 \fallingdotseq 6R^2$) より大きいはずだと素朴に考えれば，正しい公式を忘れていても「桁違い」のミスは気づくことができるでしょう．

また，日本の面積を知らなくても，各自の経験から大まかな推定の材料を見出せるかもしれません．たとえば東京–大阪間を新幹線で移動したことがあれば，表定速度が 200 km/時を超えるのぞみ号で 2 時間半ほどなので，直線距離ならば 400 km くらいだろうと推定し，東京–大阪を 1 辺とする正方形を思い描いて日本列島と比較してみるのも 1 つの考え方でしょう．この巨大な正方形をどのように置いても南北は陸からはみ出して海になるでしょうし，一方，北海道・東北地方から九州に長く伸びている列島の形を考えると，日本の面積はこの正方形の面積の 2〜3 倍だろう，すなわち，$(400\ \mathrm{km})^2 = 16$ 万 km^2 の 2〜3 倍だろうと大まかに見積もることができます．これは，ほんの一例ですが，複数の見方で考える習慣をつけておくと，記憶違いからくる大きなミスに気づく手助けになることがあります．

2.2.3 ガンジス河の砂の数

「恒河沙（ごうがしゃ）」という数詞があります．これは「ガンジス河の砂」の多さに由来する数詞です．江戸時代の算術書『塵劫記』では，10^8 が 1 億で，10^{12} が 1 兆，10^{16} が 1 京，10^{20}，10^{24}，… とずっと行った先に 1 恒河沙 $= 10^{52}$ が出てきて，最後は 1 無量大数 $= 10^{68}$ で終わります．日常には現れないような巨大な数に言及するというのは古代インドの発想で，お経にも菩薩たちの数の多さをガンジス河の砂の数と比較した件（くだり）があります．

さて，ここでは

問題　10^{52} (= 1 恒河沙) と実際のガンジス河の砂の数とはどちらが多いか？

という素朴な疑問を考えてみたいと思います．

考えるにあたって，いろいろなデータが足りないことにすぐに気づくでしょう．ガンジス河の長さはご存知でしょうか．2500 km くらいの長さですが，それを知らないかもしれません．河の幅はどのくらいなのか，河砂の深さはどれくらいなのか．上流は岩場でも，あれだけ長い河なので，下流になると細かい砂や粘土が堆積していることでしょう．しかし，正確なデータは知らないという前提で，1 恒河沙 (= 10^{52}) という数とガンジス河の砂粒の数とはどちらが多いか，そういう比較を論理的に考えます．

まず，10^{52} 個の砂粒の体積を考えてみましょう．1 個の砂粒の大きさはさまざまですが，中程度の大きさの砂粒は 1 mm の半分くらいの大きさでしょう．砂時計に入っているような砂粒は特に細かく，直径 0.1 mm くらいでしょう．ここでは，さらに細かい砂を考えます．砂粒は丸みがあるでしょうが，話を簡単にするため，1 辺の長さが 0.02 mm の立方体とします．どこまで細かいものを砂とよぶかは分野によって違うようですが，砂とよべるのはこのあたりまでで，粒子がもっと小さくなるとシルト，さらに小さくなると粘土とよばれます．この砂粒 10^{52} 個の体積を考えるために

$$(10^{17})^3 \times 10 = 10^{52}$$

と書いてみます．そうすると，10^{52} 粒の砂を詰めるためには，縦も横も高さも 0.02 mm を 10^{17} 倍した立方体が 10 個必要であることがわかります．この立方体の 1 辺の長さがどれくらいかというと，

$$10^{17} \times 0.02 \text{ mm} = 2 \times 10^{15} \text{ mm} = 2 \times 10^{9} \text{ km}$$

となり，これは地球と太陽の距離（$\fallingdotseq 1.5 \times 10^{8}$ km）の 10 倍以上です．つまり，10^{52} 粒の砂は地球と太陽を 1 辺とする立方体 1 万個分に収まり切れない体積になります．ですから 1 恒河沙（$= 10^{52}$）はガンジス河の砂粒の数より圧倒的に大きな数であると推量できるでしょう．

別の観点として，地球の質量に着目して概算すると，地球にある原子の総数よりも 10^{52} がはるかに大きな数だということもわかります．このことからも 1 恒河沙（$= 10^{52}$）がガンジス河の砂粒の数よりも大きな数であると推量できます．

2.3 収束や発散の‘速さ’

1 京 $= 10^{16}$ という大きさをとらえるのに，第 2.1.3 項でスーパーコンピュータの計算速度のお話をしました．ここでは，1 京 $= 10^{16}$ 個 の数の和を計算するということを通して，収束や発散の‘速さ’について考えてみましょう．演算の回数が少なくても精度が高い近似が得られることもあれば，逆に，演算の回数が膨大なのに‘真の値’との誤差が大きいこともあります．

以下では

(2.1) $$\frac{1}{2}+\frac{1}{4}+\frac{1}{8}+\frac{1}{16}+\frac{1}{32}+\cdots$$

(2.2) $$1+\frac{1}{4}+\frac{1}{9}+\frac{1}{16}+\frac{1}{25}+\cdots$$

(2.3) $$1+\frac{1}{2}+\frac{1}{3}+\frac{1}{4}+\frac{1}{5}+\cdots$$

という3つの無限和を考えます．これは次のような規則の数列の和です((2.3)はそのまま)．

(2.1) $$\frac{1}{2}+\frac{1}{2^2}+\frac{1}{2^3}+\frac{1}{2^4}+\frac{1}{2^5}+\cdots$$

(2.2) $$1+\frac{1}{2^2}+\frac{1}{3^2}+\frac{1}{4^2}+\frac{1}{5^2}+\cdots$$

(2.3) $$1+\frac{1}{2}+\frac{1}{3}+\frac{1}{4}+\frac{1}{5}+\cdots$$

高校で習った方も多いと思いますが，$a_1, a_2, a_3, \cdots$ という数列があったときに，その初めの N 個の和を記号 $\sum$ (シグマ)を使って次のように表します．

$$\sum_{k=1}^{N} a_k = a_1+a_2+\cdots+a_N$$

2個や3個の和ならば a_1+a_2 とか $a_1+a_2+a_3$ と書けますが，たとえば N が 10^{16} (=1京)というようなときには，すべての項を書き出せないので，記法を決めておくのです．$\sum$ はSに相当するギリシャ文字で，合計を表すラテン語summa(英語sum)の頭文字からとられています．上の(2.1)〜(2.3)を第 N 項までで打ち切った有限和をこの書き方で書くと，

$$A_N = \frac{1}{2}+\frac{1}{2^2}+\cdots+\frac{1}{2^N} = \sum_{k=1}^{N}\frac{1}{2^k}$$

$$B_N = 1+\frac{1}{2^2}+\cdots+\frac{1}{N^2} = \sum_{k=1}^{N}\frac{1}{k^2}$$

$$C_N = 1+\frac{1}{2}+\cdots+\frac{1}{N} = \sum_{k=1}^{N}\frac{1}{k}$$

と表されます．たとえば，$N=10$ のときは

$$A_{10} = \frac{1}{2} + \frac{1}{4} + \frac{1}{8} + \cdots + \frac{1}{1024} = 0.999023\ldots$$

$$B_{10} = 1 + \frac{1}{4} + \frac{1}{9} + \cdots + \frac{1}{100} = 1.549767\ldots$$

$$C_{10} = 1 + \frac{1}{2} + \frac{1}{3} + \cdots + \frac{1}{10} = 2.92896\ldots$$

となります．$N=10$ くらいなら，手で計算できそうですね．

次に，$N=10^{16}$ (=1 京) 個の総和をとったときの(2.1)～(2.3)の値を順に見ていきましょう．

$$A_{1京} = \sum_{k=1}^{10^{16}} \frac{1}{2^k} = 0.99999999\ldots \tag{2.4}$$

$N=10$ のときは $A_{10}=0.9990\ldots$ でしたので，小数点以下の 9 は 3 回連続して続きましたが，$N=10^{16}$ ではたくさんの 9 が連続しそうです．これを単に「たくさん」で済ませずに，後で「小数点以下で連続している 9 を印刷するとどのくらいの量の紙が必要になるか」ということを考え，等比級数 A_N が 1 に近づく'速さ'について議論することにしましょう．

次に 2 番目のケースとして，k を 1 から 1 京 ($=10^{16}$) まで動かすときの $\frac{1}{k^2}$ の総和は

$$B_{1京} = \sum_{k=1}^{10^{16}} \frac{1}{k^2} = 1.6449\ldots \tag{2.5}$$

となります．この 1.6449... という数値は，一見，意味がなさそうですが，実は(2.5)の値に 6 をかけてルートをとれば円周率 π に近い値になります．

$$\sqrt{6 \times B_{1京}} = \overbrace{3.141592653589793}^{\text{ここまで } \pi \text{ に一致}}1\ldots \tag{2.6}$$

これは偶然ではありません．実は B_N を $N=1京=10^{16}$ 回で止めずに無限まで続けたときの極限が $\frac{\pi^2}{6}$ になります．この極限の式を無限和の記号を使って

$$\sum_{k=1}^{\infty} \frac{1}{k^2} = \frac{\pi^2}{6} \tag{2.7}$$

と表します．これは18世紀にオイラーが発見した定理で，いくつもの証明方法が知られています．ただし，$\sqrt{6\times\text{式(2.2)の値}}$ は円周率を計算する方法としては効率が良くありません．実際，1京個の数を足し合わせた $B_{1\text{京}}$ の値は，$\dfrac{\pi^2}{6}$ と小数点以下15桁まで一致し，16桁目は $\dfrac{\pi^2}{6}$ と異なります．同様に，1京個の数を足し合わせた(2.6)の値は，円周率 π と小数点以下15桁まで一致し，16桁目は円周率と異なります．1京回も計算して，15桁くらいしか合わないのは収束が‘遅い’と思うかもしれないし，あるいはスーパーコンピュータが1秒間でここまで計算できると，さすがだと思われるかもしれません．

3番目のケースでは，1京個 $(=10^{16}$ 個$)$ の総和は

$$C_{1\text{京}} = \sum_{k=1}^{10^{16}} \frac{1}{k} = 37.41857\ldots \tag{2.8}$$

となります．これは何か意味のある値でしょうか？ 実は，A_N や B_N の場合と異なり，この数値にはあまり意味がありません．というのも，

N を大きくしていくと，C_N は限りなく大きくなる

からなのです．しかし，C_N の増加はきわめて遅く，後述するように

スーパーコンピュータの計算速度でも，C_N は100を超えない

くらいにゆっくりと増加するので，C_N が無限大に発散することは数値計算だけではわかりません．

今お話ししたように N をどんどん大きくしたときの A_N, B_N, C_N の振る舞い方はずいぶん異なります．このことをもう少し丁寧に見て，収束や発散の‘速さ’の感覚をつかんでいきましょう．

まず，(2.1)で考えた等比級数 A_N の収束の‘速さ’を考えます．N を大きくしたとき，A_N がどのくらい速く1に収束するかを，小数点以下に9がどれくらい連続して並ぶかの個数で測ってみます．このために，実際に以下の和

$$\frac{1}{2} + \frac{1}{2^2} + \frac{1}{2^3} + \cdots + \frac{1}{2^N} \tag{2.9}$$

を求めることにします．$N = 10^{16}$ (1京) です．

(2.9)の和は等比級数の和公式を使えばすぐに計算できますが，もっと初等的に求めます．(2.9)に $\frac{1}{2^N}$ を足すと，1 になるということに注目しましょう．たとえば，

$$\underbrace{\frac{1}{2}+\underbrace{\frac{1}{4}+\underbrace{\frac{1}{8}+\frac{1}{8}}_{=\frac{1}{4}}}_{=\frac{1}{2}}}_{=1}=1$$

となっています．言い換えると N 個の総和(2.9)は

$$1-\frac{1}{2^N}$$

になります．$\frac{1}{2^N}$ がどれくらい小さいかがわかれば，(2.9)が 1 にどれくらい近いかがわかります．そこで，

問題　$N=10^{16}$ のとき，$\frac{1}{2^N}$ はどれくらいの大きさか？

という問題を考えることにします．

これもだいたい暗算でやってみます．最初から 1 京なんて値を入れると，感覚がつかめないと思いますので，たとえば $N=10$ としてみましょう．

$N=10$ のとき，$2^{10}=1024$ なので，$\frac{1}{2^{10}}=0.00097\ldots$ となります．第 2.1.3 項でも使いましたが，概算のときには $2^{10}=1024 \fallingdotseq 1000$ ということを知っておくと便利です．そうすると $\frac{1}{2^{10}} \fallingdotseq 0.001$ ということがすぐにわかります．実際，

$$1-\frac{1}{2^{10}}=0.999023\ldots$$

というふうに，小数点以下に 9 が 3 つ連続して並びます．$N=10^2$ のときは，$2^{100}=(2^{10})^{10} \fallingdotseq (10^3)^{10}=10^{30}$ ですから

$$1-\frac{1}{2^{100}} \fallingdotseq 0.\overbrace{99\ldots9}^{30\text{ 個}}$$

と概算できます．ここで，1024 を 1000 と近似したことによる誤差が多少あり

ますが，$1024 > 1000$ なので，少なくとも 30 個の 9 が連続して並びます．

それでは，$N = 10^{16}$（$=1$ 京）のときはどうなるかというと，

$$2^{10^{16}} = (2^{10})^{10^{15}} \fallingdotseq 10^{3\times10^{15}}$$

ですから，同様に考えて

$$1 - \frac{1}{2^{10^{16}}} = 0.\underbrace{99\ldots9}_{\text{少なくとも } 3\times10^{15} \text{ 個並ぶ}}\ldots$$

となって，小数点以下に 3000 兆 $=3\times10^{15}$ 個以上の 9 が並びます．きわめて 1 に近い数といえます．

ところで，3000 兆個というのはどれくらいの個数でしょうか．「桁違い」にならないよう，その $\frac{1}{10}$ 倍とも 10 倍とも違うことがイメージできますか？巨大な数を見た瞬間に思考停止するのではなく，その大きさを自分の感覚としてつかむ練習をここでもやってみましょう．9 という数字を 3000 兆個印刷すると，どのくらいの紙の量になるでしょうか．新聞の印刷に使われる紙の量と比較してみます．このために，まず「日本で 1 年間に発刊される新聞の文字数」を推定しましょう．「桁違い」にならない程度の大まかな推定です．（各紙によって違いがありますが）新聞 1 部でざっと均して 25 ページとします．一方，新聞の各ページは 12 段組で，1 段 70 行，1 行 12 字とすると

$$12\text{段/ページ} \times 70\text{行/段} \times 12\text{字/行} \fallingdotseq 1\text{万字/ページ}$$

くらいですが，広告や見出し，写真などがありますから，記事は 4 割として 1 ページ 4000 字と見積もることにします．そうすると新聞 1 部で 25 ページ× 4000 字/ページ＝10 万字となります．一方，新聞の発行部数はどのくらいでしょうか．紙媒体の新聞を購読する割合は世代差が大きそうですが，人口の約 6 分の 1 の 2000 万人が何か 1 つの新聞を購読するとしましょう．そうすると，1 年間で印刷される新聞の文字数は

$$2000\text{万部/日} \times 365\text{日} \times 10\text{万字/部} = 730\text{兆字}$$

となり，3000 兆個の文字はざっと 4 年分の新聞の文字数くらいと推定されます．このように見ると，3000 兆個は，単に「たくさん」ではなく，その $\frac{1}{10}$ 倍 (= 300 兆) ともその 10 倍 (= 3 京) とも違うことがイメージできるでしょう．

$N \to \infty$ としたとき等比級数 $A_N = \frac{1}{2} + \frac{1}{2^2} + \cdots + \frac{1}{2^N}$ は 1 に収束し，$B_N = 1 + \frac{1}{2^2} + \cdots + \frac{1}{N^2}$ は $\frac{\pi^2}{6}$ に収束します．しかし，その収束の '速さ' は A_N と B_N で大きく異なることを観察しました．たとえば $N = 10^{16}$ (= 1 京) 個の総和をとったとき，$A_N = 0.999\ldots$ においては小数点以下で連続している 9 の個数は 3000 兆個以上であり，国内で発行される 4 年分の新聞の文字数に匹敵するということで，A_N が 1 に近づく '速さ' を実感されたと思います．これに比べて，$N = 10^{16}$ 個の総和をとったとき，B_N は $\lim_{N\to\infty} B_N = \frac{\pi^2}{6}$ と小数点以下，たった 15 桁くらいしか合致しない．このように B_N の収束は 'ゆっくり' としているのです．

では C_N はどうでしょうか．

$$1 + \frac{1}{2} + \frac{1}{3} + \cdots$$

と順番に足していき，$N = 10^{16}$ まで足すと，(2.8) で見たように，その総和は約 37.4 となりましたが，この値は何かに近づいているのでしょうか？

もう少し計算してみようということで，$N = 10^{16}$ (1 京) の 1 万倍，すなわち，$N = 10^{20}$ (1 垓(がい)) までの総和を計算すると，C_N の値は 46.6 くらいになります．さらに 1 万倍，すなわち $N = 10^{24}$ (1 秭(じょ)) 回の総和では，C_N の値は 55.8 くらいになります．もし，$N = 10^{24}$ (1 秭) までの総和をスーパーコンピュータで計算するとすれば，総和をとる際の 1 項 1 項はきわめて小さくなるので浮動小数点の計算における丸め誤差も考慮してプログラミングしなければならず，演算の回数は 10^{24} 回よりももっと必要になるでしょう．一方，$10^{24} = 10^8$ (1 億) $\times 10^{16}$ (1 京) なので，1 秒間に 1 京回の計算ができるスーパーコンピュータでも，1 億秒，すなわち 3 年以上の計算時間が必要になります．

それよりはるかに多く，たとえば 1 京の 100 京倍，すなわち，$N = 10^{16}$ (1 京) $\times 10^{18}$ (100 京) $= 10^{34}$ 回の総和をとったとすると，C_N は 78.8 くらいになります．10^{34} 個の総和の計算をするには，1 秒間に 1 京回の計算ができるスーパーコンピュータでも 100 京秒 $=10^{18}$ 秒 (>300 億年) 以上が必要になりますが，この年月は知られている宇宙の寿命よりも長い時間です．しかし，これだけのとてつもない計算をしたとしても，C_N は 100 にも到達しません．

ここまで述べてきた N と C_N の値(2.3)と，仮想的に 1 秒間に 1 京回の計算ができるとしたときの所要時間を表にします．

N	C_N の値(2.3)	仮想的な所要時間
10^{16}	37.4 くらい	1 秒
10^{20}	46.6 くらい	1 万秒以上 (3 時間以上)
10^{24}	55.8 くらい	1 億秒以上 (3 年以上)
10^{34}	78.8 くらい	100 京秒以上 (300 億年以上)

では C_N の値はいったい何に近づくのでしょう？「塵も積もれば山となる」という言葉のように，非常にゆるやかだけれど，N をどんどん大きくすると C_N はいつまでも増え続け発散してしまうのです．記号 lim を使うと，次のように書けます．

$$\lim_{N\to\infty} C_N = \lim_{N\to\infty} \sum_{k=1}^{N} \frac{1}{k} = \infty \tag{2.10}$$

これは見落としやすい大事なことを含んでいます．高性能のコンピュータを長時間走らせて得られた数値が，真の値をまったく近似していないこともあるという教訓です．すなわち，スーパーコンピュータで長時間にわたって膨大な計算をしても総和は 100 に到達しないのに，極限値は無限大ということが実際にあるわけです．数値計算では理論的な考察が常に必要となります．

ここでは A_N, B_N, C_N という，収束・発散の速さが大きく異なる 3 つの例を通して，次章以降で使う極限のウォーミングアップをしました．無限や極限を扱うときは間違った議論をしやすいのですが，いまお話ししたような感覚も身につけておくと的確な判断をする手助けになるでしょう．

2.4 誤差評価

今のお話を聞かれたみなさんは，さらに疑問が出てきたかもしれません．

「本文中の数値は，1京回の足し算を実際に実行したものだろうか？」

スーパーコンピュータは高価なものであり，病気の原因に対応するタンパク質と結合するような薬を開発したり，台風や集中豪雨の予測の精度を高めたり，自動車が衝突したときに中の人が怪我しないような素材と構造を開発したりするための数値実験などに用いられます．A_N, B_N, C_N のような簡単な数列の和の計算にスーパーコンピュータを使うともったいないので，本文中の計算はスーパーコンピュータを使っていません．

そうすると，実際に1京個（$=10^{16}$ 個）の総和を計算したわけでもないのに，$N=10^{16}$ のとき

「$\sqrt{6\times B_N}$ と円周率 π が小数点以下15桁まで合致する」

「$\sqrt{6\times B_N}$ は小数点以下16桁目で円周率と異なる数字が出る」

「C_N が約37.4となる」

というように断定できるのはなぜでしょうか？

実は，これらは「誤差評価」を理論的に行って得た計算です．

「誤差評価」は大切な考え方なので，これまでに取り上げた例を通して，その雰囲気をお話ししましょう．測定や推定で何らかの値を得たとき，「誤差」は

$$誤差 = |\,測定値（あるいは推定値）- 真の値\,|$$

と定義されます．現実には「真の値」がわからないので，右辺の値は直接計算できないことがあります．しかし，左辺の「誤差」が論理的に小さいと言えれば，その測定値や推定値は一定の安心感をもって近似値として使うことができます．逆に誤差を評価できなければ「近似値」として信憑性がないということです．コンピュータの性能が高くても，誤差評価ができずに数値計算だけを行うと，判断ミスを引き起こすことも考えられます．

正確に数式で述べておきましょう．誤差が，ある数 ε（イプシロン）より小さくなるという不等式

$$|\,測定値（あるいは推定値）- 真の値\,| < \varepsilon$$

を**誤差評価**と言います．ε が小さければ小さいほど「良い近似」と言えます．

まずは誤差評価とはどのようなものかを先ほどの級数 A_N と B_N の例で見てみましょう．この級数(2.1)と(2.2)は

$$\lim_{N\to\infty} A_N = \lim_{N\to\infty}\left(\sum_{k=1}^{N}\frac{1}{2^k}\right) = 1$$

$$\lim_{N\to\infty} B_N = \lim_{N\to\infty}\left(\sum_{k=1}^{N}\frac{1}{k^2}\right) = \frac{\pi^2}{6}$$

と収束します．一方，N が 10^{16} (=1 京) のとき

$$|A_{1\text{京}} - 1| < 0.\underbrace{00\ldots0}_{0\text{ が }3\times10^{15}\text{ 個並ぶ}}*\ldots$$

$$\left|B_{1\text{京}} - \frac{\pi^2}{6}\right| < 0.\underbrace{00\ldots0}_{0\text{ が }15\text{ 個並ぶ}}1$$

が成り立ちます．ここで $|A_{1\text{京}}-1|$ の右辺は，小数点以下に少なくとも 0 が 3×10^{15} 個並ぶという意味で，$*$ は 0 から 9 のどれかの数字です．これらの不等式は，$N=10^{16}$ のときの A_N や B_N が極限値である 1 や $\frac{\pi^2}{6}$ をどの程度の精度で‘近似’しているかを表す誤差評価と考えることもでき，先ほどお話ししたように，前者の収束は速く，後者の収束は相対的に遅いということを数値的に表すものとなっています．

上の不等式は具体的に計算しなくても，第 4.8 節で説明する不動点定理に基づいて論理的に証明できます．少し本書のレベルを超えますが，A_N, B_N, C_N ((2.1)〜(2.3)) の誤差評価をお話として触れることにします．まず，‘粗い誤差評価’として次の等式や不等式が成り立ちます．

$$|A_N - 1| = \frac{1}{2^N}$$

$$\left|B_N - \frac{\pi^2}{6}\right| < \frac{1}{N}$$

$$\left|C_N - (1+\log N)\right| < 1$$

3 つめの log は自然対数です．これらの‘粗い評価式’だけで，$N\to\infty$ とすると

$$A_N \to 1, \quad B_N \to \frac{\pi^2}{6}, \quad C_N \to \infty$$

となることがわかります．しかし，B_N の収束が本当に「遅い」のかどうかを判断したり，$N=10^{16}$ のときの C_N の値をたとえば小数点以下 1 桁程度まで正確に推定するためには，もう少し精密な誤差評価が必要となります．たとえば次の不等式は，より精密な誤差評価として役立ちます．

$$0 < B_N - \left(\frac{\pi^2}{6} - \frac{1}{N}\right) < \frac{1}{N^2}$$

$$-\frac{1}{n} < C_N - \left(C_n + \log\frac{N}{n}\right) < 0$$

B_N に関して「$N=10^{16}$ (=1 京) のときの $\sqrt{6\times B_N}$ の値は円周率 $\pi=3.14\ldots$ と小数点以下 16 桁目で異なる」と(2.6)で述べましたが，これは B_N を直接計算した結果ではなく，上の誤差評価を用いて論理的に導かれたものです．

C_N に関して述べた最後の不等式における n はどんな自然数でもかまいません．たとえば $n=10$ とすると

$$C_{10} = 1 + \frac{1}{2} + \frac{1}{3} + \cdots + \frac{1}{10} = 2.92\ldots$$

となりますが，$N=10^{16}$ (=1 京) のときは，上の誤差評価を用いると

$$\left|C_{10^{16}} - \left(C_{10} + \log 10^{15}\right)\right| < \frac{1}{10}$$

となるので，実際に $N=10^{16}$ 個 (=1 京個) の総和を計算しなくとも，$C_{10^{16}}$ の値は $C_{10}+15\log 10=2.92\ldots+15\times 2.3\ldots \fallingdotseq 37.4\ldots$ との差が $\frac{1}{10}$ 未満になるとわかるのです．

このように「誤差評価」といっても，前半に述べた‘粗い評価’から，後半に述べた‘より精密な評価’までいろいろなヴァリエーションがあり，必要に応じて目標とする精度を変えることになります．

この節は，本書のレベルを超えたお話をしましたが，個々の計算ではなく，「誤差評価」の意味と雰囲気を感じていただければと思います．

第3章
極限に至る道

微分や積分には**極限**の概念が用いられます．極限を理解するために，'無限' の一歩手前の '有限' の段階で，一番 '効く' 部分(**主要項**)は何か，あるいは，小さいけれども無視できない部分はあるか，を正しくとらえることが大事になってきます．主要項をつかむことができれば，関数の大域的な形や局所的な振る舞いが見えてきます．この章では，「グラフの概形から関数を推測する」といった通常とは逆の問題や，さまざまな数値を手計算で近似的に求める工夫をしながら主要項をつかむ練習をします．

第2章で「大きな数」は，次元を高くするときや，場合の数を扱うときに現れやすいということを見ました．たとえば n^{10} や 10^n や $n!$ といった数は n を大きくすると巨大な数になります．主要項を正しくとらえるためには，こうした巨大な数どうし(あるいは微小な数どうし)を比較することも必要になってきます．その手法として，二項係数の使い方を学びます．

極限や微分の一歩手前の段階で，関数や近似について「すでに知っている」という「殻」を打ち破って，理解を深めましょう．

3.1　単項式，多項式，一般の関数

複雑な関数，あるいは未知の関数を，よく知っている関数——たとえば多項式——を使って近似する，ということを考えてみます．

多項式(高校数学では**整式**とも言います)とは，たとえば x^3+2x+1 とか x^7-2x^3 のような式です．多項式の「多」は，x^3 や $2x^7$ といった**単項式**を足したり引いたりして多項式が得られるということに由来しています．

鍵となる言葉を模式的に書くと次のようになります．

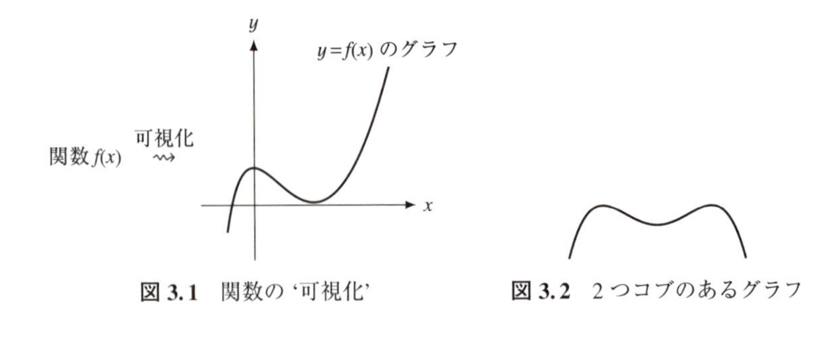

図 3.1　関数の‘可視化’　　**図 3.2**　2 つコブのあるグラフ

一般の関数	$\Longleftarrow$	多項式	$\Longleftarrow$	単項式
	近似		何倍かして足し合わせる	
(複雑)				(簡単)

3.2　関数の全体を‘見る’

中学・高校では，簡単な関数 $f(x)$ に対して，そのグラフ $y=f(x)$ を描く（図 3.1）という練習をしたことがあると思います．グラフは関数を‘可視化’することによって，全体像をつかむ有用な考え方です．

さて，ものごとを逆に考えると，一気に視野が拡がることがあります．ここでは，曲線が先に与えられたとき，適当な関数のグラフでその曲線を近似できるか？ ということを考えてみます．たとえばこんな問題です．

> **問題**　ラクダのように 2 つコブのある，図 3.2 のようなグラフを与える多項式を 1 つ見つけよ．

これは，グラフの形がだいたい合っているような多項式を何か 1 つ見つけようという問いです．こういう問題を見るのはおそらく初めてかと思います．多項式のグラフを描くという問題ならば，微分して極値を計算し増減表を書く……というパターン化された解法をご存知の方もいらっしゃるでしょう．コンピュータでグラフを描かせることもできます．ところが「グラフから関数を見つけよ」というのは通常とは反対の順序です．この異質な問題を微分などの知

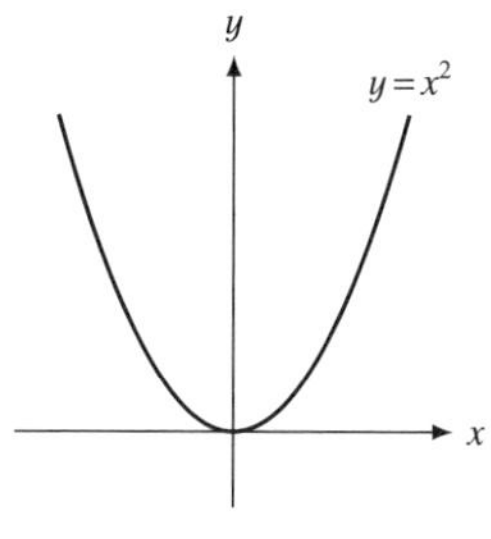

図 3.3 $y=x^2$ のグラフ

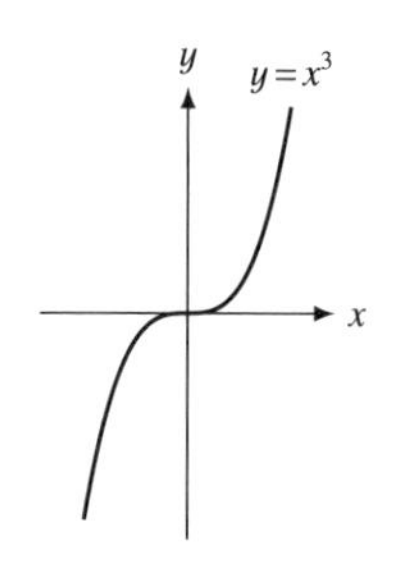

図 3.4 $y=x^3$ のグラフ

識を使わずに素朴に考える中で，視野を拡げてみましょう．

この問題を考えるにあたって，まず「簡単に見える」「よく知っている」と思っている単項式の性質を掘り下げることから始めます．

3.2.1 単項式の可視化

グラフを用いて単項式を可視化してみましょう．$y=x^2$ のグラフ (図 3.3) は何度も描いたことがあるでしょう．$y=x^3$ のグラフ (図 3.4) も，多くの方は習ったことがあり，パッと描けることと思います．3 次関数のグラフを高校で習わない国もあります．$y=x^3$ のグラフを一度も見た経験がなければ，x が 0 の近くや負のところでグラフの形がどうなるか自分で考えてみると，何かの‘気づき’のきっかけになるかもしれません．

次に $y=x^4$ のグラフを考えます．このグラフを見たことがあり，それが $y=x^2$ に似ていると思った方は，その先入観で思考が止まってしまうこともあるでしょう．ここでは先入観をもたず，また微分といった高度なことを使わずに，$y=x^4$ のグラフが $y=x^2$ のグラフとどのように異なるのか (図 3.5)，その特徴をつかんでみましょう．また，この 2 つのグラフと $y=10x^2$ のグラフ (図 3.6) とでは，何が似ていて何が違うのかも後で観察します．

図 3.5 は $x=1$ に目盛をつけて $y=x^2$ と $y=x^4$ のグラフを描きました．どちらのグラフも $x=1$ のときは $y=1$ となります．そして左右対称です．$y=x^2$ も $y=x^4$ も一見，似た形ですが，x^2 と x^4 は本質的に大きな差異があります．

第 2 章では，1 次元の尺度より 3 次元や 4 次元の尺度の方が巨大な数が現れ

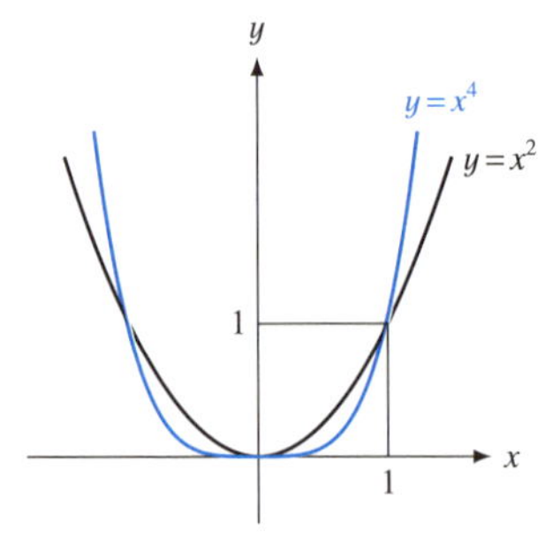

図 3.5　$y=x^2$ と $y=x^4$ のグラフ

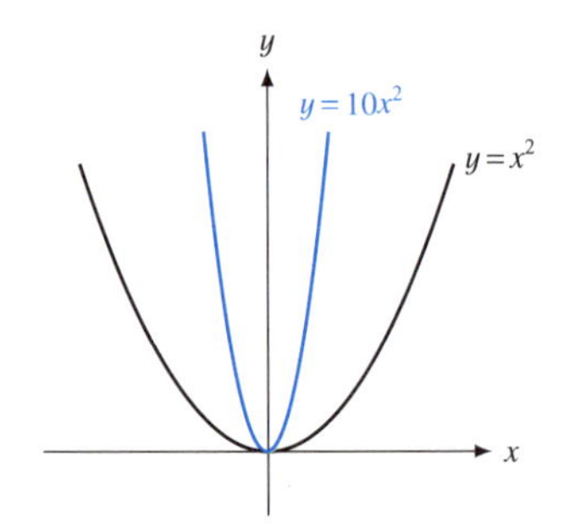

図 3.6　$y=x^2$ と $y=10x^2$ のグラフ

やすいという例をお話ししました．実際，x の**べき乗** x^n において，x が大きいときや x が 0 の近くでは，n が変わると x^n の値は著しく異なります．この感覚を生かして，$y=x^4$ と $y=x^2$ の差異を考えてみます．

x が大きい場合の例として，たとえば $x=10$ のときは，$x^2=100$，$x^4=10000$ です．図 3.5 では，0 と 1 の距離が 1 cm くらいですから，$x=10$ は原点から右に 10 cm くらいです．このときの y の値は $x^2=100$ なので 1 m くらいとなり，手の届く範囲ですが，x^4 では $x^4=10000$ なので 100 m くらいとなり，グラフを描くには遠すぎる地点となります．x をもっと大きくすると，x^2 も x^4 も大きな数になりますが，この 2 つだけを比較すると，x^4 の方がはるかに大きいので x^2 は相対的に無視できそうです．

x が 0 に近い場合の例として，たとえば $x=0.1$ では，$x^2=0.01$，$x^4=0.0001$ です．$x=0$ の近くでグラフを描くと，4 乗の方は x 軸すれすれになります．このように，x が 0 に近いときは x^2 も x^4 も小さな数ですが，この 2 つだけを比較すると，x^2 の方が相対的に大きいので x^4 は無視できるくらい小さそうです．

ここでは 2 つのものを比較した場合の話をしましたが，3 つ以上のものを比較するときも，圧倒的に大きいものが 1 つだけあれば残りを無視しようという考え方ができます．後述する微分や積分における極限操作にもこの考え方が用いられます．

今は感覚的な言い方をしています．緻密な論理体系である数学では，どうい

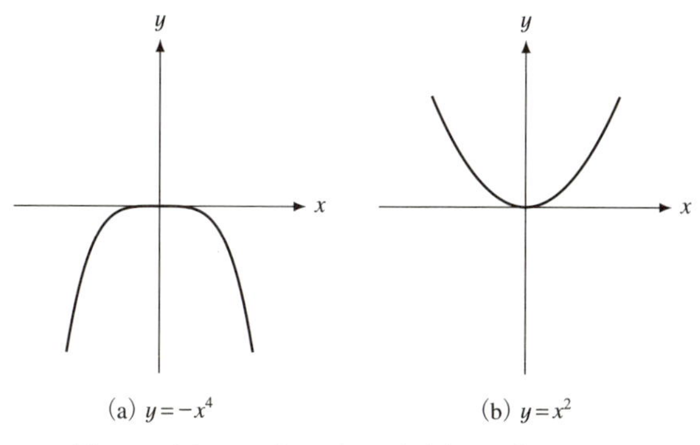

図 3.7　(a) $y=-x^4$ のグラフと (b) $y=x^2$ のグラフ

う規準で何を無視するかというルールを明確に決めてから議論を積み重ねることになります．その一方で，論理的な証明を導く際には，効くものと無視できるものを区別するという直観が役立つのです．それでは，こういった直観と論理を並行してゆっくりと育んでいきましょう．

3.2.2　2 つコブのあるグラフ

x^4 と x^2 は，大雑把に描くと似たグラフですが，注意深く見ると，$x=0$ の近くや x が大きいところでは，著しい差異が現れていました．このことに着目して，「ラクダのような 2 つコブのあるグラフ（図 3.2）を与える多項式を見つける」という冒頭の問題に戻りましょう．

いま，$y=-x^4$ のグラフを考えます．これは $y=x^4$ のグラフと上下反対ですから，図 3.7(a)のような形になります．このグラフだけではラクダのコブが 2 つにならないので，$y=x^2$ のグラフ（図 3.7(b)）を足し合わせます．

$x=0$ のあたりだと，x^2 と比べれば x^4 の方がずっと小さいので，x^4 の寄与は無視できます．$|x|$（$=x$ の絶対値）が大きいと，x^2 と比べれば x^4 の方がずっと大きいですから，x^2 の寄与は無視できます．したがって，2 つを足し合わせた $y=-x^4+x^2$ のグラフは，原点 $x=0$ の近くでは $y=x^2$ のグラフとほぼ同じになっており，原点から離れたところ（$|x|$ が大きいところ）では，$y=-x^4$ のグラフとほぼ同じになっています．

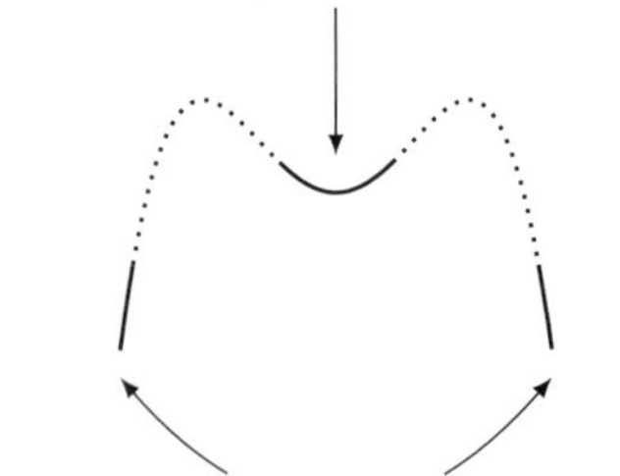

図 3.8　$y=-x^4+x^2$ のグラフの推測

今の考察を，$y=-x^4+x^2$ のグラフに反映させて，$|x|$ が小さい部分と $|x|$ が大きい部分を模式的に描くと，図 3.8 の実線部分のようになることがわかりました．その中間は，何かの曲線でつながっているはずですから，いったん盛り上がって下がっているだろう，と推測して点線で描きました．

コンピュータに $y=-x^4+x^2$ のグラフを描かせると，確かに図 3.8 のような 2 つのコブのグラフになります．

一方，$y=x^2$ と $y=x^4$ の差異に比べると，$y=x^2$ と $y=10x^2$ のグラフは大して異なりません．確かに，$y=x^2$ に比べて，$y=10x^2$ の方が細く見えます (図 3.6)．しかし，両者はいずれも放物線であり，x が大きくても 0 に近くても $10x^2$ は常に x^2 の 10 倍であり，本質的な差はありません．実際，$y=-x^4+x^2$ のかわりに $y=-x^4+10x^2$ を考えたとしても，やはりラクダの 2 つのコブのようなグラフになります．2 乗と 4 乗が本質的に異なるのに比べて，$y=x^2$ と $y=10x^2$ の差はそれほど大きくないということが，グラフの形にも現れているのです．

この節では，与えられた関数のグラフを描くという通常の問題ではなく，あまり見かけない「逆の問題」，すなわち，曲線を先に与えて，似た形のグラフをもつ多項式を見つけるという問題を取り上げました．ラクダのコブくらいの簡単な図形ならば，仔細(しさい)な計算をしなくても，単項式 x^2 と x^4 の違いに注目するというアイディアだけで解答を見つけることができました．

なお，図 3.8 の点線部分で，x が正のところでぴったり 1 回だけ盛り上がり，x が負のところでも 1 回盛り上がるといったことは，ここで述べた大ま

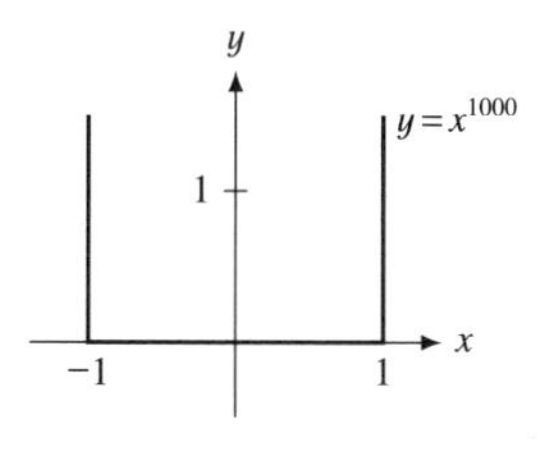

図 3.9　$y=x^{1000}$ のグラフ

かな考え方だけでは結論づけられませんが，第 4 章で学ぶ微分を用いるとわかります．

3.2.3　$y=x^{1000}$ のグラフ

今度は次の問題を考えてみましょう．

> **問題**　$y=x^{1000}$ のグラフを描け．

$y=x^2$ と $y=x^4$ のグラフの差異は，前項でよくわかったと思います．この差異は x の 1000 乗だともっと極端に現れます．実際，$y=x^{1000}$ のグラフを描くと，図 3.9 のようになります．

このグラフは $x=1$ と $x=-1$ のところでほとんど直角に曲がっているように見えます．実際には直角に曲がっているわけではありませんが，印刷の線の太さを考えると，-1 から 1 までは水平にまっすぐ線を引いて，そのあとは真上に線を引くというように定規で描けば，$y=x^{1000}$ のグラフとの誤差は線の太さの範囲内に収まっていることになります．なぜ，こんなことが言えるかを検証してみましょう．

このグラフで気になる場所は $x=1$ の前後です．たとえば，$x=1.01$ と $x=0.99$ のとき x^{1000} はどのような値になるでしょうか．実は 1.01^{1000} は 2 万より少し大きい[*1]のですが，ここでは，もう少し粗く，$1.01^{1000}>10000$ が示せたとして，それが $y=x^{1000}$ のグラフにどのように反映されるかを考えてみます．

*1　実際には $1.01^{1000}=20959.15\ldots$ となります．

x 軸の座標 0 と 1 の距離を 1 cm にとると，$x=1.01$ は $x=1$ の 0.1 mm 右の点になります．髪の毛 1 本の太さくらいですね．このとき $y=x^{1000}$ の値は 1 万を超えるので，同じ縮尺では 1 万 cm = 100 m 以上になります．同様に，$x=0.99$ における y の値は 0.99^{1000} ですが，$0.99<\frac{1}{1.01}$ を使うと，

$$0.99^{1000} < \frac{1}{1.01^{1000}} < \frac{1}{10000}$$

となり，0 と 1 の距離が 1 cm ならば，$x=1$ から髪の毛 1 本の幅くらい左に移動すると，y の値は 1/10000 cm = 0.001 mm 未満になります．このようにして，$y=x^{1000}$ のグラフは $x=1$ で直角に曲がっているように見えるわけです．

次の節では 1.01^{1000} を手計算で概算することを考えてみましょう．計算の答えではなく，考え方が大事です．そこでは**二項展開**（**二項定理**）を使い，主要項と誤差項に分けるというアプローチをとります．二項展開は，べき乗を展開する公式として，高校で学ばれた方もいらっしゃると思いますが，次節で一から説明します．二項展開を使うと，1.01^{1000} が 1000 より大きいことは簡単にわかります．また，第 3.3.2 項でお話しするように，もう少し精密に評価すれば，1.01^{1000} が 10000 より大きいことも確かめられます．計算を繰り返すたびに**増幅する誤差**を意識しながら，近似計算を行うときの主要項と誤差項の考え方を紹介します．

3.3　二項展開

$(a+b)$ のべき乗を展開してみます．

$$(a+b)^1 = a+b$$

$$(a+b)^2 = a^2+2ab+b^2$$

$$(a+b)^3 = a^3+3a^2b+3ab^2+b^3$$

数学の公式を記述するとき，1 からではなく 0 から書く方が見通しが良くなることがあります．ここでも，べき乗は 1 乗ではなく 0 乗から始めましょう．このためには文字式の 0 乗というのを定義する必要があります．一般に

$$x^0 = 1$$

と約束しておきます．数学では，こういった約束のことを**定義**として理論を組み立てます．約束(定義)は一度決めたら，途中で変えません．(文字式の)0乗は1になるとあらかじめ約束しておきます．そうすると，指数法則 $x^{p+q}=x^p x^q$ は p や q が0の場合も成立し，例外を作らずに，簡明に公式を記述できるのです．

この約束に従って，$n=0,1,2,3,4$ のときに $(a+b)^n$ を展開し，その係数に注目します．係数が1のときも忘れないように明記して係数を青数字で書き込んでみると，次のようになります．

$$\begin{aligned}
(a+b)^0 &= 1 \quad (\text{と約束しておく}) \\
(a+b)^1 &= 1a+1b \\
(a+b)^2 &= 1a^2+2ab+1b^2 \\
(a+b)^3 &= 1a^3+3a^2b+3ab^2+1b^3 \\
(a+b)^4 &= 1a^4+4a^3b+6a^2b^2+4ab^3+1b^4
\end{aligned}$$

a についての降べきの順，つまり $(n+1)$ 段目ならば $a^n, a^{n-1}, \cdots, a^2, a, 1$ と，a の文字式と見たときべき乗が下がるように順序立てて並べると，出てくる係数は，たとえば5段目の $(a+b)^4$ の展開式では 1, 4, 6, 4, 1 となっています．これを並べると，図 3.10(a)のような数字の配列が得られます．

この数字の配列は**パスカルの三角形**とよばれます．ブレーズ・パスカル(1623-1662)は数学・自然科学・哲学など多方面に才能を発揮した17世紀のフランスの学者で，圧力の単位にも名を残しています．ただ，「パスカルの三角形」に関しては，インドをはじめ複数の文化圏でパスカルが生まれる何世紀も前に‘発見’されていたようです．

3.3.1 二項係数の4つの側面

$(a+b)^n$ の展開式に現れる係数(二項係数)について，いくつかの異なる視点で

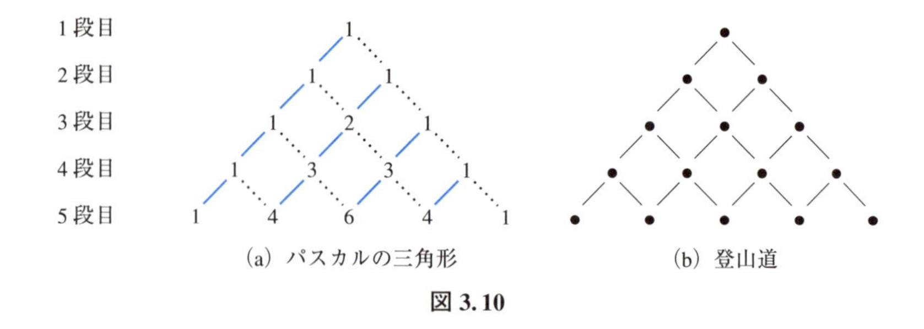

(a) パスカルの三角形　　(b) 登山道

図 3.10

とらえてみましょう．

まず，パスカルの三角形における数字の並び方を観察すると，1つ下の段の数字は線でつながっているすぐ上の数字の和になっています．たとえば，

$$\underset{3\text{段目}}{1+2} = \underset{4\text{段目}}{3} \quad \text{とか} \quad \underset{4\text{段目}}{3+3} = \underset{5\text{段目}}{6}$$

です．逆にこの性質に注目してパスカルの三角形を帰納的に定義します．1段目(最上段)は1とします．n 段目に n 個の数を定めたとして，$(n+1)$ 段目は線でつながっているすぐ上の数を足し合わせて定めることにします．図 3.10(a)の右隣には，同様の図を(数字を書き込まずに)描きました(図 3.10(b))．斜めの線は山頂に向かう登山道に見立てることもできます．

このとき，次の4つの数が一致します．

(1) $(a+b)^n$ の展開式における $a^{n-k}b^k$ の係数

(2) パスカルの三角形の $(n+1)$ 段目，左から $(k+1)$ 番目の数

(3) 図 3.10(b)で $(n+1)$ 段目，左から $(k+1)$ 番目の地点から山頂に登る最短経路の個数

(4) $\displaystyle\binom{n}{k} := \frac{n!}{k!\,(n-k)!}$

ただし，(3)では1段目(山頂)にいるときは，経路の数は1と約束します．(4)で使った記号を説明しておきましょう．1から順に $2, 3, 4, \cdots$ と自然数 n までかけ合わせた数を $n!$ と表記し，n の**階乗**とよびますが，$n=0$ のときは

$$0! = 1$$

と約束しておきましょう．また，$\binom{n}{k}$:= と書きましたが，:= は目新しい記号かもしれません．これは「左辺を右辺によって定義する」という意味で使います．つまり $\binom{n}{k}$ を右辺の $\dfrac{n!}{k!\,(n-k)!}$ で定義するという意味です．これは n 個の中から k 個選ぶ場合の数で，高校では ${}_n\mathrm{C}_k$ という記号で習うこともあります（C は組合せ combination の c です）．ただ，C を使う表記は国によって ${}_n\mathrm{C}_k$, C^n_k, C^k_n, $\mathrm{C}_{n,k}$, $\cdots$ と流儀がまちまちで，${}_n\mathrm{C}_k$ と書くより，$\binom{n}{k}$ と書く方が国際的に通じやすいので，ここでもそう書くことにします．

(1)～(4)の意味を確認するため，たとえば $n=4, k=2$ の場合を考えてみましょう．$(a+b)^4$ の a^2b^2 の係数は 6 になりますが，パスカルの三角形では $n+1=5$ 段目，左から $k+1=3$ 番目の数は 6 であり，登山経路は手を動かして数えると確かに 6 通りあります．また，確かに

$$\frac{4!}{2!\,2!} = 6$$

となっています．

一般の n,k に対して(1)～(4)がすべて同じ数であることを確かめましょう．

まず，(1)と(2)が同じ数であることを見るために，

$$(a+b)^n = (a+b)^{n-1} \times (a+b)$$

と書いてみます．たとえば $n=4$ とすると，$(a+b)^4$ を $(a+b)^3\times(a+b)$ と考え

$$(a+b)^3 = a^3 + 3a^2b + 3ab^2 + b^3$$

に a,b をそれぞれかけて足し合わせます．この計算で現れる係数だけ書くと

	a^4	a^3b	a^2b^2	ab^3	b^4
a をかける	1	3	3	1	
b をかける		1	3	3	1
合計	1	4	6	4	1

となり，パスカルの三角形の 4 段目の数列 1, 3, 3, 1 から 5 段目の数列 1,4,6,4, 1 に進む規則と一致することが確認できました．図 3.10(a)では青の実線は a をかけたときの係数の寄与に，黒の点線は b をかけたときの係数の寄与に対応します．この原理は $n=4$ の場合だけではなく，どんな自然数 n に対しても成り立つので，n に関する数学的帰納法で (1) = (2) がわかりました．

次に，(2)と(3)が同じ数であることを確かめましょう．ある地点から山頂に行くためには最初に左上に登るか右上に登るかのいずれか(両端のときは一方だけ)です．したがって，この地点から山頂に登る最短経路の個数は，そのすぐ左上の地点を経由して山頂に登る経路の個数と，そのすぐ右上の地点を経由して山頂に登る経路の個数の和になります．これはまさに，パスカルの三角形を定義したときのルールです．したがって (2) = (3) がわかりました．

最後に (1) = (4) を確かめましょう．(1) = (2) の証明では $(a+b)^n$ を $(a+b)^{n-1} \times (a+b)$ と表しましたが，今度は n 個の積を並べて

$$(a+b)^n = (a+b)\times(a+b)\times\cdots\times(a+b)$$

と表してみます．この展開式において，たとえば $a^{n-k}b^k$ という項がどこから生じるかを考えます．右辺を展開するとき，$a+b$ のそれぞれの項で a か b の 2 通りの選択肢がありますので，展開すると全部で 2^n 通りの単項式の和になります．展開したときに $a^{n-k}b^k$ という項に寄与するのは，n 個の $(a+b)$ の中から b を k 個選ぶ(このとき，残りの $(n-k)$ 個は自動的に a となります)場合の数なので $\binom{n}{k}$ 通りあります．したがって $a^{n-k}b^k$ の係数は $\binom{n}{k}$ となり，(1) = (4) が成り立つというわけです．

このようにして (1) = (2) = (3) = (4) が示されました．

$(a+b)^n$ の展開公式を一般の形で書いておきます．展開式も 5 乗くらいまでなら全部並べて書けますが，これが 100 乗になると 101 個の項を書かなければならないので大変です．(1) = (4) を用いると，一般の展開公式は 1 行で

$$(a+b)^n = \sum_{k=0}^{n} \frac{n!}{k!\,(n-k)!} a^{n-k} b^k \tag{3.1}$$

と表されます．この展開公式を**二項展開**と言います．たとえば $n=3$ ならば

$$(a+b)^3 = \frac{3!}{0!\,3!}a^3b^0 + \frac{3!}{1!\,2!}a^2b^1 + \frac{3!}{2!\,1!}a^1b^2 + \frac{3!}{3!\,0!}a^0b^3$$

となりますが，$a^0=1$，$b^0=1$，$0!=1$ と約束していたので，右辺は

$$a^3+3a^2b+3ab^2+b^3$$

と見慣れた形になります．このようにして $(a+b)^n$ の展開公式が 1 行の公式(3.1)で表されました．$a^{n-k}b^k$ の係数

$$\binom{n}{k} = \frac{n!}{k!\,(n-k)!} = \frac{n(n-1)\cdots(n-k+1)}{k(k-1)\cdots 1}$$

は**二項係数**とよばれます．

さて，二項展開の最初の項をいくつか書き出すと，

$$\begin{aligned}(a+b)^n &= \sum_{k=0}^{n} \frac{n!}{k!\,(n-k)!}a^{n-k}b^k \\ &= a^n + \binom{n}{1}a^{n-1}b + \binom{n}{2}a^{n-2}b^2 + \binom{n}{3}a^{n-3}b^3 + \cdots + b^n\end{aligned}$$

となっています．2 行目の $\cdots$ は，あとは同じ規則でいくという意味です．

抽象的な概念や公式を初めて学ぶときは，別の形に書き換えたり，特殊な場合を吟味(ぎんみ)したりすると，理解が進むことがあります．二項展開の公式では，

$$(a+b)^n = a^n + na^{n-1}b + \frac{n(n-1)}{2\cdot 1}a^{n-2}b^2 + \frac{n(n-1)(n-2)}{3\cdot 2\cdot 1}a^{n-3}b^3 + \cdots + b^n$$

というように最初の数項を書き下すとか，さらに $a=1$ を代入して

$$(1+b)^n = 1 + nb + \frac{n(n-1)}{2\cdot 1}b^2 + \frac{n(n-1)(n-2)}{3\cdot 2\cdot 1}b^3 + \cdots + b^n \tag{3.2}$$

という特別な場合を眺めるとかすると，だんだん身近に感じられることでしょう．最後の等式では，1 を何乗しても 1 ということを使いました．

さて，二項係数はいつでも正なので，$b>0$ ならば上の二項展開(3.2)に現れる項はすべて正となります．特に $n \geqq 2$ ならば

$$(1+b)^n > 1 + nb \tag{3.3}$$

という不等式が成り立つことがわかります．

3.3.2　1.01^{1000} を見積もる

正確な値は必要ないけれども，おおよその値が必要になることがあります．ポイントを見抜けば概算値を簡単に求められることもあり，そういうコツに触れておくと実用上も便利なことがあります．ここでは 1.01^{1000} がどのくらい大きな数かを素早く見積もってみましょう．$1.01^{1000}=(1.01^{100})^{10}$ なので，まず，粗い評価として，(3.3)において，$b=0.01, n=100$ とすると，1.01^{100} について

$$1.01^{100} = (1+0.01)^{100} > 1+100\times 0.01 = 2$$

という不等式がわかります．したがって，両辺を 10 乗すると

$$1.01^{1000} = (1.01^{100})^{10} > 2^{10} > 1000 \tag{3.4}$$

となります．ここで最後の不等式は $2^{10}=1024>1000$ を使いました．このようにして，$1.01^{1000}>1000$ がわかりました．

これはかなり粗い評価ですが，少し改良すると 1.01^{1000} が 1 万を超えることもわかります．すなわち，(3.4)より強い次の不等式が成り立つのです．

$$1.01^{1000} = (1.01^{100})^{10} > 2.6^{10} > 10000 \tag{3.5}$$

(3.5)の青字で記した 2 つの不等式を手計算で確かめてみましょう．このためには，「主要項と誤差項」という観点が役立ちます．

まず，最初のステップとして，$1.01^{100}>2.6$ を確かめましょう[*2]．$b=0.01=10^{-2}, n=100$ を二項展開(3.2)に代入すると，

$$\begin{aligned}1.01^{100} &= (1+0.01)^{100}\\ &= 1+100\times 10^{-2}+\frac{100\cdot 99}{2\cdot 1}\times 10^{-4}+\frac{100\cdot 99\cdot 98}{3\cdot 2\cdot 1}\times 10^{-6}+\cdots+10^{-200}\\ &= 1+1+\frac{0.99}{2}+\frac{0.99\times 0.98}{6}+\cdots \end{aligned} \tag{3.6}$$

---

*2　実際の値は $1.01^{100}=2.7048\ldots$ となります．

となります．最初の4つの項を計算すると

$$1.01^{100} = 1+1+0.495+0.1617+\text{正の数} > 2.6567 > 2.6 \tag{3.7}$$

となります．先ほどは，最初の2つの項だけを使うことで $1.01^{100}>2$ という不等式を得たわけですが，ここでは最初の4つの項を使うことで，$1.01^{100}>2.6$ という少し精密な不等式を得たことになります．

2と2.6では，あまり差がないように見えますが，両者を10乗すると大きな差が現れます．次のステップとして，2.6^{10} の値が1万を超えることを示しましょう．かけ算を10回も繰り返すのではなく，上手に近似のアイディアを使うと，ほとんど暗算で確かめられます．この考え方を丁寧に説明します．

2.6^{10} を大まかに見積もるために，2.6が $2.5=\dfrac{10}{4}$ に近いことに注目し，

$$2.6 = 2.5+0.1 = \frac{10}{4}\times(1+0.04)$$

と整理してみます．まず，右辺の分母の4については $4^{10}=(2^{10})^2$ なので，$2^{10}=1024 \fallingdotseq 10^3$ を思い出すと $\left(\dfrac{10}{4}\right)^{10}$ は約1万になります．正確には

$$\left(\frac{10}{4}\right)^{10} = \frac{10^{10}}{1024^2} = \frac{1}{1.024^2}\times 10^4$$

です．一方 $(1+0.04)^{10}$ では0.04を**誤差項**と見なしてみます．つまり，**主要項**の1は10回かけても1のままですが，誤差項0.04がそれに付け加わった場合に，10回のかけ算を繰り返すとどの程度膨らむかというとらえ方をします．その評価式に二項展開(3.2)を使うと

$$(1+0.04)^{10} = 1+10\times 0.04+\text{正の数} > 1.4$$

がわかります．そうすると

$$2.6^{10} = \left(\frac{10}{4}\right)^{10}\times(1+0.04)^{10} > \frac{1.4}{1.024^2}\times 10^4 > 10^4$$

となることがわかりました．こうして，(3.5)の一番右の不等式が示せたので，目標であった「1.01^{1000} が1万より大きい」ことが手計算で確かめられました．

というわけで，$y=x^{1000}$ のグラフは $x=1$ のところで切り立った図 3.9 のようになることがわかりました．

3.3.3　100! と 10^{100} はどちらが大きいか？

100 年ほど前に 10^{100} を googol とよんだ子供がおり，「グーグル」はこの数詞にちなんで命名されたそうです．10^{100} は日常の感覚からはとてつもなく大きな数です．第 2 章で恒河沙という「ガンジス河の砂」に由来した数詞のお話をしましたが，それは 10^{52} でした．10^{100} は，ガンジス河の砂の数どころか，観測できる宇宙にある素粒子の数よりもずっと大きな数です．

次に 100!（100 の階乗）を考えてみましょう．たとえば，100 人の学生さんが 1 列に並ぶときの並び方は全部で 100! 通りです．別の例を挙げるなら，百人一首の札を読み上げる順序が何通りあるかというと，それが 100! 通りというわけです．こう言われると，100! は手の届きそうな大きさに見えるかもしれません．けれども，この並び方の総数 100! というのは，実は，10^{100} よりはるかに大きく，次の不等式が成り立ちます．

$$100! > 10^{152} = 10^{100} \times 10^{52} \tag{3.8}$$

つまり，100! は 10^{100}（1 googol）と 10^{52}（1 恒河沙）をかけた数より大きいのです！一言でいうと，$n=100$ のとき，

10^n は‘とても大きい数’だが，$n!$ と比べれば取るに足らない

というわけです．まず日常の言葉で書きましたが，(3.8)がなぜ成り立つかを，手を動かして数学的に確かめてみましょう．

$n!$ を概算する評価式（スターリングの公式）もあるのですが，ここでは小学生でもできる方法で 100! の大きさを評価してみます．100! は

$$1\cdot 2\cdot 3\cdot\cdots\cdot 9\cdot 10\cdot 11\cdot 12\cdot\cdots\cdot 99\cdot 100$$

という数ですが，1 から 9 まではあまり大きくないので，ひとまず後回しにして，10 から先を考えることにします．ちょっと大胆ですが，10 から先を全

部10に置き換えます．10から100までの数は91個あるので，$100!>10^{91}$がわかります．

いま，とても粗い評価をしただけで100!が10^{91}より大きいことがわかりました．少し精密に評価すると，同じ方法で100!が1 googol×1恒河沙$=10^{100}\times 10^{52}$より大きいこともわかります．それを確かめましょう．まず10から99までの90個の数の積を10個ずつまとめてみます．

$$\begin{array}{ll} 10\text{から}19\text{までの}10\text{個の積} & 10^{10}<10\cdot 11\cdot\cdots\cdot 19<20^{10} \\ 20\text{から}29\text{までの}10\text{個の積} & 20^{10}<20\cdot 21\cdot\cdots\cdot 29<30^{10} \\ \vdots & \vdots \\ 90\text{から}99\text{までの}10\text{個の積} & 90^{10}<90\cdot 91\cdot\cdots\cdot 99<100^{10} \end{array}$$

両側の不等式は中側の10個の数をより小さい数(左辺)，より大きい数(右辺)で一斉に置き換えることで得られます．さらに，これを縦にかけ合わせて，

$$10^{10}\cdot\cdots\cdot 90^{10}<10\text{から}99\text{までの積}<20^{10}\cdot\cdots\cdot 100^{10} \tag{3.9}$$

となることがわかります．計算を続けます．

$$\begin{aligned} (3.9)\text{の左辺} &= (10\cdot 20\cdot\cdots\cdot 90)^{10} = (9!)^{10}\cdot 10^{90} \\ (3.9)\text{の右辺} &= (20\cdot 30\cdot\cdots\cdot 100)^{10} = (10!)^{10}\cdot 10^{90} = (9!)^{10}\cdot 10^{100} \end{aligned}$$

なので

$$(9!)^{10}\times 10^{90}<10\text{から}99\text{までの積}<(9!)^{10}\times 10^{100} \tag{3.10}$$

となります．ここで

$$100! = 9!\times(10\text{から}99\text{までの積})\times 100$$

と表し，後回しにしていた$9!\times 100$を(3.10)の各項にかけると

$$(9!)^{11}\cdot 10^{92}<100!<(9!)^{11}\cdot 10^{102} \tag{3.11}$$

がわかります．ところが，$9!=362880\fallingdotseq 3.6\times 10^5$なので，

$$3 \times 10^5 < 9! < 4 \times 10^5$$

と粗く評価しておき，この式の両辺を 11 乗すると

$$3^{11} \times 10^{55} < (9!)^{11} < 4^{11} \times 10^{55}$$

となります．$10^5 < 3^{11}$ や $4^{11} < 10^7$ という大まかな不等式を使うと，

$$10^{60} < (9!)^{11} < 10^{62}$$

となり，したがって(3.11)から

$$10^{152} < 100! < 10^{164}$$

がわかりました．こうして大まかな手計算で，100! の大きさの評価を与えることができました[*3]．特に $10^{152} < 100!$ となり，(3.8)でお話ししたように，100! が 10^{100} よりもずっと大きな数であることも確かめられました．

3.3.4 cos *x* のテイラー展開

第 3.2 節では x^2 とか x^3 とか x^{1000} のような単項式について，べき乗が変わるとどのような挙動をするかを観察し，その特徴の考察から，たとえばラクダのコブ 2 つのようなグラフを与える関数を見つけるアイディアを学びました．ここではさらに一般の関数を考えてみましょう．

たとえば，単項式におまじないの係数をつけて足したり引いたりした関数

$$y = 1 - \frac{1}{2!}x^2 + \frac{1}{4!}x^4 - \frac{1}{6!}x^6 + \frac{1}{8!}x^8 - \frac{1}{10!}x^{10} + \frac{1}{12!}x^{12} - \cdots \tag{3.12}$$

を考えます．この和を途中で打ち切ったときの多項式のグラフは，たとえば x^4 の項までで打ち切ると図 3.11 の青線のようになり，x^{24} の項までで打ち切ると図 3.11 の黒線のようになります．x が 0 に近いところでは両者のグラフはほぼ同じで，$|x|$ が大きくなると最高次の項が主要項の役割を担います．(3.12)

*3 実際には $100! = 9.33\ldots \times 10^{157}$ となります．

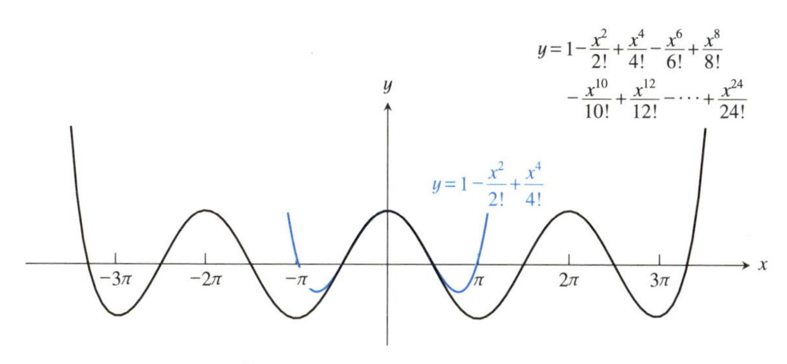

図 3.11　$y=1-\frac{x^2}{2!}+\frac{x^4}{4!}-\cdots$ を x^4 の項までで打ち切ったときと x^{24} の項までで打ち切ったときの多項式のグラフ

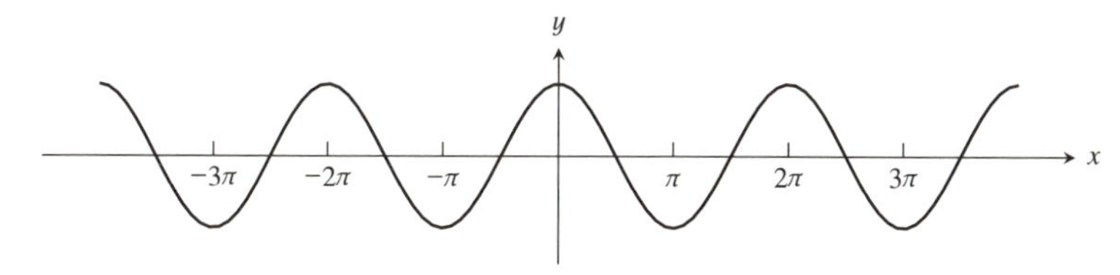

図 3.12　無限級数 $y=1-\frac{1}{2!}x^2+\frac{1}{4!}x^4-\frac{1}{6!}x^6+\frac{1}{8!}x^8-\frac{1}{10!}x^{10}+\frac{1}{12!}x^{12}-\cdots$ のグラフ

の無限級数を途中で打ち切らずに，ずっと続けることを考えてみましょう．x を固定しておきます．そうすると，n が大きいと，前項で見たように，分子のべき乗 x^n と分母の階乗 $n!$ では $n!$ の方が圧倒的に大きくなり，この無限級数は収束します．この無限級数の値をプロットしたグラフは $|x|$ が小さいところは図 3.11 とほぼ重なり合います(図 3.12)．しかも，不思議な話ですが，このグラフは，ぴったり $y=\cos x$ のグラフと一致します．

つまり，$\cos x$ の値は，原点の近くでは $1-\frac{1}{2!}x^2+\frac{1}{4!}x^4=1-\frac{1}{2}x^2+\frac{1}{24}x^4$ という簡単な多項式でよく近似できるのです．一方，原点から少し離れたところでも，多項式の項の個数を増やすとよく近似できることが図 3.11 と図 3.12 から観察できます．

このからくりが第 4.9 節でお話しする**テイラー展開**とよばれるものです．そこでは，調べたい関数を多項式で近似し，局所的に近似の精度を上げるときは多項式の項の個数を増やすという形で定理を定式化して説明します．

3.4 複利のお話

二項展開の応用例を続けます．

3.4.1 72の法則——利率と平均利回り

お金を一定の利率で借りることを考えましょう．たとえば，1万円を1年で10% の利率（年利10%）で借りれば，1年後は1000円の利息がついて，総額11000円の借金となります．放置していると，2年後は，元本に対する利息（1000円）だけでなく，1年目の利息（1000円）に対する利息（100円）もつきます．全部足すと，総額12100円の借金になります．3年後は，この10% である1210円の利息がついて，借金の総額は13310円になります．このように，利息に対しても利息が積み重なっていく計算法を**複利**法と言います．

どういう計算をしたかを書いておきましょう．

$$
\begin{aligned}
&1\text{年後} \quad 10000\times 1.1 = 11000\\
&2\text{年後} \quad 10000\times 1.1^2 = 12100\\
&3\text{年後} \quad 10000\times 1.1^3 = 13310
\end{aligned}
$$

これで複利という言葉の意味をつかんでいただけたかと思います．

複利の運用をずっと続けていると，いつのまにか，積もっていく利息が元本よりも大きくなってしまいます．たとえば，1日に1% の利率で1万円を借りると，3年後には5億円を超えてしまいます（$1.01^{365\times 3} \fallingdotseq 5.4\times 10^4$）．お金を借りる立場でこうなると大変です．元本を返済しないうちに，利息に利息が上乗せされて借金が膨らんでいくという「サラ金地獄」が社会問題になった時代もありました．このようなことが短期間で起こるのを防ぐため，お金を貸す際にはこの利率を超えてはいけませんよ，という法律が定められています．

ところで，利率と混同しやすい言葉で「利回り」という用語があります．利回りとは，運用収益を元本と期間で割った数値で，1 年間の平均の収益率を表します．期間を明示して，(○年間の) 利回りといえば，正確な表現となります．冒頭の例のように年利 10% で 1 万円を 3 年間複利で貸し付けると，貸した側からいえば運用収益が 3310 円なので，

$$\frac{\text{収益}}{\text{元本}} \times \frac{1}{3} = \frac{3310}{10000} \times \frac{1}{3} \fallingdotseq 0.11 \quad (= 11\%)$$

となり，3 年間の利回りは約 11% となります．金利 (利率) が高いときは，複利による収益の効果により，(数年間の平均) 利回りは利率よりも大きな数字になります．

日本では 1990 年代半ばから本書刊行時 (2024 年) まで低金利が続いてきました．低金利の時代に育った読者の方は「高金利」といっても実感が湧かないかもしれませんが，低金利は江戸時代も含めた日本の金融史の中でも例外的なことです．金利が高かった時期には，顧客にお金を貸すときは「利率」を強調し，逆に，預金や金融商品を勧めるときは「利回り」を強調することがあって，言葉が似ているだけに，混同する人もいるのではないかと心配したことがあります．なお，年利が 0.1% 程度の場合は，数年間程度では利回りと利率の差はほとんど生じません．

さて，金融業界では「72 の法則」という計算法が知られています．これは，

$$x \times n = 72$$

とするとき，年 x% の利率で複利運用を続ければ n 年後に元本がほぼ 2 倍になるというものです．年利が 15% 以下くらいの範囲では，よくあてはまります．たとえば，$7.2 \times 10 = 72$ ですが，実際，年利 7.2% で複利運用すると，10 年後には

$$1.072^{10} = 2.0042\ldots \fallingdotseq 2.0$$

となり元本はほぼ 2 倍になります．また $6 \times 12 = 72$ ですが，実際，年利 6% では，12 年複利運用すると約 2 倍になります．より正確には，年利 6% ではなく 5.946... % で複利運用すると

$$(1+0.05946\ldots)^{12}=2$$

となり，元本はぴったり2倍になります．この5.946...%という値は思いがけないところで再登場します．

「72の法則」は単なる経験則ではなく，数学的な考察によって，(利率が通常の範囲であれば)良い近似となっていることがわかります．ここでも，二項展開が役立ちます．このために，年利x%でn年複利運用すると2倍になるという式$\left(1+\frac{x}{100}\right)^n=2$の左辺を(3.2)のように二項展開すると

$$1+n\times\left(\frac{x}{100}\right)+\frac{n(n-1)}{2}\times\left(\frac{x}{100}\right)^2+\cdots=2$$

となります．第4項以下を打ち切り(打ち切った分，値は少し減ります)，第3項の$n(n-1)$をn^2に置き換えてみます(n^2の方が大きいので，値は少し増えます)．そうすると，おおよそ

$$1+\frac{nx}{100}+\frac{n^2}{2}\times\left(\frac{x}{100}\right)^2\fallingdotseq 2$$

となるので，$\frac{nx}{100}$をtとおくと

$$1+t+\frac{1}{2}t^2\fallingdotseq 2$$

となります．もし，この近似式が本当の等式ならば，tは2次方程式$t^2+2t-2=0$を満たすはずです．この2次方程式を解くと$t=-1\pm\sqrt{3}$となり，正の解は$\sqrt{3}-1=0.732\ldots$なので$\frac{nx}{100}\fallingdotseq 0.732$，すなわち$nx\fallingdotseq 73$となるわけです．このように，「72の法則」は単なる経験則ではないことがわかりました．

3.4.2　12か月で2倍になる利率

複利の例を少し続けましょう．とても景気のいい会社があって，そこにお金を預けて運用してもらうと，毎月一定の利率で1年間で2倍になる，という話があったとします．1年は12か月なので，12回の複利運用で2倍になるということは，「72の法則」の例でも見たように，毎月の利率が約6%(正確には5.946...%)となります．(前項では年利ですが，ここでは月利を考えています．)こ

のとびきり景気のいい話を聞いて，ある人が，ありったけのお金をその会社に預けたとしましょう．たとえば，去年の10月に440万円を預けたとします．

今年のお正月には，スタートしてから3か月経っていますから，5.946...％の3か月分の複利運用で

$$440\text{万円}\times(1.05946\ldots)^3 \fallingdotseq 523\text{万}2500\text{円}$$

となります．$(1.05946\ldots)^3$ は $(2^{\frac{1}{12}})^3=2^{\frac{1}{4}}\fallingdotseq 1.189$ です．3か月ではまだ，元本の1.2倍にも達していません．5月には投資を始めた10月から7か月経っていて，

$$440\text{万円}\times(1.05946\ldots)^7 \fallingdotseq 659\text{万}2600\text{円}$$

になっています．$(1.05946\ldots)^7$ は $(2^{\frac{1}{12}})^7=2^{\frac{7}{12}}\fallingdotseq 1.498$ です．7か月経過して，ようやく元本の1.5倍近くになります．残りの5か月でほぼ同額の利子がつくのでしょうか？ 投資を始めた10月から10か月経った真夏の8月には

$$440\text{万円}\times(1.05946\ldots)^{10} \fallingdotseq 783\text{万}9900\text{円}$$

となり，確かに利子のつき方は加速してきました．$(1.05946\ldots)^{10}$ は $(2^{\frac{1}{12}})^{10}=2^{\frac{5}{6}}\fallingdotseq 1.782$ なので，元本の1.8倍近くになっています．このようにして，12か月経った10月にはめでたく

$$440\text{万円}\times(1.05946\ldots)^{12} = 880\text{万円}$$

となり元本が2倍になるのです．

3.4.3 平均律とピタゴラス音律と純正律

ここで鍵盤の絵を見てください(図3.13)．ドから順番に番号を振っておきます．音楽の好きな方は，音叉(おんさ)(チューニングに使うU字形の器具)で周波数440ヘルツを標準音のラとして，弦楽器の音を合わせるということをご存知でしょう．440ヘルツは1秒間に440回振動する音です．

図3.13ではラの音に10という番号が振ってあります．これは先ほどのお

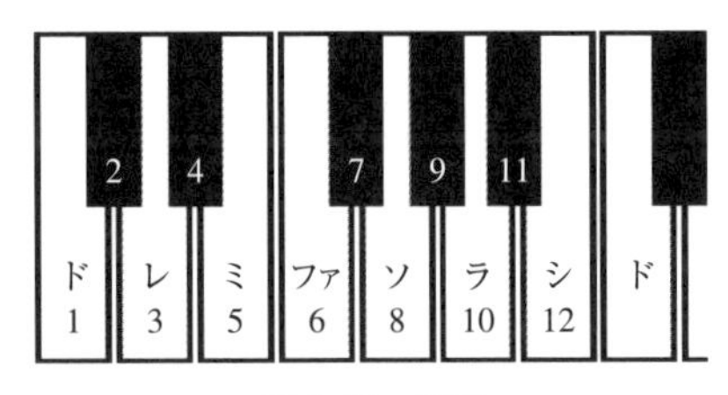

図 3.13　鍵盤

話で 10 月に 440 万円を投資してスタートしたことに対応しています．翌年の 1 月は 1 オクターブ上のドの音に対応し，523 ヘルツくらいです．5 月の 5 は 1 オクターブ上のミの音で，659 ヘルツくらいです．8 月に 783 万 9900 円と言ったのは，8 と書いてある 1 オクターブ上のソの音が 784 ヘルツくらいということに対応しています．前項のお話は，実はお金の話ではなく，ピアノの鍵盤の音を聴いていたわけです．

周波数が高くなるほど音が高いと感じます．1 オクターブ高いというのは，周波数がちょうど 2 倍になっていることです．ピアノでは 1 つの音から白鍵と黒鍵あわせて 12 個右が 1 オクターブ高い音となります．白鍵も黒鍵も対等に扱い，右隣の鍵盤は 5.94... % 周波数が高くなるように調律されています．鍵盤を 12 個右に移動すると，周波数がちょうど 2 倍になって，1 オクターブ高い音になります．毎月 5.94... % の複利で 1 年間運用すると元本が 2 倍になるのと同じ原理です．1 オクターブを 12 個に分け，そのあいだの 12 個を同じ比率で高さを変えていく．つまり，5.94... % ずつ周波数を上げていくというのが，音楽でいう**平均律**の考え方です．

さて，暦では 1 年に 12 か月があり，黒鍵・白鍵もあわせて 12 種類ありますが，同じ「12」でもその理由は違います．1 年を 12 か月に分けるというのは，季節の周期と月の満ち欠けの平均周期の比率 365.24 : 29.53 が 12 : 1 に近いことにおそらく由来しており，地球という惑星に住んでいる人類の文化的産物と考えられます．もし月が地球にもう少し近かったならば，月の満ち欠けの周期は短くなるので，人類は 1 年を 15 か月とか 16 か月とかに分ける暦を使うことになったかもしれません．一方，もしハーモニーを好む宇宙人がいたとすると，その宇宙人が地球人のように12種類の音の名前（あるいは，その一部）を使って楽しんでいるとしても，さほど不思議ではありません．

ここではハーモニーの美しさと演奏における実用性とのバランスという観点から音階における12という数を考察してみましょう．

現代の子供たちは楽器を与えられて，ドレミファソ…という音階を刷り込まれます．しかし，既存の文化に接していない状態を想像してください．何もない状態から心地よい音律を見つけられるでしょうか．合唱でハーモニーが澄んだ響きになることがあります．このような澄んだ響きは，楽譜を知らなくても美しいと感じられます．物理的には空気の振動を音として感じますが，複数の音の周波数が簡単な整数比をもつと，それらの振動が1秒間に何十回も同時に同じ状態に戻り，澄んだハーモニーとして感じられるのです．そこで音階がなかった大昔に立ち返り，何か1つの音を基準に選んで名前をつけ，次に，その音ときれいに響きあう音にも名前をつけ，それを順に繰り返して心地よい響きをもつ音には次々に名前をつけるということを考えてみましょう．実は，この操作にはキリがなく音の名称は無限種類必要になってしまいます．そこで，「心地よさ」に優先順位をつけ，どこかで実用性と折り合いをつけることになります．

いちばん簡単な整数比は1:2です．2倍の周波数をもつ音は，とびきり澄んで響き合うので，新たな名称を与えず，ドと（1オクターブ高い）ドというように，同じ名称を用います．3倍（あるいは $\frac{3}{2}$ 倍や $\frac{3}{4}$ 倍）の周波数の音もきれいに響きます．ハーモニックス（倍音）を使ったギターの調弦法（チューニング）では，2つの弦の響きに濁りがなく，澄んだ響きになるように調弦を繰り返していきます．2倍音に対しては音の名称は同じものを使い，3倍音に対しては，音の名称そのものを変えることにします．このルールでは，3倍音も $\frac{3}{2}$ 倍音も $\frac{3}{4}$ 倍音も同じ名称になります．そこで周波数が $\frac{3}{2}$ 倍になるように順に名称をつけると

(3.13)　　ファ ⇒ ド ⇒ ソ ⇒ レ ⇒ ラ ⇒ ミ ⇒ シ ⇒ …

の音が再現されます．音楽理論では(3.13)を完全五度の上昇列と言います．こ

の一部，たとえば，5 種類の音だけを用いる 5 音音階も古今東西の文化圏で使われてきた音階です．(3.13)では一例として「ファ」からスタートして 7 種類の音を書き出してみましたが，ピアノの鍵盤では白鍵だけ(長音階)を動いているのがこの部分までです．バイオリンの開放弦は低い方から順に ソ ⇒ レ ⇒ ラ ⇒ ミ と $\frac{3}{2}$ 倍ずつ周波数が上がり，この配列は(3.13)の一部となっています．一方，ギターの開放弦は低い方から順に ミ ⇒ ラ ⇒ レ ⇒ ソ ⇒ シ ⇒ ミ となっていて ソ ⇒ シ 以外では $\frac{4}{3}$ 倍ずつ周波数が上がるので(3.13)の配列と逆になります．

さて，このように 2 倍音には同じ名称を，3 倍音には新しい名称をつけていくルールを採用したとすると，この操作は終わるのでしょうか？ もし

$$3^m = 2^n$$

となる正整数の組 (m, n) が存在したならば，3 倍音で新しい名前をつけるという操作は m 回目で終了することになります．その場合，m 回目では $3^m = 2^n$ なので，元の音の n オクターブ上の音になり，新たな音の名称をつけなくてよいことになります．実際には 2 も 3 も素数なので，$3^m = 2^n$ となる正整数の組 (m, n) は存在しません．しかし，$m = 12$ のときは $n = 19$ と選ぶと

$$\frac{3^m}{2^n} = \frac{3^{12}}{2^{19}} = \frac{531441}{524288} = 1.01364\ldots \fallingdotseq 1 \tag{3.14}$$

となり，かなり 1 に近い数となります．これを 1 と見なして名称を増やすのを打ち切って 12 種類の音で構成した音階を**ピタゴラス音律**と言います．ピアノでドから 1 オクターブ上がった次のドまで，黒鍵と白鍵あわせて 12 種類あるのも，(3.14)において $m = 12$ と選んだことからきています(ピアノでは通常はピタゴラス音律を少し補正した平均律を使います)．

$\frac{3^m}{2^n} \fallingdotseq 1$ となる正整数の組 (m, n) は $(12, 19)$ 以外にも $(41, 65)$, $(53, 84)$, $\cdots$ など散在しています．また，少し近似の精度を落とせば $(m, n) = (17, 27)$, $(19, 30)$, $(31, 49)$, $\cdots$ に対しても $\frac{3^m}{2^n}$ はかなり 1 に近い値となります．実際，12 音階だけではなく，オクターブを 19 個，31 個，53 個に分割するような音階も古くから試みられています．ただ，音の種類(m)が 53 個もあると演奏は大変そう

ですね．

音楽理論では，$\dfrac{3^m}{2^n}$ と 1 のずれは

$$\frac{3^{12}}{2^{19}} - 1 = 0.01364\ldots \quad \text{ピタゴラスコンマ} \quad (m = 12,\ n = 19)$$

$$\frac{3^{53}}{2^{84}} - 1 = 0.00209\ldots \quad \text{メルカトルコンマ} \quad (m = 53,\ n = 84)$$

とよばれます．ピタゴラスコンマを解消するために，平均律では $\dfrac{3}{2}$ というきれいな整数比を少し妥協して 1.498… (=$2^{\frac{7}{12}}$) に置き換えます．

前述の例で複利運用とピアノの音の周波数を確認すると，平均律では

$$2^{\frac{7}{12}} = \frac{\text{5 月の残高}}{\text{10 月の元本}} = \frac{\text{ミの周波数}}{\text{ラの周波数}} \fallingdotseq \frac{\text{659.3 ヘルツ}}{\text{440 ヘルツ}} = 1.498\ldots$$

となっています．同じように

$$2^{\frac{7}{12}} = \frac{\text{8 月の残高}}{\text{1 月の残高}} = \frac{\text{ソの周波数}}{\text{ドの周波数}} \fallingdotseq \frac{\text{784.0 ヘルツ}}{\text{523.3 ヘルツ}} = 1.498\ldots$$

です．鍵盤(図 3.13)で黒鍵・白鍵を均等に見て右に 7 つずつ進むごとに，周波数はほぼ $\dfrac{3}{2}$ 倍(正確には 1.498… 倍)になってそれらが順につながっているということになります．逆に左に 7 つ進むと，周波数は約 $\dfrac{2}{3}$ 倍になります．複利計算のときと比較できるように，1 月から 7 か月ずつ進んだ月の名称を下の(3.15)に記しておきます．8 月から 7 か月進むと翌年の 3 月ですが，ここでは単に 3 月と記しています．今年でも来年でも「3 月」とよぶのは，オクターブ高い音に新しい名称を与えないのと類似していますね．

(3.15)

ド ⇒ ソ ⇒ レ ⇒ ラ ⇒ ミ ⇒ シ ⇒ファ♯
1 月　8 月　3 月　10 月　5 月　12 月　7 月
⇒レ♭⇒ラ♭⇒ミ♭⇒ シ♭ ⇒ファ⇒ ド
2 月　9 月　4 月　11 月　6 月　1 月

平均律では(3.15)で右隣の音は $2^{\frac{7}{12}} = 1.498\ldots$ 倍の周波数となり，$\dfrac{3}{2}$ から少しずれているので完全に澄んだハーモニーではありませんが，12 回繰り返すと，$(2^{\frac{7}{12}})^{12} = 2^7$ となるので，ぴったり(7 オクターブ上の)ドに戻ります．(3.15)の両

端のドをくっつけて閉じた環のことを音楽理論では五度圏と言います．

さて，12音階のピタゴラス音律や平均律は，2倍音，3倍音を特別に重視して構成された音律ですが，2, 3の次の素数である5は無視していました．一方，素数5を含んだ比，たとえば，周波数が4:5(長三度)や5:6(短三度)のような整数比の場合にも，澄んだ和音の響きが生まれます．

そこで素数5が現れるハーモニーは，平均律の音を使った場合，どの程度の精度で表現できるのかを分析してみましょう．

まず，素数5が周波数の比に現れる和音にはどのようなものがあるでしょうか．前項で計算した複利でのお金の増え方の例として，たとえば3つの月の残高を並べて比較すると

$$10\text{月} : 1\text{月} : 5\text{月の残高} \fallingdotseq 440 : 523 : 659 \fallingdotseq \frac{1}{6} : \frac{1}{5} : \frac{1}{4}$$

$$1\text{月} : 5\text{月} : 8\text{月の残高} \fallingdotseq 523 : 659 : 784 \fallingdotseq 4 : 5 : 6$$

となっています．これは平均律で

$$\text{ラ} : \text{ド} : \text{ミの周波数} = 1 : 2^{\frac{3}{12}} : 2^{\frac{7}{12}} \fallingdotseq \frac{1}{6} : \frac{1}{5} : \frac{1}{4}$$

$$\text{ド} : \text{ミ} : \text{ソの周波数} = 1 : 2^{\frac{4}{12}} : 2^{\frac{7}{12}} \fallingdotseq 4 : 5 : 6$$

となるのと同じことです．上が短調の和音(マイナーコード)，下が長調の和音(メジャーコード)です．

もし，この周波数の比が，ぴったり $\frac{1}{6}:\frac{1}{5}:\frac{1}{4}$ あるいは4:5:6ならば，完全に澄んだ響きの和音になります．特定の和音が美しく響くように，いくつかの音の周波数の比が簡単な整数にぴったりと一致するように音程を規定した音律を**純正律**と言います．ハ長調の純正律ではドミソの周波数を4:5:6と合わせます．そうすると，この和音は澄んで聞こえます．合唱で，澄みきった響きとなる場合を思い浮かべてみてください．一方，いくつかの和音がぴったり整数比になるようにすると，別の場所に「ずれ」のしわ寄せがきてしまいます．その「ずれ」のしわ寄せを避けるために，音の周波数の比を等比級数として均等に割り振ったのがピアノなどの楽器で使っている音律，平均律です．

ハーモニーの完全な響きを犠牲にした平均律と特定のハーモニーを重視し

た純正律を比べてみましょう．たとえば，平均律で調律されたピアノの和音「ドミソ」を澄んだ和音にするためには，ドを基音としたとき，ミとソをどのように調整すればよいでしょうか？ 平均律ではソは先ほど見たようにドの周波数の $2^{\frac{7}{12}} = 1.498\ldots$ 倍だったので，0.1% ほど音の高さを上げればぴったり $\frac{3}{2}$ $(=\frac{6}{4})$ 倍の周波数になって澄んだ響きをもつ純正律のソになります．一方，素数2や3とは異なり，素数5が関連する和音は平均律ではかなり濁ってしまいます．このことを確かめるために，平均律のミをどの程度調整すればドとミが澄んだ和音になるか，調べましょう．$2^{\frac{1}{3}}$ が $\frac{5}{4}$ をどの程度近似しているかの誤差率を求めればよいことになります．整理すると

$$\text{純正律でのドとミの周波数の比} = 4 : 5$$
$$\text{平均律でのドとミの周波数の比} = 1 : 2^{\frac{4}{12}} = 1 : 2^{\frac{1}{3}}$$

なので，ドを基音とし，平均律のミの周波数を x% 上げて純正律のミになったとすると

$$2^{\frac{1}{3}} \times \left(1 + \frac{x}{100}\right) = \frac{5}{4}$$

となります．二項展開を使えば，歩きながらでもお風呂に入っているときでも，暗算で大まかな答えが計算できます．その考え方を紹介しましょう．両辺を3乗して2で割ると

$$\left(1 + \frac{x}{100}\right)^3 = \left(\frac{5}{4}\right)^3 \times \frac{1}{2} = \frac{125}{128}$$

が成り立ちます．$\frac{x}{100}$ は1に比べてかなり小さいはずなので，左辺の二項展開(一般式は(3.2)を見てください)の3項目以下を切り捨てると

$$1 + \frac{3x}{100} \fallingdotseq \frac{125}{128}$$

となります．したがって $x \fallingdotseq -\frac{100}{128} \fallingdotseq -0.8$ となります．x は負の数なので，音の高さを上げるのではなく 0.8% 下げることになります．

つまり，12音階は2:3の周波数比の和音(ドとソなどの完全五度)を重視した設計になっており，平均律を調整してドとソの和音を美しく響かせるために

は，ソは 0.1% ほど微調整するだけでよいのです．一方，5 という素数は 12 音階と相性が良くないため，ドとミを 4:5 という周波数比にして澄んだ響きにするためには，ミを 0.8% 下げるという大幅な調整が必要なことがわかりました．

3.4.4 究極の複利とネイピアの数

前項では，平均律の 12 音階ではピアノの鍵盤を 1 つ右に移動すると約 5.95 % 周波数が高くなる，言い換えると毎月約 5.95% の利率で複利運用すれば 12 か月後に元本が 2 倍になるという話をしました．

ここで，利回りと利率の話に戻ります．

この非常に景気の良い会社はもともとは月利運用で 1 年間で 2 倍に運用してあげるということでした．このとき欲張りな人が現れて，利回りと利率を混用し「1 年間に 2 倍」という言葉を使ってもっと儲けられないかと考えたとしましょう．

欲張りな人は，1 年間で 2 倍に運用するかわりに，「半年で $\frac{100}{2}=50\%$ の利率で運用してください」と頼みます．一見，何も変わらないように見えます．しかし，半年後に「前半の利子も含めてまた同じ条件で預けさせてください」と頼んだとしましょう．すると，1 年後には $1.5^2=2.25$ 倍になります．

半年でいったん利子を受け取り，利子ごともう一度預けた方が，より儲かるのだったら，「同じことを毎月やりたい，1 か月ごとに $\frac{100}{12}\fallingdotseq 8.33\%$ の利子をください，それも全部，投資するので利子を含めてまた運用してください」と頼みます．運用する方の会社は月利 5.95% ではなく 8.33% と言われて，なにか腑(ふ)に落ちない気がします．実際，1 年後には

$$\left(1+\frac{1}{12}\right)^{12}=(1.0833\ldots)^{12}=2.613\ldots$$

倍になります．本来，1 年間で 2 倍に運用してあげる話だったのに，12 か月に分割して毎月 $\frac{1}{12}$ の利子をつけて複利法にすると，2.61 倍払うことになる．このように，利回りと利率を混同すると大変なことになります．

人間の欲にキリはありませんから，欲張りな人は，細かく分割すれば，もっ

と儲かるのではないかと考え，毎日 $\dfrac{1}{365}$ の利子を受け取り，それも合わせて365日の複利運用を頼みます．利子を払う会社の方は，だんだんと心配になりますが，約束したことは守ることにします．1年経ってみると，

$$\left(1+\frac{1}{365}\right)^{365}=2.714\ldots$$

倍で，ちょっと増えてはいますが，そんなに怖くありませんでした．

では秒ごとの運用にすると，どうでしょうか．1日は $60\times60\times24=86400$ 秒です．毎秒 $\dfrac{1}{86400\times365}$ の利子を受け取り，それも合わせて1秒ごとに複利運用すると，1年後には

$$\left(1+\frac{1}{86400\times365}\right)^{86400\times365}=2.7182817\ldots$$

で，約2.718倍になります．このあたりまでくると，日割りでやっても秒割りでやってもあまり変わりません．

実は，これは遊んでいるようで，数学の中でもっとも大切な定数の1つが出現しているのです．いま n が2や12や365や 86400×365 のとき，

$$\left(1+\frac{1}{n}\right)^{n}$$

を考えたわけです．この値は順に2.25, 2.61..., 2.714..., 2.718...でした．では，n をもっと大きくするとどうなるかといえば，これはいくら欲の皮が突っ張ってもそれほど大きくなりません．その極限値は，

$$\lim_{n\to\infty}\left(1+\frac{1}{n}\right)^{n}=2.7182818284\ldots$$

という数になります．小数点以下第6位までは，先ほど見た1秒ごとの複利を続けたときの1年後の値と一致しています．この極限値を e と書き，**ネイピアの数**と言います．自然対数表を作成したジョン・ネイピア(1550-1617)から100年以上経って，レオンハルト・オイラー(1707-1783)は e が無理数であることを証明しました．今では国際的な慣用となっている e という記号も，オイラーが使い始めたようです．ネイピアの数は第4章で再び取り上げます．

第4章
微分 —— 局所をとらえる

ここまでは，極限に至る手前のお話でした．この章のテーマは 1 変数関数の**微分**です．微分とは量の局所的な変化を‘無限小’のレベルで表したものです．

微分は局所的な解析における強力な手法となります．微分の定義には**極限**という抽象的な概念を使うので，初めは取りつきにくいかもしれません．本章では具体例を通じて「微分を感じる」場面をたくさん見出しながら，「無限小レベルの変化」という抽象的な概念がどのように局所的な近似やその誤差評価に利用されるかを学びます．

4.1　微分の定義

前章では，グラフの概形という大域的な姿から元の関数を予測するという問題を説明しながら，関数において「何が効いているか」「何を無視できるか」を見抜く重要性を強調しました．実は，この考え方は，‘無限小’の世界で定義される「微分」の計算やそれを応用した局所的な分析においても重要な鍵になります．これから順に話していきましょう．

4.1.1　関数の局所的な様子を‘見る’

関数の局所的な様子とは何でしょうか．小さな部分を凝視するために，顕微鏡で見るように拡大してみましょう．

たとえば $y=x^2$ のグラフの一部を 10 倍に拡大して見るということを考えます (図 4.1)．10 倍にした部分の一部をさらに 10 倍にします．そうすると，曲線の拡大図は直線のように平凡なものになっていきます．つまり $y=x^2$ のよう

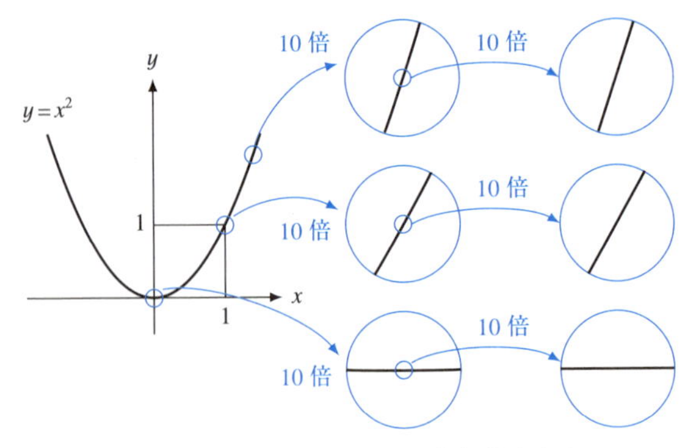

図 4.1　$y=x^2$ のグラフの一部を拡大する

な簡単な関数のグラフは拡大していくと急に様子が変わったりせず，むしろ，だんだん安定したものになると考えられます．

局所的な部分を拡大すると安定した姿になるとき，その様子を数学的にとらえる概念が微分です．

一方，ものによっては，拡大するとどんどん見え方が変わるものがあります．のっぺりとしたものでも，顕微鏡で見ると想像もしない姿が見えるかもしれない．カリフラワーの一種である「ロマネスコ」のように，拡大を何度繰り返しても同じ複雑さを保つ数学的構造(フラクタル)も自然界には現れます．拡大すれば何でも簡単になるわけではありません．しかし，本章で学ぶ「微分」では，拡大したとき安定していく‘素直な’ものを主な対象とします．別の言い方をすると，「微分」は局所を分析するのに強力な手法ですが，万能ではありません．

局所的に安定した姿は，高次元でも考えられます．1 個の x に対して y が定まる，つまり 1 つの変数に対して値が定まる関数を 1 変数関数と言います．一方，2 個以上ある変数に対して 1 つの値が定まる関数を多変数関数と言いますが，その局所的な様子をとらえる偏微分という概念は第 5 章のテーマとなります．この章では 1 変数の微分をお話ししましょう．

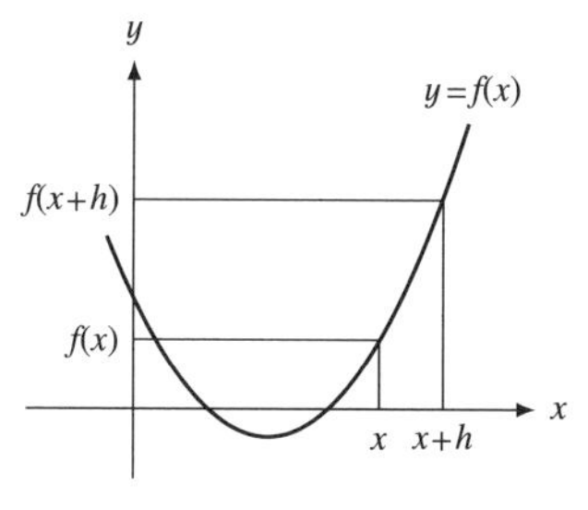

図 4.2　$y=f(x)$ のグラフ

4.1.2　微分の定義

変化の法則性をとらえる数学的言語が**関数**です．数 x に対して数 $f(x)$ が定まるとき，$f(x)$ を変数 x の関数と言います．関数はラテン語の functio に由来して英語では function と言います．その頭文字の f を使って，$f(x)$ と表記するのです．ここでは，$f(x)=x^2+2x$ とか $f(x)=\sin x$ のような単純な関数だけではなく，簡単な式では表されないような関数も想定しています．

座標 $(x, f(x))$ を xy 平面でプロットした曲線(図 4.2)を関数 $f(x)$ の**グラフ**，あるいは $y=f(x)$ のグラフと言います．これは，x 座標の点 x における高さが $f(x)$ となっている曲線です．この曲線の局所的な様子を見るのに，変数 x を $x+h$ に動かしてみましょう．そうすると，関数の値は $f(x)$ から $f(x+h)$ に変わります(図 4.2)．

先ほど「図を拡大する」という話をしました．‘素直な’ 関数のグラフをどんどん拡大すると，拡大部分は図 4.1 のようにだんだん直線のように見えるだろう，と考えられます．図 4.3 は拡大図に縦と横の長さを書き込んだものです．h が小さいとき，斜めの曲線がほぼ一定の傾きの直線に見えるというのは，関数の値の変化量 $f(x+h)-f(x)$ が，h にほぼ正比例するということです．式で表すと，x から $x+h$ の区間のグラフを直線と見なしたときの勾配

$$\frac{f(x+h)-f(x)}{h}$$

は h が 0 に近づくとある 1 つの数に近づく，すなわち，収束するはずです．

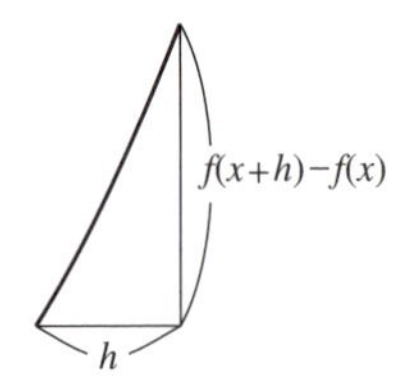

図 4.3　$y=f(x)$ のグラフの拡大図（h は小さな数）

定義　h を 0 に近づけたとき，$\dfrac{f(x+h)-f(x)}{h}$ がある数に収束するとき，$f(x)$ は x において**微分可能**であると言う．このとき，極限値を

$$f'(x)=\lim_{h\to 0}\frac{f(x+h)-f(x)}{h} \tag{4.1}$$

と書き，$f(x)$ の**微分**または**微分係数**または**微係数**とよぶ．

$f'(x)$ における $'$ はダッシュあるいはプライムと読みます．

さて，「収束する」ことを「限りなく近づく」と言うこともあります．日常的な言葉ですと「限りなく近づく」という言い方は，その値に達していないというニュアンスもありますが，数学では，最初からずっと同じ値のときも「収束する」場合に含めます．

$f(x)$ の値が x の値によらないとき，$f(x)$ を**定数関数**と言います．このときは h がどんな数でも $f(x+h)-f(x)=0$ となるので，(4.1) は $f'(x)=0$ となります．つまり，定数関数の微分は 0 です．

では，逆に，(4.1) の右辺が収束しないというのはどんな状況でしょうか？このような状況の 2 つの例として，

$$f(x)=|x|,\quad g(x)=\begin{cases}0 & (x=0)\\ \sin\dfrac{1}{x} & (x\neq 0)\end{cases}$$

という関数を考えてみます．$y=f(x)$, $y=g(x)$ のグラフは図 4.4 のようになります．$f(x)=|x|$ の場合に $x=0$ で (4.1) の右辺を計算しようとすると

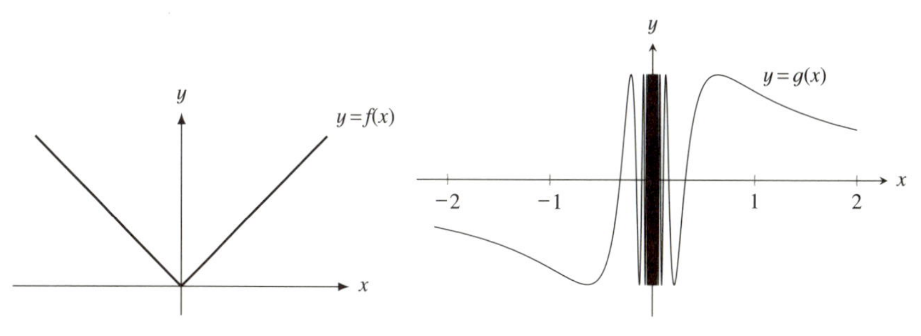

図 4.4　$x=0$ で微分できない関数

$$h>0\text{ のとき}\quad \frac{f(h)-f(0)}{h}=\frac{h}{h}=1$$
$$h<0\text{ のとき}\quad \frac{f(h)-f(0)}{h}=\frac{-h}{h}=-1$$

となり，h を正から 0 に近づけるときと，h を負から 0 に近づけるときとで，$\dfrac{f(h)-f(0)}{h}$ の極限の値が異なってしまうので，微係数 $f'(0)$ が定まりません．

一方，関数 $g(x)$ は $x=0$ に近づくほど激しく振動しています．$x\neq0$ では(4.1)の右辺は $-\dfrac{\cos\frac{1}{x}}{x^2}$ という値に収束するのですが，$x=0$ のときは収束せず，$g(x)$ についても微係数 $g'(0)$ が定まりません．

関数 $f(x)$ の微係数 $f'(x)$ を $\dfrac{df}{dx}$ や $\dfrac{df}{dx}(x)$ や $\dfrac{d}{dx}f(x)$ などと書く流儀もあります．約 350 年前に，ライプニッツはヨーロッパ大陸，ニュートンはイギリスにいて，それぞれに微分・積分法を開拓し，異なる表記法を導入しました．$f'(x)$ という表記法は力学など自然科学にも大きな貢献をしたニュートンの表記法 $\dot{f}(x)$（f の上にドットをつける）の流れを汲んだラグランジュの表記法で，$\dfrac{df}{dx}$ は哲学者でもあったライプニッツが‘機能’という面から「便利な記号」を模索して生み出した表記法です．現代ではどちらも広く国際的に用いられており，それぞれ利点があるので本書でも両方使うことにします．

微分の定義からすぐに導ける定理を 1 つ述べておきます．

> **定理**　$a<x<b$ で定義された，微分可能な関数 $f(x)$ が $x=c$ $(a<c<b)$ で最大値（あるいは最小値）をとるならば $f'(c)=0$ である．

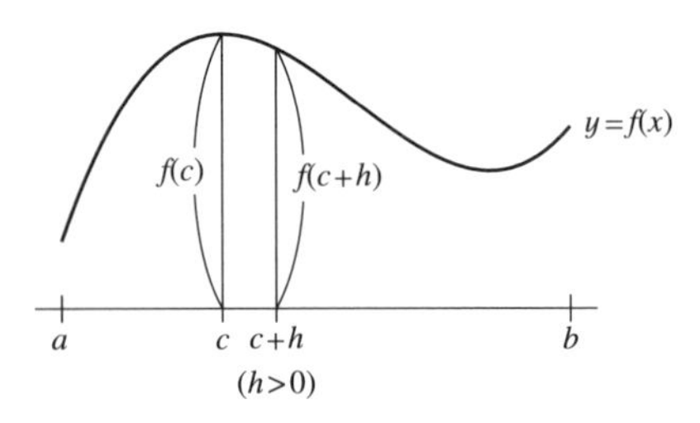

図 4.5　$x=c$ で最大値をとる関数 $f(x)$ のグラフ

図 4.5 を見ながら，この定理の証明をしましょう．微分の定義を見ると $f'(c) = \lim_{h\to 0}\dfrac{f(c+h)-f(c)}{h}$ ですが，$f(c)$ が最大値であることから，極限をとる前の分子 $f(c+h)-f(c)$ は常に $\leqq 0$ です．したがって，$h>0$ のときは $\dfrac{f(c+h)-f(c)}{h} \leqq 0$ となり，h を正の側から 0 に近づけた極限値として $f'(c)\leqq 0$ が成り立ちます．一方，$h<0$ のときは $\dfrac{f(c+h)-f(c)}{h} \geqq 0$ となり，h を負の側から 0 に近づけた極限値として $f'(c)\geqq 0$ が成り立ちます．$f'(c)\leqq 0$ かつ $f'(c)\geqq 0$ なので，$f'(c)=0$ が導かれました．$f(c)$ が最小値となる場合の証明も同様です．

4.1.3　導関数

さて，x を止めて考えると，$f(x)$ の微分

$$\frac{df}{dx}(x) = \lim_{h\to 0}\frac{f(x+h)-f(x)}{h} \tag{4.2}$$

は 1 つの数です．

x に数を与えると，何か 1 個，数が出てくる．また別の x に対しては，別の数が出る．そう思うと，x から $\dfrac{df}{dx}(x)$ への対応は 1 つの関数を与えているとも考えることができます．このように，$\dfrac{df}{dx}(x)$ を x の関数と見たとき，それを $f(x)$ の**導関数**と言います．

「微分（あるいは微係数）」と「導関数」は視点の違いで言葉を使い分けています．x を止めて $\dfrac{df}{dx}(x)$ という 1 個の数（微係数）に注目するのか，x を変数と思って $\dfrac{df}{dx}(x)$ を関数と見なす（導関数として扱う）のかという視点の違いです．後者の立場に立って，$\dfrac{df}{dx}(x)$ を関数だと思うと，さらに微分を考えることがで

きます．

導関数 $\dfrac{df}{dx}(x)$ が微分できるとき，その微分を $\dfrac{d^2 f}{dx^2}(x)$ と表記して，$f(x)$ の**2 階微分**と言います．これもまた新しい関数と思うと，その微分を考えることもできます．$\dfrac{d^2 f}{dx^2}(x)$ の微分を $\dfrac{d^3 f}{dx^3}(x)$ と表記して，$f(x)$ の**3 階微分**と言います．$\dfrac{df}{dx}(x)$ を $f'(x)$ と書く流儀では $\dfrac{d^2 f}{dx^2}(x)$ や $\dfrac{d^3 f}{dx^3}(x)$ は $f''(x)$ や $f'''(x)$ と表記しますが，微分を n 回繰り返した n 階微分 $\dfrac{d^n f}{dx^n}(x)$ は $'$（ダッシュ，プライム）を n 個並べるかわりに $f^{(n)}(x)$ と表記します．

先ほど，極限(4.1)が存在するときに $f(x)$ は微分可能である，と定義しました．存在するときだけものごとを考えるというのがいちばん気楽な考え方です．本書では微分ができる場合に微分を用いて考えることにします．

ただし，微分できないからといってそこで終わりではありません．たとえば，関数概念を拡張した‘超関数’の理論は，極限(4.1)が存在しない場合にも，より広く「微分」という概念をとらえる枠組みを与えるものです．

本書では，「微分」の核心部分をまずしっかりとつかむことを目指して，‘素直な’関数の場合，つまり極限(4.1)が存在する微分可能な場合について考えましょう．たとえば，多項式や三角関数などは，すべてそういう性質を満たしています．

4.1.4　単項式 x^n の微分

第 3 章では二項展開の応用として，手計算で概算する例をいくつか挙げました．

- 1.01^{1000} の近似値
- 72 の法則（金融）
- ドミソの和音（平均律と純正律の誤差率）

などです．そこで使った近似計算の手法は，微分の計算にも役立ちます．ここでは単項式 $f(x)=x^n$ の微分を求めてみましょう．$f(x+h)=(x+h)^n$ の二項展開を用いると

$$\frac{f(x+h)-f(x)}{h} = \frac{(x+h)^n - x^n}{h}$$
$$= \frac{\left(x^n + nx^{n-1}h + \frac{n(n-1)}{2}x^{n-2}h^2 + \cdots + h^n\right) - x^n}{h}$$

となります．n が $1, 2, 3$ のような小さい数のときは $(x+h)^n$ の展開を全部書き下せますが，n が大きいときのことを考えて，全部書き出さずに二項展開(3.1)の途中の式を「$\cdots$」で表しました．「$\cdots$」には，たとえば h^3 とか h^4 とか h^5 とかの項が含まれます．分子の最初の x^n は最後に出てくる $-x^n$ と相殺(そうさい)して消えます．そうすると，分母・分子を h で割り算して，

$$\frac{f(x+h)-f(x)}{h} = \frac{nx^{n-1}h + \frac{n(n-1)}{2}x^{n-2}h^2 + \cdots + h^n}{h}$$
$$= nx^{n-1} + \frac{n(n-1)}{2}x^{n-2}h + \cdots + h^{n-1} \tag{4.3}$$

となります．最後の式は分母・分子を h で割ったので，「$\cdots$」には h^2 とか h^3 とか h^4 の項が含まれる式になります．

h が 0 に近づくと，h に無関係な最初の項 nx^{n-1} はそのまま残ります．次の項は h が 0 に近づくと 0 に近づきます．「$\cdots$」の部分は，h^2, h^3, h^4 などの項が含まれるので，h を 0 に近づけると，さらに速く 0 に近づきます．

というわけで，h を 0 に近づけると(4.3)は nx^{n-1} に収束する，すなわち，

$$\frac{d}{dx}x^n = nx^{n-1} \tag{4.4}$$

が成り立ちます．こうして，二項展開から x^n の微分の公式が導けました．

4.2 指数関数の不思議な性質

この節では無限級数 $1+x+\frac{1}{2!}x^2+\frac{1}{3!}x^3+\cdots$ のもつ不思議な性質をお話ししましょう．無限級数の収束については，まずはおおらかに扱うことにします．

4.2.1 微分しても変わらない不思議な関数

前節では，二項展開を使って，単項式 x^n を微分すると

$$\frac{d}{dx}x^n = nx^{n-1} \tag{4.5}$$

となることを証明しました．ここで n は勝手な正整数です．

この式をぼんやりと眺めていると，左辺における $\frac{d}{dx}$ という記号に呼応して，右辺では n が飛び出すというふうにも見えます．さらに左辺では x の n 乗だったものが，右辺では $n-1$ 乗になっています．そこでちょっと細工をしてみます．x^n を n の階乗で割った $\frac{x^n}{n!}$ という関数を考えましょう．たとえば，n が 3 ならば $\frac{x^3}{3!}$ つまり $\frac{x^3}{6}$ です．この $\frac{x^n}{n!}$ という関数を微分すると，$\frac{1}{n!}$ は数ですから，微分の外に出せます．$n!=(n-1)!\times n$ に注意すると

$$\frac{d}{dx}\left(\frac{x^n}{n!}\right) = \frac{1}{n!}\left(\frac{d}{dx}x^n\right) = \frac{nx^{n-1}}{n!} = \frac{x^{n-1}}{(n-1)!} \tag{4.6}$$

となります．この式は(4.5)をきれいな形に書き換えて遊んでいるだけです．

(4.6)を見ると，左辺と右辺で似た形が現れています．文字は左辺の n から右辺の $n-1$ に化けますが，形は同じです．それを使って遊びを続けます．

n などと書くと抽象的すぎると感じる場合には具体的に n に 3 とか 4 といった数を入れて何をやっているかを確かめましょう．たとえば，$n=3$ ならば，

$$\frac{d}{dx}\left(\frac{x^3}{3!}\right) = \frac{x^2}{2!}$$

となります．同じように，

$$\frac{d}{dx}\left(\frac{x^4}{4!}\right) = \frac{x^3}{3!}$$

$$\frac{d}{dx}\left(\frac{x^5}{5!}\right) = \frac{x^4}{4!}$$

となります．これを整理して，上下に同じものが並ぶように書き，微分するという操作を青色の矢印を使って強調すると，次のようになります．

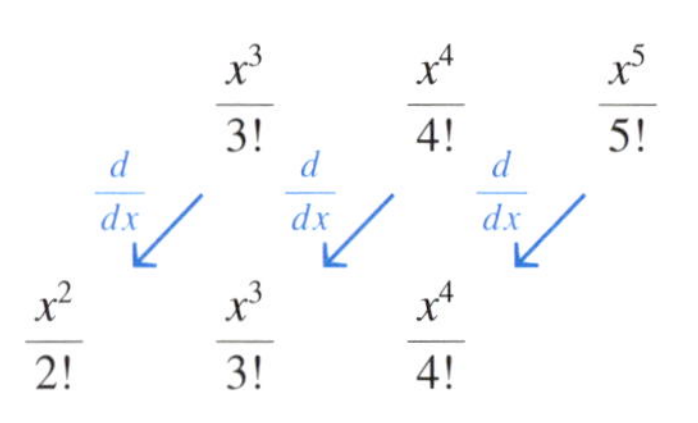

べき乗 x^n の n が $2, 1, 0$ の場合も確認しておきましょう．

まず，$n=2$ のとき，$\dfrac{x^2}{2!}=\dfrac{1}{2}x^2$ は微分すると $\dfrac{x}{1!}=x$ です．$\dfrac{x}{1!}$ と書くと大げさに見えますが，単なる x です．一般のルールを明示する目的で，このように表記しています．

次に $n=1$ のとき，$\dfrac{x^1}{1!}=x$ を微分すると 1 ですが，前に x^0 は 1，0! も 1 と約束していたので，$\dfrac{x^0}{0!}$ も 1 です．というわけで，この約束の下で，$n=1$ のときも式(4.6)が成り立ちます．

最後に $n=0$ の場合も見ておきましょう．$\dfrac{x^0}{0!}=1$ を微分します．これは，x の値によらず 1 という値をとる定数関数なので，第 4.1.2 項で述べたように微分すると 0 になります．図には書いても書かなくてもいいので，(0) と書くことにしましょう．

以上を整理すると次のようになります．

$$
\begin{array}{cccccccccccc}
 & \dfrac{x^0}{0!} & & \dfrac{x^1}{1!} & & \dfrac{x^2}{2!} & & \dfrac{x^3}{3!} & & \dfrac{x^4}{4!} & & \dfrac{x^5}{5!} \\
\dfrac{d}{dx}\swarrow & & \dfrac{d}{dx}\swarrow & & \dfrac{d}{dx}\swarrow & & \dfrac{d}{dx}\swarrow & & \dfrac{d}{dx}\swarrow & & \dfrac{d}{dx}\swarrow & \\
(0) & & \dfrac{x^0}{0!} & & \dfrac{x^1}{1!} & & \dfrac{x^2}{2!} & & \dfrac{x^3}{3!} & & \dfrac{x^4}{4!} &
\end{array}
$$

こういうふうに書くと，きれいな規則性が見えてきます．つまり，階乗で割っておくという‘おまじない’が効いて，微分すると斜め左下にまったく同じ形の式が現れるというパターンが続きます．上の図では $n=5$ で止めていますが，たとえば $n=100$ までいっても同じパターンがずっと続きます．

そこで，$\dfrac{x^n}{n!}$ を $n=0$ から順に全部足すことを考え，それを $f(x)$ とおきます．

$$f(x) := \frac{x^0}{0!} + \frac{x^1}{1!} + \frac{x^2}{2!} + \frac{x^3}{3!} + \frac{x^4}{4!} + \frac{x^5}{5!} + \cdots$$

$$\frac{d}{dx}\swarrow \quad \frac{d}{dx}\swarrow \quad \frac{d}{dx}\swarrow \quad \frac{d}{dx}\swarrow \quad \frac{d}{dx}\swarrow \quad \frac{d}{dx}\swarrow$$

$$(0) + \frac{x^0}{0!} + \frac{x^1}{1!} + \frac{x^2}{2!} + \frac{x^3}{3!} + \frac{x^4}{4!} + \cdots$$

$f(x) :=$ と書きましたが，これは $f(x)$ を右辺によって定義するという意味で，第 3 章でも用いた便利な記号です．

右辺は 5! までで終わりではなく，無限に足すことにします．そんな無限級数が意味をもつかということは，ここではひとまず気にしないことにします．下の段は 1 個左にずれているので，途中で打ち切れば 1 個足りなくなりますが，無限に足すと，下の段と上の段はぴったり一致しています．したがって

$$\frac{d}{dx}f(x) = f(x) \tag{4.7}$$

が成り立つことがわかります．つまり，関数 $f(x)$ は微分したものが自分自身になっています！

ここで説明したことは，数学的にはまだ厳密な証明ではなく，発見するために遊び，観察し，考察したものです．厳密な論理で(4.7)という式を証明するためには，「無限個足したものがちゃんと意味をもつのだろうか？」「微分してから(無限個)足したものと，(無限個)足してから微分したものは一致するだろうか？」というような疑問を明示的に言葉で述べ(疑問の定式化)，それを論証する必要があります．しかし，今は，まずは「発見」の方が大事と考え，この式をおおらかに観賞することにしましょう．厳密な論証については，後でポイントとなる部分を抽出して要点をお話しします．

いま無限級数として定義した関数 $f(x)$ を何通りかの記法で表しておきます．

$$\begin{aligned} f(x) &= \sum_{n=0}^{\infty} \frac{x^n}{n!} \\ &= \frac{x^0}{0!} + \frac{x^1}{1!} + \frac{x^2}{2!} + \frac{x^3}{3!} + \cdots \\ &= 1 + x + \frac{x^2}{2} + \frac{x^3}{6} + \cdots \end{aligned} \tag{4.8}$$

1行目のように無限級数の記号を用いて記述すると，後でいろいろな操作をするときに便利です．一方，3行目のように具体的に最初の数項を書き下してみると，イメージをつかみやすくなります．

(4.8)の関数 $f(x)$ は，物理的な法則や日常の身近な現象のいろいろな場面で(近似の主要項として)現れます．コーヒーが時間が経つにつれてどのように冷めていくか，とか，土器の年代測定や，記憶の想起など，いくつかの例を第4.5.5項で取り上げ，その理由を分析します．そこで共通しているのが，x を時刻としたときに，変化量(微分)がその時点での量に(近似的に)比例するという性質です．この性質は第4.5.2項でお話しする**微分方程式**で記述でき，うまく変数変換すれば等式(4.7)に帰着できるのです．

後に指数関数として e^x と書くことになるこの関数(4.8)には，他にも面白い性質がたくさんあります．これからそのさまざまな側面をお話ししますので，全体像を把握していただければと思います．

4.2.2　ネイピアの数

$f(x)$ を定義した(4.8)の無限級数 $1+x+\frac{1}{2!}x^2+\frac{1}{3!}x^3+\cdots$ に $x=0$ と $x=1$ を代入してみましょう．$x=0$ とすると，(4.8)の右辺は最初の1だけが残るので

$$f(0)=1 \tag{4.9}$$

となります．

次に $x=1$ を代入すると，1を何乗しても1ですから，(4.8)は，

$$f(1)=1+\frac{1}{1!}+\frac{1}{2!}+\frac{1}{3!}+\frac{1}{4!}+\frac{1}{5!}+\cdots \tag{4.10}$$

となります．$f(1)$ の数値はどのくらいになるでしょうか？

(4.10)の最初の数項の和ならば暗算でも見当がつきそうです．つまり，第1項は1で，第2項も1で，第3項は0.5です．次は前の項を3で割るわけですから0.166...となり，次はさらにそれを4で割りますから0.041...になります．次はそれをさらに5で割って0.008...になります．ここまでの6項の和で2.716...です．加える項は急速にゼロに近づきます．項が100個くらいま

で進むと，次に加える $\dfrac{1}{100!}$ は第 3.3.3 項で見たように小数点以下に 0 が 150 個以上並ぶくらい小さな数になります．このように，(4.10)の無限級数は収束がとても‘速く’，

$$f(1) = 2.71828\ldots \tag{4.11}$$

という数になります．この値は第 3.4.4 項で「究極の複利」の話に出てきた**ネイピアの数** $e = \lim_{n\to\infty}\left(1+\dfrac{1}{n}\right)^n = 2.71828\ldots$ と一致します．すなわち，次の定理が成り立ちます．

定理 $\displaystyle \lim_{n\to\infty}\left(1+\frac{1}{n}\right)^n = \sum_{k=0}^{\infty}\frac{1}{k!}$

左辺は積の極限で，右辺は和の極限です．両者の値が一致するのは，不思議に見えるでしょう．この定理の証明の雰囲気を説明しておきます．前章で $y = x^{1000}$ のグラフの概形を描く際に 1.01^{1000} が 1 万より大きいことを確かめました．その中間のステップとして $\left(1+\dfrac{1}{n}\right)^n$ を $n = 100$ のときに概算した計算式(3.6)と同様に二項展開(3.2)を用いて

$$\begin{aligned}\left(1+\frac{1}{n}\right)^n &= 1 + n\cdot\frac{1}{n} + \frac{n(n-1)}{2!}\cdot\frac{1}{n^2} + \frac{n(n-1)(n-2)}{3!}\cdot\frac{1}{n^3} + \cdots \\ &= 1 + 1 + \frac{1}{2!}\left(1-\frac{1}{n}\right) + \frac{1}{3!}\left(1-\frac{1}{n}\right)\left(1-\frac{2}{n}\right) + \cdots\end{aligned}$$

と展開します．n が大きくなると $\dfrac{1}{n}$ は 0 に近づくので，この式が

$$1 + 1 + \frac{1}{2!} + \frac{1}{3!} + \cdots$$

すなわち，定理の右辺に近づくという感じがわかっていただけるでしょう．

4.2.3 無限級数 $\sum_{n=0}^{\infty}\dfrac{x^n}{n!}$ の収束

n を大きくすると $n!$ は急速に大きくなるので，$x = 1$ のときには(4.8)の無限級数 $\displaystyle\sum_{n=0}^{\infty}\frac{x^n}{n!} = \sum_{n=0}^{\infty}\frac{1}{n!}$ が上述のように収束すること(収束値は $e = 2.71828\ldots$)は納得できても，$x > 1$ のときにこの**無限級数**が収束するだろうか，と気になるか

もしれません．そこで，以下の疑問を検討してみましょう．

問題 1　無限級数 $\sum_{n=0}^{\infty} \frac{x^n}{n!}$ は収束するか？

そもそも数列の各項が 0 に近づかないと，その数列の総和は収束しません．ですから，まず，次の問いを考えます．以下では x は固定しておきましょう．

問題 2　n をどんどん大きくしたとき，$\frac{x^n}{n!}$ は 0 に近づくか？

この問いは x^n と $n!$ の大きさを比べようという問題です．感覚をつかむために，$x=10$ の場合を考えてみます．$x=10$ とすると x^n は，$n=1,2,3,4,\cdots$ と動いたときに，$10,100,1000,10000,\cdots$ と急速に大きくなる数です．第 2 章では 10 のべき乗 10^n について n が増えるにつれてどのように巨大になるかを具体例で見ました．一方，分母の $n!$ も n を大きくしていくと急速に大きくなります．第 3 章ではたとえば $n=100$ とすると 10^n も $n!$ も日常生活に現れない巨大な数だけれども，両者を比較すると実は $100!$ の方が 10^{100} よりも圧倒的に大きく，その比 $\frac{10^{100}}{100!}$ は $\frac{1}{10^{52}} = \frac{1}{1\,\text{恒河沙}}$ より小さい比率であり(第 3.3.3 項)，これはガンジス河の全砂粒に対する 1 粒の砂よりもはるかに小さい比率であることも推量しました(第 2.2.3 項)．$x=10$ や $n=100$ に限らず，「x を止めたとき，x^n と $n!$ の比である $\frac{x^n}{n!}$ は，n を大きくすると分母が圧倒的に大きくなり，比は 0 に近づく」ことが同様の議論で示されます．

これで問題 2 は解決しましたが，問題 1 はどうでしょうか．無限級数(4.8)の各項が 0 に近づいたとしても，「塵も積もれば山となる」ことも起こりえます．実際，第 2 章で見た $1+\frac{1}{2}+\frac{1}{3}+\cdots$ のように，各項が 0 に近づいたとしても，それを足し合わせると発散する場合もあります．なぜ無限級数(4.8)が収束するのか気になる方のために，少し技巧的になりますが，その証明のアイディアをお話ししましょう．第 2 章では等比級数 $\sum_{n=1}^{\infty} \frac{1}{2^n}$ が収束し，しかも収束が‘速い’というお話をしました．実は，無限級数(4.8)は等比級数よりももっと‘速く’収束するのです．収束の速さにも焦点を当てて説明しましょう．

x は固定して n に関する和を考えます．整数 n が十分大きければ

$$\frac{|x|^n}{n!} < \frac{1}{2^n} \tag{4.12}$$

が言えます．これは「無限級数(4.8)が等比級数 $\sum_{n=1}^{\infty} \frac{1}{2^n}$ より速く収束する」という1つの表現です．正確に言うと，$8x^2+1$ より大きいすべての自然数 n に対して(4.12)が成り立ちます．もし，このことが言えれば，$8x^2$ より大きい整数 N に対して，無限級数 $\sum_{n=N+1}^{\infty} \frac{x^n}{n!}$ は以下のように等比級数 $\sum_{n=N+1}^{\infty} \frac{1}{2^n}$ より速く収束します．

$$\left|\sum_{n=N+1}^{\infty} \frac{x^n}{n!}\right| \leqq \sum_{n=N+1}^{\infty} \frac{|x|^n}{n!} < \sum_{n=N+1}^{\infty} \frac{1}{2^n} = \frac{1}{2^N}$$

（最後の等式は等比級数(2.9)の議論を参照．）そこで

$$\text{無限級数(4.8)} = \text{有限和} \sum_{n=0}^{N} \frac{x^n}{n!} + \text{無限級数} \sum_{n=N+1}^{\infty} \frac{x^n}{n!}$$

と分けると，無限級数(4.8)が収束することがわかります．

それでは不等式(4.12)を示しましょう．一般に $A \geqq 0$ のとき，$n > 2A^2+1$ ならば不等式

$$A^n < n! \tag{4.13}$$

が成り立つことを示します．$A = 2|x|$ のときが(4.12)です．アイディアは100!を概算したときと同じです．n が偶数($=2m$)だとすると，$n > 2A^2$ より $m > A^2$ となり

$$n! > \frac{n!}{m!} = \underbrace{(m+1)(m+2)\cdots n}_{m=\frac{n}{2}\text{個}} > (A^2)^{\frac{n}{2}} = A^n$$

すなわち(4.13)が成り立ちます．n が奇数のときは $n-1$ は偶数ですので，上の結果から $(n-1)! > A^{n-1}$ となります．さらに $n > 2A^2+1 > A$ も成り立つので

$$n! = n \times (n-1)! > A \times A^{n-1} = A^n$$

となり，やはり(4.13)が成り立ちます．

このように無限級数 $f(x) = \sum_{n=0}^{\infty} \frac{x^n}{n!}$ は，どんな実数 x に対しても，等比級数 $\sum_{n=0}^{\infty} \frac{1}{2^n}$ より‘速く’収束するのです．

4.2.4 関数等式

ここまでに，無限級数(4.8)として定義した関数 $f(x)$ の 2 つの側面を見てきました．まず $f'(x)=f(x)$ となるように，$f(x)$ の無限級数表示を‘発見した’という側面です．さらに，n の階乗 $n!$ がべき乗 x^n よりも急速に増大することを用いて，この無限級数が収束するというお話もしました．

この関数 $f(x)$ をさらに別の観点から見ることにします．そこで，無限級数(4.8)に $x+y$ を代入し，$f(x+y)$ を計算してみましょう．

$$\begin{aligned} f(x+y) &= \sum_{n=0}^{\infty} \frac{(x+y)^n}{n!} \\ &= \sum_{n=0}^{\infty} \frac{1}{n!} \left(\sum_{k=0}^{n} \frac{n!}{k!\,(n-k)!} x^k y^{n-k} \right) \qquad \text{（二項展開を使う）} \\ &= \sum_{n=0}^{\infty} \left(\sum_{k=0}^{n} \frac{x^k}{k!} \cdot \frac{y^{n-k}}{(n-k)!} \right) \qquad (4.14) \end{aligned}$$

1 行目は定義式(4.8)に $x+y$ を代入しただけです．次に，和の中の $(x+y)^n$ に二項展開(3.1)を使うと 2 行目の式になります．二項展開の係数は，たとえば $n=3$，すなわち $(x+y)^3$ の展開式では 1, 3, 3, 1 という係数が出てくる，$n=4$，すなわち $(x+y)^4$ の展開式では 1, 4, 6, 4, 1 という数が出てくる．この数はパスカルの三角形に現れる数で，二項係数 $\dfrac{n!}{k!\,(n-k)!}$ で表せたわけですが，これはうまい具合になっていて，$n!$ が 2 行目の分母にも分子にもあるので約分できて，3 行目のようにすっきりとした形に整理できます．

式(4.14)における 2 重和の記号 $\sum\sum$ は初めて見る方もいらっしゃるでしょう．この本の最後の章の「積分」では多変数の関数の積分として多重積分という概念を説明しますが，多重積分における累次積分の計算法は 2 重和を一般化したものになっています．

計算を続ける前に，「2 重和」について考えてみましょう．2 重和は難しい概念ではありません．実際，この言葉を知らなくとも，誰もが日常生活でも使っている内容なのです．何かを算出したいとき，いったん小計を取ることがあるでしょう．小計を取ってから，小計を足し合わせて総計を取るのが 2 重和です．小計として何を選ぶかには自由度があります．たとえば，1 か月の支出を算出するときに，まず食費や本代などの品目ごとの小計を取り，それを足し合わせて 1 か月の支出の総額を算出できます．一方，小計として，まず日々の支出を計算し，それを 1 か月分足し合わせても，まったく同じ総額が得られます．一般の 2 重和の計算においても，何を小計として選んでも，総和は同じになります．

2 重和(4.14)に戻ります．ここでは，$n=0,1,2,\cdots$ が動き，n を止めるごとに k という数が 0 から n まで動く．そういうふうに論理的にとらえることも大事ですが，これだけですと，「そもそも全体として何を算出しているのか？」ということを見失いそうです．そこで，a,b という自然数(0 を含む)を固定して，$x^a y^b$ という項が(4.14)の中にどのように出現しているのか探します．(4.14)において $x^k y^{n-k}$ が $x^a y^b$ となるのは $a=k,\ b=n-k$ の場合です．

逆に，(k,n) の組は a,b によって $k=a,\ n=a+b$ とただ 1 つ定まり，しかもこのとき $0 \leqq k \leqq n$ を満たしていることがわかります．

まとめると，$(a,b)=(k,n-k)$，すなわち $(k,n)=(a,a+b)$ という等式の下で

$$\text{組}\ (a,b) \longleftrightarrow \text{組}\ (k,n)$$
$$\text{条件}\ a=0,1,2,\cdots;b=0,1,2,\cdots \longleftrightarrow \text{条件}\ n=0,1,2,\cdots;0 \leqq k \leqq n$$

が 1 対 1 に対応しており，$x^a y^b$ は 2 重和(4.14)の中で

$$\frac{x^a}{a!}\cdot\frac{y^b}{b!} = \frac{x^k}{k!}\cdot\frac{y^{n-k}}{(n-k)!}$$

という形で現れるということがわかりました．そこで計算の順序を入れ換えて

$$(4.14) = \sum_{a=0}^{\infty}\sum_{b=0}^{\infty}\frac{x^a}{a!}\cdot\frac{y^b}{b!} \tag{4.15}$$

が成り立つというわけです．

組 (k,n) と組 (a,b) の対応は等式で説明しましたが，図示するともっと簡単です．2 重和(4.14)のもともとの計算順序では，図 4.6 のように，$a+b$ が一定のところ $(a+b=n)$ で最初に小計を取ります．次に，n を大きくしていくと，図 4.6 の斜線がせり上がります．結局のところ，a,b が自然数(0 を含む)を自由に動くのと同じことだ，というのが等式(4.15)の意味することです．

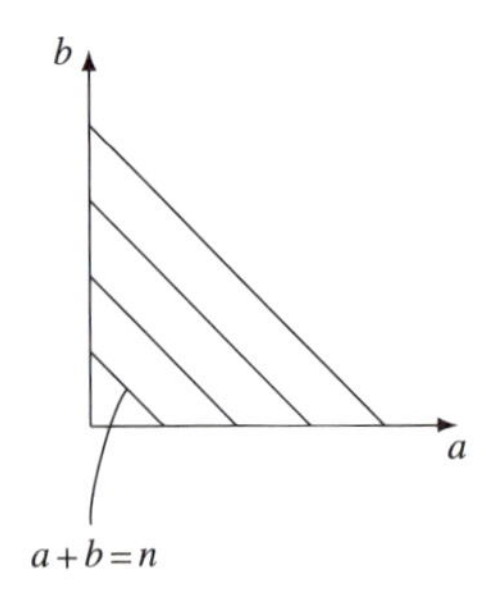

図 4.6　(4.14)の和の取り方

(4.15)の右辺を，a のある項と b のある項に整理しなおすと，

$$
\begin{aligned}
(4.14) &= \sum_{a=0}^{\infty}\sum_{b=0}^{\infty}\frac{x^a}{a!}\cdot\frac{y^b}{b!} \\
&= \left(\sum_{a=0}^{\infty}\frac{x^a}{a!}\right)\left(\sum_{b=0}^{\infty}\frac{y^b}{b!}\right)
\end{aligned}
$$

となります．1 行目から 2 行目への等号は，かけ算の分配法則です．有限個の場合と同様に，無限個の場合でも，和がきちんと収束すれば分配法則が成り立ちます．左辺(4.14)は $f(x+y)$，右辺は定義式(4.8)より $f(x)f(y)$ です．定理として書いておきましょう．

定理　無限級数 $f(x)=\sum_{n=0}^{\infty}\frac{x^n}{n!}$ は次の関数等式を満たす．

$$
f(x+y) = f(x)f(y) \tag{4.16}
$$

この証明を振り返ると，$f(x+y)$ を二項展開を使って 2 重和として書き表し，「小計の取り方を変えても，結局，同じ総和が算出できる」という 2 重和のトリックを使うと，$f(x)f(y)$ という積になる，というものでした．

4.2.5　指数関数の拡張

関数等式(4.16)は**指数法則**ともいいます．$f(x)$ が無限級数(4.8)で定義されていたことはいったん忘れ，

$$
(4.17)\qquad \begin{cases} x > 0 \text{ のとき } f(x) > 0, \\ \text{指数法則 } f(x+y) = f(x)f(y), \\ f(0) = 1, \quad f(1) = e \end{cases}
$$

という性質だけを用いて何が言えるか見ていきましょう．e はネイピアの数 $e=2.718\ldots$ ですが，以下の議論は $f(1)=e$ となっている場合だけではなく，$f(1)$ が任意の正の実数でも同様に進めることができます．

まず m を自然数とするとき

$$
(4.18)\qquad f(mx) = f(x)^m
$$

が成り立つことを見ましょう．$m=0,1$ ならば(4.18)は明らかです．(4.16)で $y=mx$ とおくと，$x+y=(m+1)x$ なので，(4.18)が m で成り立てば

$$
f((m+1)x) = f(mx)f(x) = f(x)^m f(x) = f(x)^{m+1}
$$

となり(4.18)は $m+1$ でも成り立ちます．したがって数学的帰納法によって(4.18)がすべての自然数 m に対して正しいことがわかりました．特に $x=1$ とすると n が自然数のとき $f(n)=f(1)^n=e^n$ となります．

次に(4.18)において $x=\dfrac{n}{m}$（正の有理数）の場合を考えると

$$
f(n) = f\left(\frac{n}{m}\right)^m
$$

すなわち，$f(x)^m=f(n)$ となります．右辺は e^n に等しいので，$f(x)^m=e^n$ となります．$f(x)>0$ に注意して，両辺の m 乗根をとれば

$$
(4.19)\qquad f(x) = e^x
$$

が $x=\dfrac{n}{m}$（正の有理数）で成り立つことがわかりました．さらに，$f(-x)f(x)=f(-x+x)=f(0)=1$ なので $f(-x)$ は $f(x)$ の逆数となり，(4.19)は $x=-\dfrac{n}{m}$（負の有理数）でも成り立ちます．ここまでの議論をまとめると，(4.17)という性質だけから x が有理数のとき $f(x)=e^x$（**指数関数**）となることがわかりました．

xが有理数以外のときにe^xはどうやって定義すればいいでしょうか．1つの考え方として，どんな実数でも有理数を使っていくらでも近似できる，ということを用います．（たとえば，実数xを小数点以下3桁まで表示して得られる数yは，$y=\dfrac{\text{整数}}{1000}$と表せるので有理数であり，しかも$x$との誤差が$10^{-3}$未満になります．）$e^x$の値が変数$x$について連続的に動くと考えると，実数$x$を有理数$\dfrac{n}{m}$で近似すれば，$e^{\frac{n}{m}}$は$e^x$を近似できるでしょう．そこで近似をどんどん精密にしたときの極限としてe^xの値を定義するのです．これが，一般の実数xに対して，eのx乗を定義する1つの方法です．

xが有理数とは限らない場合に指数関数e^xを定義する別の方法として，次の**べき級数展開**を用いるという考え方もあります．

(4.20)
$$e^x=\sum_{k=0}^{\infty}\frac{x^k}{k!}$$

前述の議論では，xが有理数のときは(4.20)が成り立つことを

(4.20)の右辺の無限級数 $\Longrightarrow$ 指数法則(4.16) $\Longrightarrow$ (4.20)の左辺の指数関数e^x

という順序で確かめました．ちょっと大胆な発想の転換ですが，xが有理数でなくても，(4.20)の右辺の無限級数で定義した関数をe^xという記号で表記しようという発想です．べき乗という1つの観点にこだわっていると，xが複素数の場合にeのx乗が何を意味するのかは，哲学的な問題として悩んでしまいそうですが，(4.20)の右辺ならばxが複素数であっても意味をもちます．そして，xが複素数の場合を含めて無限級数(4.20)で指数関数e^xを定義しておくと指数関数と三角関数も結びつき，さらに世界が拡がります．この話題は第4.6.4項でオイラーの公式$e^{ix}=\cos x+i\sin x$と関連させて取り上げます．

4.3 微分を感じる

この節では日常の中で「微分を感じる」場面をたくさん見出してみましょう．1つの特別な例だけで微分とはこういうものだと思い込んではよくありませんが，さまざまな場面を通じて，微分に関する「普遍的な性質」に対する自

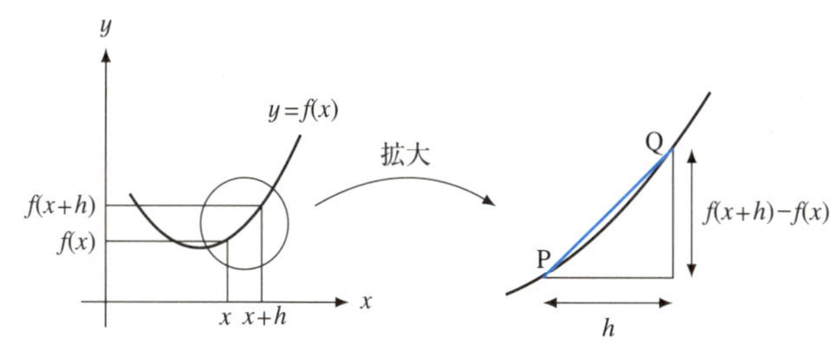

図 4.7　$y=f(x)$ のグラフの一部を拡大する

分なりの感覚を養っておくことで微分の理解を深めることができます．この節で具体例を通じて培った直観は，次章で扱う多変数関数の偏微分の理解の土台となるでしょう．

もう一度，1 変数関数の微分の定義を復習しておきます．数 x に対して $f(x)$ という数が対応するものを関数と言い，関数 $f(x)$ の微分 (微係数) を

$$f'(x)=\frac{df}{dx}(x)=\lim_{h\to 0}\frac{f(x+h)-f(x)}{h}$$

と定義しました．極限操作を使っていて抽象的に見えますが，これが関数 $f(x)$ の局所的な変化をどのように反映するか，具体例を通じて理解しましょう．

4.3.1　位置の変化で微分を感じる

第 4.1 節では，$y=f(x)$ のグラフを使いながら微分の定義を考えました．図 4.7 の右はグラフの一部を拡大しています．青線で表した線分 PQ の傾きは $\dfrac{f(x+h)-f(x)}{h}$ となります．$y=f(x)$ のグラフがなめらかな曲線だとすると，この線分 PQ の傾きは，h が 0 に近づいていくとき一定の数に近づく．その極限値が微分 $f'(x)$ でした．すなわち，関数のグラフを描くことによって微分を「目で感じる」ことができます．これは「微分の可視化」と言えるでしょう．

「傾き」としての微分は視覚だけではなく歩いているときにも感じることができます．坂道の登りがきついとか，ゆるやかな下りだとか，というのはその例です．まっすぐな坂道があって，坂道の出発点から水平方向に x だけ進んだ地点の標高が $f(x)$ だとします．標高 $f(x)$ は x の関数と思うことができ，紙

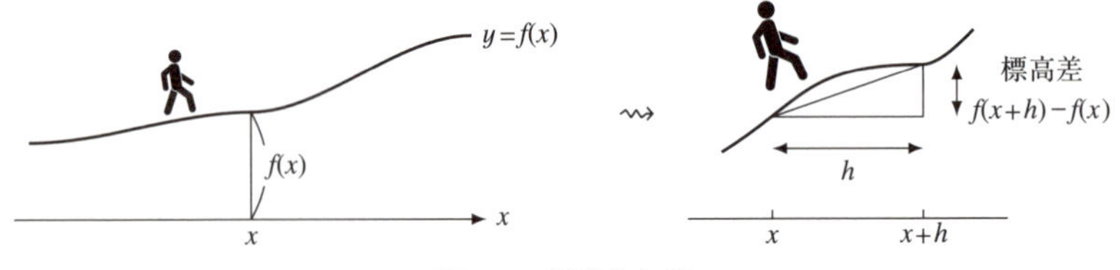

図 4.8　坂道と勾配

に描いたグラフとはスケールが違いますが，坂道を真横から見ると，$y=f(x)$ のグラフと見なせます（図 4.8 左）．$f(x+h)-f(x)$ は地点 x から水平に h だけ進んだときの標高の差となるので，$\dfrac{f(x+h)-f(x)}{h}$ はこの地点のおおよその勾配となります（図 4.8 右）．一方，$f(x)$ が微分可能ならば，h が十分に小さいとき，この値は微分 $f'(x)$ に近い値になっているでしょう．つまり，坂道の勾配として標高の「微分を感じている」わけです．

微分を感じる例（その 1）　坂道において $f(x)$ を出発点から水平に x だけ離れた地点の標高とすると，$f'(x)$ はその地点における勾配を表す．

坂道の勾配は場所によって異なります．急な登り坂であったり，平坦になったり，また下りになったり，というようなことがあるかもしれません．x 座標が増える方向に歩いているとき，ある地点 x における勾配が $f'(x)$ というのは，次のように感じることができます．

$f'(x) > 0$	$\longleftrightarrow$	登り坂
$f'(x) < 0$	$\longleftrightarrow$	下り坂
$\lvert f'(x)\rvert$ が大きい	$\longleftrightarrow$	急勾配

4.3.2　時間の変化で微分を感じる

「微分を感じる」別の例を考えてみましょう．前項では変数 x が位置を表すという例を見ました．しかし関数というのはそれだけではありません．この項では，時刻を変数とする関数を考えます．時刻を表す変数は x のかわりに t という文字を使うことが多いので，ここでも変数を t で表します．t は時刻（ラテン語の tempus，英語の time）の頭文字です．

時が経つにつれて変化する量は時刻を変数とする関数で表されます．たとえば，時刻 t の気温を $f(t)$ と表せば，これは時刻を変数とする関数です．経済状況を数値化すれば，これも時刻を変数とする関数になります．だんだん豊かになってくるとか，貧しくなってくるとかは数量的には表現しにくいですが，時が経つときの変化を感じる例です．あるいは，ボールを投げるとか，人が歩くとか，車を運転するとか，時とともに何かものが動くときは，その位置の座標は時刻を変数とする関数として記述することができます．ここでは，時刻を変数として位置を表す例を考えましょう．

位置の微分は，みなさんがよくご存知の概念になります．たとえば，数直線上で物体が動いていて，時刻 t における位置をその座標 $f(t)$ で表すとします．いま，変数は x ではなく t という文字を使っているので，微分の定義(4.1)は

$$f'(t) = \lim_{h\to 0} \frac{f(t+h)-f(t)}{h}$$

と書けます．極限をとる前の

$$\frac{f(t+h)-f(t)}{h} \tag{4.21}$$

という値の意味に注目します．分子は時刻 t から時刻 $t+h$ の間に進んだ距離で，それを分母の時間 h で割っているわけですから，これは時間間隔 h での**平均速度**を表しているわけです．したがって，時間間隔 h を 0 に近づけたときの極限，すなわち位置の微分 $f'(t)$ は時刻 t における**(瞬間)速度**を表していると理解できます．瞬間速度のことを，単に**速度**と言います．

微分を感じる例（その 2）　位置の微分 $f'(t)$ は時刻 t における**速度**である．

時刻の単位が秒ならば秒速，分ならば分速，時間ならば時速と言います．

速度は時刻とともに変わっていきます．たとえば，100 m を 10 秒で走るアスリートの平均速度は秒速 10 m ですが，（瞬間）速度は時々刻々と変化します．実際，スタート時点では静止しているので初速は秒速 0 m ですが，次第に加速します．数秒後には秒速 11.5 m を超え，ゴールインしたときは少し失速し

て秒速 11 m くらいかもしれません．速度の時間変化を見るために，速度 $f'(t)$ を時刻 t の関数と見なすと，これは位置 $f(t)$ の導関数です．速度 $f'(t)$ をさらに微分するということは $f(t)$ の 2 階微分 $f''(t)$ を考えることになります．これにも名前がついていて，**加速度**と言います．加速度 $f''(t)$ は速度の変化を表す量ですが，実は，速度より「感じる」機会がもっと多いのです．このことは第 4.7 節で物理学にも触れながらゆっくり説明します．

微分を感じる例（その 3）　位置の 2 階微分 $f''(t)$ は時刻 t における**加速度**である．

ここで速度や加速度の単位について触れておきましょう．日常で会話するときは風速 5 m といった言い方で通じますが，単位をきちんと書いておくと，状況や意味が明瞭になり，また，少し込み入った計算をするときにうっかりミスも防げて便利です．たとえば 100 m を 10 秒で走るときの平均速度は

$$\frac{100\,\mathrm{m}}{10\,秒} = 10\,\mathrm{m}/秒$$

と表します．m/秒のかわりに秒（second）の頭文字をとって m/s とも書きます．平均速度の極限をとって（瞬間）速度に移行しても単位は変わりません．このように，距離にメートル，時間に秒を使うときの速度の単位は

$$\frac{長さの単位}{時間の単位} として\ \mathrm{m/s}$$

と定めるわけです．この表記を用いると，風速 5 m というのは風速 5 m/s と表記することになります．同様に加速度の単位は

$$\frac{速度の単位}{時間の単位} として\ \frac{\mathrm{m/s}}{\mathrm{s}} = \mathrm{m/s^2}$$

となります．

加速度の例を挙げてみましょう．物を落としたとき，時刻とともに落下した距離を計測すると，0.1 秒後に 5 cm くらい，0.2 秒後に 20 cm くらい，0.3 秒後に 44 cm くらいとなります．空気抵抗がない理想的な状況では物体の形状や種類によらず t 秒後の落下距離 $f(t)$ は約 $5t^2$ m，もう少し正確には $4.9t^2$ m にな

ります．時刻 t における $f(t)=4.9t^2$ m を微分すると，落下速度は $f'(t)=9.8t$ m/s となり，落下してからの時間 t に正比例します．さらに，もう一度微分すると，加速度は $f''(t)=9.8$ m/s^2 となり，時刻 t に依存しません．この定数を物理学では**重力加速度**とよび，重力 (gravity) の頭文字をとって g と書きます．長さの単位をメートル，時間の単位を秒とすると，$g \fallingdotseq 9.8$ m/s^2 です．

ところで，**運動**という言葉は，物理学では，スポーツの意味ではなく，物体が時々刻々と位置を変えるという 'motion' の意味で用います．本書でも「運動」という用語を物理学の慣習にならって使うことにしましょう．

先ほどは，数直線上という 1 次元的な位置の変化を考えましたが，次に次元を上げて平面上あるいは空間の中における「運動」を考えてみます．そのために，座標を用いて時々刻々と変わる位置を記述することにします．たとえば 2 次元の運動の場合，時刻 t における位置を**位置ベクトル**として

$$(x(t),\ y(t))$$

とベクトルで表します．数直線上の運動では位置を表す関数を $f(t)$ と書きましたが，2 次元のときは x 座標，y 座標ということを強調するために，$x(t), y(t)$ と書くことにします．3 次元空間の場合には，もう 1 つ z 座標を使います．

位置ベクトルの x 成分，y 成分をそれぞれ微分して得られるベクトル

$$(x'(t),\ y'(t)) = \left(\frac{dx}{dt}(t),\ \frac{dy}{dt}(t)\right)$$

を**速度ベクトル**と言います．速度ベクトルを略して，単に**速度**と言うこともあります．速度ベクトルは大きさだけではなく，どちらの方向に進んでいるかという向きの情報ももっています．これに対して速度ベクトルの大きさを**速さ**とよんで，向きの情報を含む「速度」と区別した用語を使います．すなわち，

$$\text{速さ} = \sqrt{x'(t)^2 + y'(t)^2}$$

となります．**加速度ベクトル**は速度ベクトルを微分した次のベクトルのことです．

$$(x''(t), y''(t)) = \left(\frac{d^2x}{dt^2}(t), \frac{d^2y}{dt^2}(t)\right)$$

なお，ここでは座標系を通して運動を記述しましたが，座標系はあくまでも補助的なものです．ボールを投げるときにわざわざ座標系を意識することはありません．物理法則は，座標とは無関係に成り立っています．一方，座標系を使うことで，次元が高い場合でも，座標成分ごとに微分すれば速度ベクトルや加速度ベクトルを求めることができるため，計算上の便利さがあります．

4.3.3 経済学における微分

「微分を感じる」別の例を挙げてみましょう．

ミクロ経済学の基数的効用理論では，何かの消費量が q であるとき，そのことによって得られる満足感やありがたみ(の総量)を仮想的に数値化して**効用**(utility)とよびます．効用は消費量 q の関数と見なして**効用関数**とよび

$$U = U(q)$$

と表記します．この考え方には，そもそも満足度を数値化できるのだろうか，という批判があり，現代の経済学では，効用の絶対的な大きさには意味がなく，「どちらが好きか」という個人の好み(**選好**)を描写する表現であるという考え方(序数的効用理論)が使われています．すなわち，p が q と同じ程度かそれ以上に好きならば $U(p) \geqq U(q)$ を満たすような関数 $U(q)$ をこの**選好を描写する効用関数**と言います．同じ選好を描写する効用関数 $U(q)$ は無数にありますが，どれを使っても結論が変わらない性質はその選好から導かれる性質と考えることができます．たとえば，効用関数の微分

$$\frac{dU}{dq}(q) = U'(q)$$

の符号(正か 0 か負か)は，その選好を描写する効用関数のどれを使っても変わりません．効用関数の微分 $U'(q)$ を経済学では**限界効用**と言います．原語の marginal utility の方が用語のニュアンスがわかりやすいかもしれません．

ニュートン，ライプニッツによって微分の概念が力学に導入された 17 世紀

後半以降，微分の概念が次第に経済学にも入ってきました．やがて19世紀後半に限界効用理論を基礎とした経済学の体系が生まれ，古典派経済学から新古典派経済学に移行させる「限界革命（marginal revolution）」の端緒となったと言われています．

日常生活の例に戻りましょう．たとえば，喉が渇いている人が水を少しでも飲めれば嬉しい，もっと飲めれば一層嬉しい，しかし何杯も飲むとありがたみが薄れる，つまり「最初は嬉しいが，そのうち飽きてくる」．この経験的事実を**限界効用漸減（逓減）の法則**と言います．この性質は，効用関数 $U(q)$ の微分（限界効用）および2階微分を用いて

ありがたいと思う	…	$U'(q) \geqq 0$
だんだん飽きてくる	…	$U''(q) \leqq 0$

と表されます．まず，水を「ありがたいと思う」を数式化してみます．たとえばすでに q の分量だけ水を飲んだあと，追加で少量の水を h だけ飲んだとすると，$U(q+h) > U(q)$ が「ありがたい」という選好を描写する不等式になります．したがって $h>0$ のとき

$$\frac{U(q+h)-U(q)}{h} > 0$$

となるので，$h \to 0$ とした極限である $U'(q)$ は $U'(q) \geqq 0$ を満たすことになります．このようにして，「水をありがたいと思う」ことから，限界効用 $U'(q)$ の性質が導かれました．

次に，「だんだん飽きてくる」を数式化してみましょう．選好でこれを説明するためには，効用関数 $U(q)$ は p と q のどちらが好きかというだけではなく，好みをもう少し精密に描写している必要があります．その1つのアプローチは「飽きてくる」ということを「他のものに目移りする」というように他のものとの比較をする，すなわち，複数のものに対する選好を考え，それを複数の変数をもつ効用関数で描写するというものです（多変数関数については第5章で扱います）．ここでは1変数のままで，以下のように一定量を追加して消費

したときの選好があると仮定して話を進めます．すなわち，今までの消費量が $q<p$ のとき，同じ量 h の追加であっても，q しか飲んでいないときに比べて，すでに p というたくさんの量を飲んだ後では「ありがたみが薄れる」ということを，次の不等式

$$U(q+h)-U(q) > U(p+h)-U(p) \tag{4.22}$$

で描写してみます．このような不等式を満たす効用関数 $U(q)$ は無数にありますが，どれを使っても $U''(q) \leqq 0$ となります．これを確かめるために，まず (4.22) の両辺を $h>0$ で割って h を 0 に近づけた極限をとると，$q<p$ のとき $U'(q) \geqq U'(p)$ となることがわかります．次に，$s>0$ として $p=q+s$ とおくと，$U'(q+s)-U'(q) \leqq 0$ となるので，両辺を s で割って，$s \to 0$ の極限をとると

$$U''(q) = \lim_{s\to 0} \frac{U'(q+s)-U'(q)}{s} \leqq 0$$

となります．「だんだん飽きてくる」という限界効用漸減の法則から，効用関数の 2 階微分の不等式 $U''(q) \leqq 0$ が導かれました．逆に「やみつきになる」場合は，限界効用漸減の法則とは正反対で，$U''(q) \geqq 0$ となります．

このように，何かを消費したときに，「ありがたい」とか「飽きてくる」という感情を描写する効用関数はどれを使っても，その微分や 2 階微分の符号に特徴が現れることになります．「微分を感じる」という観点からあえて（標語的に）述べるとすると，次のように言えるでしょう．

微分を感じる例（その 4）　効用関数の微分（限界効用）$U'(q)$ の符号は消費量が q の時点で追加で消費することに対する「ありがたみ」を表し，（効用関数が一定量の消費に関するタイミングの選好を描写する場合は）2 階微分 $U''(q)$ の符号は「飽き」や「やみつき」の傾向を表す．

限界効用漸減の法則をグラフで視覚的に理解することもできます．「最初はありがたいが，たくさんあるとだんだん飽きてくる」という効用関数をグラフに表すと図 4.9 のように右上がりで上に凸になります．「限界効用（微分）が正」というのは，「ありがたみ」を感じるということでグラフは右上がりです．一

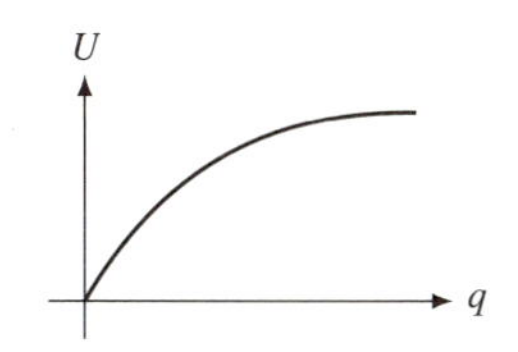

図 4.9　限界効用逓減の法則を効用関数のグラフで見る

方，「2 階微分が負」というのは，「関数の増加率がだんだん減ってくる（だんだん飽きてくる）」ということでグラフは上に凸になります．

ここでお話しした微係数や 2 階微分の正負とグラフの形状の関係は普遍的な数学的性質で，効用関数に限ったことではありません．ここでは，1 つの具体例として効用関数を取り上げ，その微分や 2 階微分の正負とグラフの形状に加えて，「ありがたみ」や「飽き」という感覚を含めた 3 つの視点を比べてみました．

4.3.4　微分がつねに 0 ならば定数である

ここで微分に関する重要な定理を 1 つ述べておきましょう．

定理　実数全体で定義された関数 $f(x)$ について，すべての x で $f'(x)=0$ ならば，その関数 $f(x)$ は定数である．

標語的に言えば，「無限小レベルで変化がなければ，大域的に変化がない」ということです．この定理は，それほど当たり前ではありません．第 4.8.4 項では平均値の定理という一種の‘不動点定理’から導かれることを説明します．

この項では，前項までで見た「微分を感じる」例（その 1）〜（その 4）にあてはめ，この定理がいったい何を言っているかを具体例で確認し，直観的な理解を深めましょう．

例（その 1）では，微分を坂道の勾配として解釈しました．この場合，上の定理は，どの点においても勾配を感じない道は，実は水平（=高さが一定）であるという意味になります．例（その 2）では，時刻を変数とするとき位置の微分が速度となることを見ました．この場合，上の定理は，どの時刻でも速度が 0

ならば，実は動いていない(=位置が一定)ということです．いずれも具体例にあてはめると当たり前に思えますが，よく見ると局所的な性質から大域的な性質を導いていることがわかります．例(その3)は力学における「運動の第一法則」になりますが，これは第4.7.1項でお話ししましょう．例(その4)では微分を限界効用として解釈しました．限界効用 $U'(q)=0$ ならば，そもそもこの人はこのことに無関心(すなわち効用関数 $U(q)$ が q によらずに一定)だということになります．

もう1つ定理を述べておきましょう．a を定数とします．

定理　実数全体で定義された関数 $g(x)$ について，すべての x で $g'(x)=a$ ならば，$g(x)=ax+g(0)$ である．

この定理は前述の定理から導かれます．このために，新たな関数として $f(x)=g(x)-ax$ とおいてみます．そうすると $f'(x)=g'(x)-a=0$ となるので，前述の定理を用いると $f(x)$ は定数であることがわかります．特に $f(x)=f(0)$ がすべての x に対して成り立ちますが，$f(x)=g(x)-ax$ であったことを思い出すと，$g(x)-ax=f(0)=g(0)$，すなわち $g(x)=ax+g(0)$ が示されました．

この項の2つの定理はもっとも簡単な「微分方程式」を解いたと見なすこともできます．「微分方程式」という視点は第4.5.3項で取り上げます．

4.3.5　実用上の注意

社会科学や自然科学に現れる関数の場合，計測で誤差が生じます．計測データから微分の近似値を推定するとき，微分の定義式(4.1)の分母 h が0に近すぎると，計測誤差の影響が増えることがあります．たとえば，時刻 t での計測値が $f(t)$ であるとき，$f(t)$ に計測誤差が含まれますので，$f(t+h)-f(t)$ にも同程度の計測誤差が残ります．微分 $f'(t)$ の値を測定値から推測したい際には，小さな数 h に対する $\dfrac{f(t+h)-f(t)}{h}$ の値を用いるわけですが，あまりにも0に近い h で割り算すると，分子の計測誤差の影響が拡大してしまうことがありますので注意が必要です．

4.4　微分に関するいくつかの公式

微分に関するいくつかの基本的な公式を説明します．数学の定理や公式は普遍的な真理なので，正しく用いればどの場面でも成り立ちます．定理や公式を忘れても，具体的な場面で適切な感覚を身につけていると，自力で再構成する手がかりになるでしょう．ここでは感覚を身につけるのに役立つような身近な例を紹介します．

4.4.1　合成関数の微分

$x=g(t)$ を $f(x)$ に代入すると，t を変数とする関数 $f(g(t))$ が得られます．この関数 $f(g(t))$ を関数 $f(x)$ と $g(t)$ の**合成関数**と言います．

合成関数の微分（連鎖律）　関数 $f(x)$ と関数 $g(t)$ の合成関数 $f(g(t))$ を $F(t)$ と書くと，

$$F'(t) = f'(g(t))g'(t) \tag{4.23}$$

が成り立つ．

公式(4.23)は意味を取り違える方が多いので，少し丁寧に見ておきます．まず，

$$\text{代入してから微分} \neq \text{微分してから代入}$$

ということに注意しましょう．(4.23)の左辺は「代入してから微分する」，すなわち $x=g(t)$ を $f(x)$ に代入した関数 $F(t)=f(g(t))$ を微分しています．一方，右辺に現れる $f'(g(t))$ は「微分してから代入する」，すなわち $f(x)$ を微分した $f'(x)$ に $g(t)$ を代入しているのです．後者に $g'(t)$ をかけて初めて前者と一致するというのが公式(4.23)の意味です．

日常生活の例で連鎖律(4.23)の感覚をつかんでみましょう．

坂道を登っている状況を考えます（図 4.10）．水平方向の速度は分速 80 m とし，坂道の勾配も一定で，たとえば $\frac{1}{20}$ としましょう．すなわち，水平方向

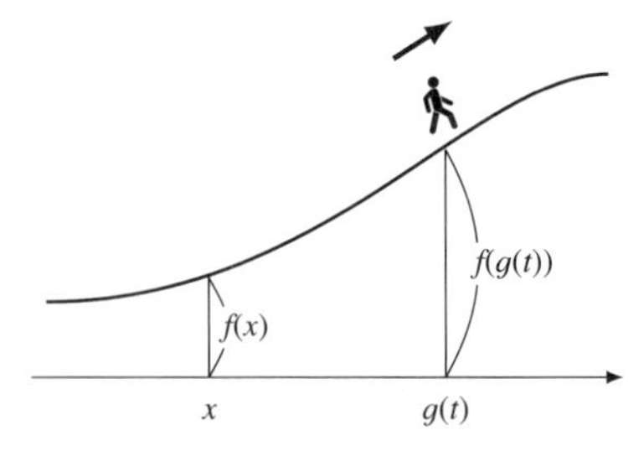

図 4.10　合成関数の微分の考え方

に 20 m 進むと 1 m 高くなる，角度でいうと 3° くらいの勾配です．このとき，この人の上下方向の分速はどうなるでしょうか？ これは簡単で

$$\text{上下方向の速度} = \text{水平方向の速度} \times \text{勾配} \tag{4.24}$$

となります．すなわち $80\,\text{m/分} \times \dfrac{1}{20} = 4\,\text{m/分}$ なので，1 分間に 4 m 上昇しているということがわかります．これは，微分を知らなくても直観的に理解できるのではないでしょうか．これが大事な感覚になります．

次に，この計算を微分を用いて整理します．水平方向に座標 x をとり，その標高を $f(x)$ とします．そうすると，微分 $f'(x)$ はこの地点での坂道の勾配になります．一方，ある人が時刻 t に x 座標では $x = g(t)$ の地点にいるとすると，微分 $g'(t)$ はこの人の水平方向の速度となります．このとき，合成関数 $F(t) = f(g(t))$ は時刻 t にこの人がいる地点の標高となり，その微分 $F'(t)$ は，時刻 t における上下方向の速度を表すことになります．

(4.24)の各項にいま述べた式をあてはめると，合成関数の微分の公式

$$F'(t) = g'(t)f'(g(t))$$

が得られました．

この公式で $g'(t)$ を書き忘れ，「代入してから微分した」$F'(t)$ と「微分してから代入した」$f'(g(t))$ が等しいと思って混乱する方をときどき見かけますが，上記のような例で意味をつかんでおくと，なぜ右辺で $g'(t)$（上記の例では水平方向の速度である 80 m/分）をかけることが必要か，明瞭にわかるでしょう．

4.4.2 積の微分（ライプニッツの法則）

2つの関数が与えられたとすると，それらを足せば1つの関数になり，またそれらをかけても別の関数が得られます．2つの関数をかけたとき，それを微分するとどうなるかを考えてみましょう．

積の微分（ライプニッツの法則）　2つの関数 $f(t)$，$g(t)$ の積 $f(t)g(t)$ の微分は，

$$(f(t)g(t))' = f'(t)g(t)+f(t)g'(t) \tag{4.25}$$

である．

微分積分学の創始者の1人として第4.1節でニュートンと並んで登場したライプニッツの名前がついた式です．

この公式を，合成関数の微分の公式と混同して，$(f(t)g(t))' = f'(t)g'(t)$ などと間違って覚えている方もときどき見かけます．一般に

$$\text{積の微分} \neq \text{微分の積}$$

です．記憶ではなく，直観的な意味を的確につかんでおくと，このような勘違いは回避できます．ここでは図形を用いて，ライプニッツの法則を可視化して理解してみましょう．

時刻 t のときに高さ $g(t)$，底辺の長さ $f(t)$ の長方形を考えます（図4.11）．この長方形の面積が $f(t)g(t)$ です．時々刻々と $f(t)$ も $g(t)$ も変わる．それに応じて長方形の形も変わり，面積 $f(t)g(t)$ が変化します．公式(4.25)の左辺は，この面積の変化率を表しています．

まず，微分の定義に戻って，積 $f(t)g(t)$ の微分を書き下します．

$$(f(t)g(t))' = \lim_{h\to 0}\frac{f(t+h)g(t+h)-f(t)g(t)}{h} \tag{4.26}$$

右辺の分子は，時刻 $t+h$ での長方形の面積と時刻 t での長方形の面積の差です．図4.11では，時刻 t から $t+h$ になったとき，高さも底辺の長さも増加す

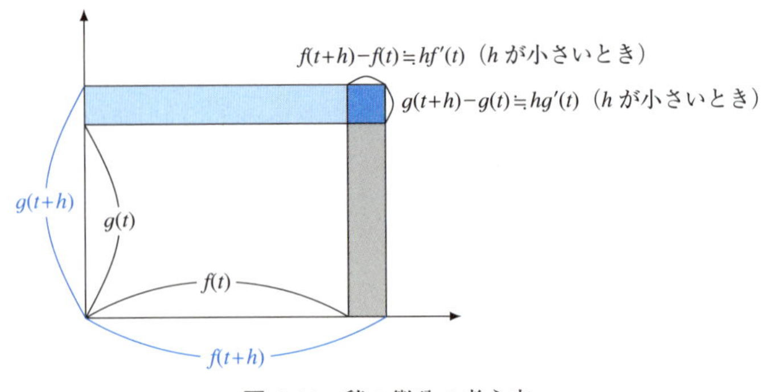

図 4.11　積の微分の考え方

る場合の長方形の形の変化を描いています．色をつけた部分が時刻 t から $t+h$ の間の変化の部分です．これを 3 つに分けて考えます．の部分は長方形で，幅は $f(t)$，高さは $g(t+h)-g(t)$ です．h が 0 に近づくと，$\dfrac{g(t+h)-g(t)}{h}$ は $g'(t)$ に近づくというのが微分の定義ということを思い出すと，h が 0 に近ければ $g(t+h)-g(t) \fallingdotseq hg'(t)$ です．ですから，この高さは $hg'(t)$ で近似できます．よって，

$$\text{の面積} \fallingdotseq f(t)\times hg'(t) = hf(t)g'(t)$$

ここで ≒ の意味を正確に述べると

$$\frac{1}{h}\times \text{の面積} = f(t)g'(t) + (h\to 0 \text{ とすると } 0 \text{ に近づく項})$$

ということです．同じようにの面積を考えると，高さは $g(t)$ で，幅は $f(t+h)-f(t) \fallingdotseq hf'(t)$ です．よって，

$$\text{の面積} \fallingdotseq g(t)\times hf'(t) = hf'(t)g(t)$$

最後にの面積ですが，これは

$$\text{の面積} \fallingdotseq (hf'(t))\times(hg'(t)) = h^2 f'(t)g'(t)$$

となります．h が小さいとき，最初の 2 つの長方形は縦か横のいずれかだけが小さくなりますが，最後の図形は縦も横も小さい．この違いを反映して，右辺には h^2 という，h よりもはるかに小さい係数が現れています．この項は h を 0 に近づける極限の計算の中では寄与しません．実際，$(f(t)g(t))'$ の定義式(4.26)に代入し，分子を h でくくると，

$$
\begin{aligned}
(4.26) &= \lim_{h\to 0} \frac{\square\text{の面積}+\square\text{の面積}+\square\text{の面積}}{h} \\
&= \lim_{h\to 0} \frac{h(f(t)g'(t)+f'(t)g(t)+hf'(t)g'(t))}{h} \\
&= \lim_{h\to 0}\Bigl(f(t)g'(t)+f'(t)g(t)+\overbrace{hf'(t)g'(t)}^{\to 0}\Bigr) \\
&= f(t)g'(t)+f'(t)g(t)
\end{aligned}
$$

これでライプニッツの法則が導かれました．この式変形では，h を 0 に近づけたときに 0 になり極限値に影響しないきわめて小さい項(誤差項)は適宜省略しています．証明を振り返ると，長方形の面積の変化率は図 4.11 の縦長の帯と横長の帯の部分だけを見ればよく，右上の部分はうんと小さいため極限をとるときは無視できる，ということが証明のポイントであるとわかります．

このように図形を用いると，ライプニッツの法則は，

$$
\underset{\text{長方形の面積の変化率}}{(f(t)g(t))'} = \underset{\text{縦長の帯の寄与}}{f'(t)g(t)} + \underset{\text{横長の帯の寄与}}{f(t)g'(t)}
$$

という形で「目に見える」ようになりました．

4.4.3 商の微分

最後に，商の微分の公式も見ておきましょう．

商の微分 $\displaystyle \left(\frac{g(t)}{f(t)}\right)' = \frac{g'(t)f(t)-g(t)f'(t)}{f(t)^2}$

公式の左辺の $\dfrac{g(t)}{f(t)}$ を $G(t)$ とおいておきます．$G(t)$ の微分 $G'(t)$ を求めるのが目標です．$G(t)=\dfrac{g(t)}{f(t)}$ の分母を払うと

$$f(t)\times G(t)=g(t)$$

です．この両辺を微分します．ライプニッツの法則を使うと，

$$f'(t)G(t)+f(t)G'(t)=g'(t)$$

となります．移項して $f(t)$ で割れば，

$$\begin{aligned} G'(t) &= \frac{g'(t)-f'(t)G(t)}{f(t)} \\ &= \frac{g'(t)-f'(t)\times\dfrac{g(t)}{f(t)}}{f(t)} \\ &= \frac{g'(t)f(t)-f'(t)g(t)}{f(t)^2} \end{aligned}$$

となり，商の微分の公式が証明できました．

4.5　微分方程式と指数関数

微分についての基本的な性質を学んだところで，「微分方程式」という新しい視点から第 4.2 節で取り上げた指数関数 e^x を振り返ります．

4.5.1　指数関数の 3 つの見方

指数関数 e^x について，第 4.2 節で 3 つの見方をしました．簡単に復習しておきます．1 つめは，無限級数の形で表すというものです．

(1) **無限級数**　$f(x)=1+x+\dfrac{x^2}{2!}+\dfrac{x^3}{3!}+\dfrac{x^4}{4!}+\cdots$

特に $x=1$ を代入した $f(1)$ の値を計算しました．

$$f(1) = 1+1+\frac{1}{2!}+\frac{1}{3!}+\frac{1}{4!}+\cdots = 2.71828\ldots = e\text{（ネイピアの数）}$$

2つめとして，無限級数(1)の変数に $x+y$ を代入して展開し，2重和を2通りの方法で計算して次の等式が得られることを確かめました．

(2) **関数等式（指数法則）**　$f(x)f(y)=f(x+y)$

3つめとして，(1)の各項を微分すると，左に1項ずつシフトした式が出てきて，次の等式（微分方程式）が得られることを確かめました．

(3) **微分方程式**　$f'(x)=f(x)$

第4.2節では，無限級数(1)から出発して(2)や(3)の性質に到達しました．特に(1)と(2)から，次の等式が得られることもお話ししました．

$$\sum_{k=0}^{\infty}\frac{x^k}{k!}=e^x \tag{4.27}$$

(4.27)の左辺は x が複素数であっても意味をもつので，この利点を活かして x が複素数のときにも e^x が定義できることを第4.2節の最後で触れました．視点を変えて，右辺の指数関数 e^x から見たとき，等式(4.27)を指数関数 e^x の**べき級数展開**（テイラー展開）と言います．

この節では，逆に，(1)や(2)のかわりに(3)の微分方程式から出発しても，やはり(1)と(2)の性質が再現できるということをお話ししましょう．実は，(1)〜(3)の3つの性質は同じ1つのことがらの異なる側面であって，それぞれが他の性質を復元するだけの情報量をもっているのです．

指数関数は物理現象や日常のいろいろな場面で（近似の主要項として）現れます．一般的な原理や法則と個々の現象との関係は，「微分方程式」とその「解」という観点を用いると見通しがよくなることが多いのです．この節の最後で，いくつかの例をお話しします．

4.5.2　微分方程式とは？

みなさんがおなじみの連立1次方程式や2次方程式は「数に対する方程式」

です．**未知の数**を x や y とおいて，x や y が満たす条件を書き下し（方程式を立てる），その方程式を解くということは中学や高校で経験したことがあると思います．一方，「関数に対する方程式」とはどのようなものでしょうか？ **未知の関数**を $f(x)$ とおいて（複数の未知関数を考えることもあります），$f(x)$ が満たす条件を等式（たとえば $f(x+y)=f(x)f(y)$ や $f'(x)=f(x)$ など）で書き下したものが「関数に対する方程式」です．関数に対する方程式の中に $f(x)$ の微分 $f'(x)$ や $f''(x)$ などが含まれているとき，その方程式を**微分方程式**と言います．

さて，自然界の現象は大いに自由があるようで，実はそれぞれ何らかの「法則」に拘束されています．たとえば空中にボールを投げるとき，どちらに向いてどんな速さで投げても自由ですが，投げた後は万有引力の法則や空気抵抗というような物理法則から逃れることはできません．投げたボールには時々刻々と重力や空気抵抗の力が働き，それが次の瞬間のボールの位置や速度や回転に影響し，その連続的な影響がボールの軌道を決定していると考えられます．こうした「法則」や「原理」を数学の言葉で表し，それを分析したいとき，微分方程式の概念が役立ちます．時刻 t におけるボールの位置や回転の様子は，座標をとれば，それぞれ関数として表せます．これは「現象の数値化」です．もちろん，現象を数値化しても，複数の要因を分析しようとすると複雑になりますが，大まかな図式としてここでの視点を書いてみると

自然科学・社会科学		**数学**
現象を数値化	⇝	関数
原理・法則	⇝	関数に対する方程式

となります．

微分方程式は，動的な現象や連続的な関係を数学的に分析する基本的な概念です．物理学だけではなく生物学や経済学でも，数理モデルを立てて，その「原理」や「法則」を微分方程式という数学の言葉で表していろいろな現象や法則そのものの分析に用いることがあります．

ただ，微分方程式は，大学のカリキュラムの中では後回しになりがちで，文

系の方はなかなか学ぶ機会がありません．しかし，微分方程式はその発想法から得られるものが多く，早い段階で少しでも触れておくと，後にさまざまなことに対する‘気づき’が増えて学びの効果が大きくなると思います．ですから本書では，少し背伸びして簡単な具体例を紹介し，微分方程式の考え方をお話しすることにします．

4.5.3　もっとも簡単な微分方程式 $f'(x)=0$

定数関数の微分は恒等的に 0 となります．逆に，第 4.3.4 項では微分 $f'(x)$ が恒等的に 0 ならば $f(x)$ は定数であるという定理を見ました．この定理の仮定は，未知関数 $f(x)$ が微分方程式

$$\frac{df}{dx}(x) = 0 \tag{4.28}$$

を満たしているということです．そうすると，この定理は，

微分方程式(4.28)の解は定数関数 $f(x) = C$ である

ということを主張しているわけです．「どの点でも勾配がなければ，実は，その道は水平だ(高さが一定だ)」というのは，実生活では当たり前に見えますが，数学としては，無限小レベルの条件である微分方程式(4.28)から，その解の大域的な性質を記述していることになります．

第 4.3.4 項で述べた 2 つめの定理「すべての x で $f'(x)=a$ ならば，$f(x)=ax+f(0)$ である」も微分方程式の言葉で記述できます．すなわち，a を定数とするとき，初期条件 $f(0)=C$ の下で，未知関数 $f(x)$ に関する微分方程式

$$\frac{df}{dx}(x) = a \tag{4.29}$$

の解が

$$f(x) = ax+C$$

で表されるという主張になります．この定理も，無限小レベルの条件である微分方程式(4.29)から，その解の大域的な性質を記述していることになります．

4.5.4　$f'(x)=\lambda f(x)$ という微分方程式を解く

第 4.5.1 項では指数関数 e^x は $\sum_{n=0}^{\infty}\frac{x^n}{n!}$ というべき級数展開を用いると導関数が自分自身になる，すなわち $(e^x)'=e^x$ が成り立つことを見ました．その逆は成り立つでしょうか？　これは「$f'(x)=f(x)$ という微分方程式を解く」問題です．後で使い勝手がよいように，少し拡張した形で書いておきましょう．

定理　λ（ラムダ）を定数とする．実数全体で定義された関数 $F(t)$ が

(4.30)　　微分方程式　$F'(t)=\lambda F(t)$

　　　　　初期条件　$F(0)=A$

を満たすならば，$F(t)=Ae^{\lambda t}$ である．

$\lambda=A=1$ のときは，この定理は「$F'(t)=F(t)$ かつ $F(0)=1 \Longrightarrow F(t)=e^t$」ということを主張しています．ここで A$\Longrightarrow$B は「A ならば B」という意味の記号です．

まず，（初期条件はいったん忘れた上で）指数関数 $e^{\lambda t}$ が微分方程式(4.30)を満たしていることを確かめましょう．このために，$e^{\lambda t}$ を $f(x)=e^x$ と $g(t)=\lambda t$ の合成関数 $f(g(t))$ と見なします．そうすると，$f(x)=e^x$ に対しては $f'(x)=f(x)$，$g(t)=\lambda t$ に対しては $g'(t)=\lambda$ が成り立つので，合成関数の微分の公式（第 4.4.1 項）から，

$$\frac{d}{dt}e^{\lambda t}=\frac{d}{dt}f(g(t))=\underbrace{\frac{df}{dx}}_{=f}\Big(\underbrace{g(t)}_{=\lambda t}\Big)\underbrace{\frac{dg}{dt}}_{=\lambda}(t)=e^{\lambda t}\times\lambda=\lambda e^{\lambda t} \tag{4.31}$$

となり，確かに $e^{\lambda t}$ は微分方程式を満たす関数です．

微分方程式(4.30)を満たす関数（解）を 1 個は見つけたので，次は解を全部見つけることを考えます．$e^{\lambda t}$ と異なるタイプの解は存在するでしょうか？

そこで微分方程式(4.30)を満たす未知の解 $F(t)$ を既知の解 $e^{\lambda t}$ と比較するために割り算してみましょう．定理の結論は，

$$(4.32) \qquad \frac{\text{未知の解}}{\text{既知の解}} = \frac{F(t)}{e^{\lambda t}}$$

が t によらない定数 A になるということです．このことを確かめるために，(4.32)を t で微分してみます．商の微分の公式を使うと，(4.32)の右辺の微分は

$$\frac{d}{dt}\left(\frac{F(t)}{e^{\lambda t}}\right) = \frac{F'(t)e^{\lambda t} - F(t)(e^{\lambda t})'}{(e^{\lambda t})^2}$$

となります．ここで $F'(t)$ は仮定(4.30)より $\lambda F(t)$ に等しく，一方，$(e^{\lambda t})'$ は上で計算した(4.31)より $\lambda e^{\lambda t}$ です．よって，

$$\frac{d}{dt}\left(\frac{F(t)}{e^{\lambda t}}\right) = \frac{\lambda F(t)e^{\lambda t} - F(t)\times(\lambda e^{\lambda t})}{(e^{\lambda t})^2}$$

となりますが，この分子は同じものどうしの引き算ですから 0 になります．

(4.32)を t で微分すると 0 になることがわかったので，第 4.3.4 項で見たようにこの関数は定数関数になります．したがって，$\dfrac{F(t)}{e^{\lambda t}}$ の値は t によらないので，特に，$t=0$ における値とも同じです．初期条件 $F(0)=A$ を思い出すと

$$\frac{F(t)}{e^{\lambda t}} = \frac{F(0)}{e^0} = \frac{A}{1} = A$$

となります．左辺と右辺を見比べると，$F(t)=Ae^{\lambda t}$ がわかりました．これで初期条件 $F(0)=A$ を満たす微分方程式(4.30)の解は $F(t)=Ae^{\lambda t}$ のみであることが示されました．

このように，指数関数の性質，(1)無限級数表示，(2)指数法則，(3)微分方程式は同じ関数の 3 つの異なる側面なのです．ここでは微分方程式を解くことによって，(3)から(1)や(2)の性質を復元できることを確かめました．

微分方程式(4.30)のパラメータ λ はその解の挙動に大事な役割をもちます．初期条件 $A>0$ としておきます．$F(t)=Ae^{\lambda t}$ のグラフの形状は λ の符号によって異なります(図 4.12)．現象を記述するとき，ある量が変数 t を用いて $Ae^{\lambda t}$ という形で(近似的に)表されることがよくあります．こういった場合，その量は $\lambda>0$ のとき**指数的に増大する**，あるいはネズミ算式に増えると言い，$\lambda<0$ のときは**指数的に減少する**と言うことがあります．

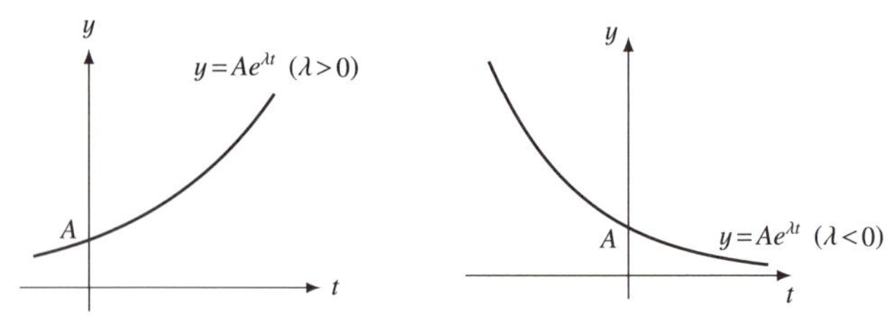

図 4.12　$y=Ae^{\lambda t}$ のグラフ

指数関数 e^t は t が決まれば e^t の値が定まり，そのグラフ $y=e^t$ は，図 4.12 で $A=\lambda=1$ の場合であり，単調増加になっています．逆に，グラフを見ますと，$y>0$ に対して $y=e^t$ となる実数 t が 1 つ定まることがわかります．この値を y の**自然対数**と言い，$t=\log y$ と表記します．

λ を複素数とした場合の微分方程式(4.30)は第 4.6.4 項で取り上げることにしましょう．

4.5.5　自然界に現れる指数関数

指数関数は自然界のいろいろなところに出てくる関数です．どのような場面で，そしてなぜ，指数関数が現れるかの理由を「微分方程式」という観点からとらえてみましょう．たとえば，ある量が時々刻々と変化し，その変化量は「各時点での残量に比例する」という「法則」に従うとしましょう．これを数学の言葉に直すため，時刻 t における量を $F(t)$，比例定数を λ と表記します．そうすると，この「法則」は $F(t)$ に関する微分方程式

$$\underset{\text{変化率}}{F'(t)} = \underset{\text{比例定数}}{\lambda} \times \underset{\text{現在の量}}{F(t)}$$

で表されます．したがって前項の定理より $F(t)$ は指数関数を用いて $Ae^{\lambda t}$ と記述されることになります．比例定数 λ が正となる現象も，負となる現象もあります．$\lambda>0$ となるときは「指数的に増える」(図 4.12 の左のグラフ) ことになります．以下では，反対に $\lambda<0$ となる現象の例をいくつか挙げましょう．

放射性核種の崩壊

陽子と中性子の数によって区分される原子・原子核の種類のことを核種と言います．放射性核種には，短時間で異なる核種に変化する(崩壊あるいは壊変と言います)ものもあれば，非常に長い時間が経過してから崩壊するものもあります．ある一定の時間間隔内で崩壊する確率は，核種ごとに異なります．特定の核種を1つ選んだ場合，その核種が短い時間間隔 h のあいだに崩壊する個数は，時間間隔 h と，現在の核種の個数の両方に比例すると考えられます．この比例定数 λ は核種ごとに決まっていて，基本的には環境には依存しないと考えられているため，**崩壊定数**あるいは**壊変定数**とよばれます．時刻 t における ある核種の個数を $F(t)$ とすると，この性質は式で

$$F(t)-F(t+h) \fallingdotseq \lambda h F(t) \quad (h \text{ が小さいとき})$$

と表されますので，両辺を $-h$ で割って，h を0に近づけると，$F(t)$ は

$$F'(t) = -\lambda F(t)$$

という微分方程式を満たしていると考えられます．厳密にいうと $F(t)$ は個数を表すので本来は整数値しかとらず，微分の概念になじまないのですが，アボガドロ定数($\fallingdotseq 6\times10^{23}$)から想起されるようなきわめて大きな個数の場合，連続的な値をとるという近似モデルが有効だと考えているわけです．

この微分方程式の解は第4.5.4項の定理より，$F(t)=Ae^{-\lambda t}$ と表されます．A は時刻 $t=0$ での個数です．このようにして，「崩壊する確率が一定である」という原理から，その個数は指数的に減少するということが導かれました．

さて，半減期という言葉をどこかで耳にされた方もいらっしゃるでしょう．**半減期**とは，核種の量が最初の量から2分の1になる時点までの時間を言います(図4.13)．半減期は核種によって決まっており，どういう状況下でも同じ値をとると考えられています．半減期を T とすると，時刻 $t=T$ での量が $\frac{1}{2}A$ になるということですから，$\frac{1}{2}A=Ae^{-\lambda T}$ が成り立ちます．したがって，$e^{\lambda T}=2$，すなわち $\lambda T=\log 2$ が成り立ちます．この関係式より，崩壊定数 λ から半

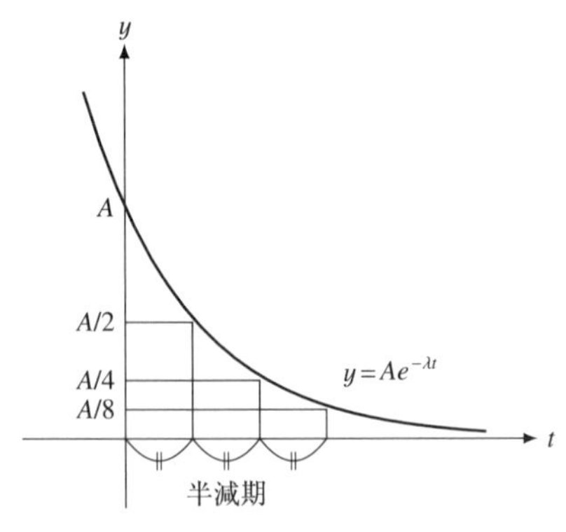

図 4.13　放射性核種の半減期

減期 T がわかり，逆に半減期 T から崩壊定数 λ が計算できることになります．

言葉の響きから，半減期を 2 回繰り返すと個数が 0 になると勘違いしがちですが，図 4.13 のように半減期を 2 回繰り返すと最初の量の 4 分の 1 になります．半減期を 3 回繰り返すと，今度は $\left(\frac{1}{2}\right)^3$，すなわち 8 分の 1 になります．核種によっては，半減期が 1 秒未満のものもありますし，約 20 年のものもありますが，以下で考察する炭素 14 は半減期が約 5730 年です．

土器の年代測定

何千年も前の土器がいつ頃に製作されたのか，どのように推定するのでしょうか．よく使われている方法は，放射性炭素年代測定法というものです．

炭素原子はほとんどが炭素 12 というものですが，ごくわずか炭素 14 という同位体が含まれています．その化学的な性質は普通の炭素 12 と同じですが，原子の質量は違うので，測定法を工夫すれば検出できます．さて，地球の上空では宇宙線と大気中の窒素が衝突するときに，わずかずつですが，炭素 14 が生まれています．その一方で，炭素 14 は一定の割合でベータ崩壊をして窒素に戻っていく．生まれるのと減るのが釣り合った状態として，地表付近では炭素原子の 1 兆分の 1 くらいの比率で炭素 14 が存在しています．第 2.1.2 項で見たように，1 兆分の 1 というとプールの水の量に対する直径 1 mm の球形の砂糖粒の比率くらいですね．炭素 14 のこの比率は地域・時代を通じてある程度は安定しています．

土器の年代測定では，この現象を利用します．土器の中には木や藁（わら）のような植物の繊維が含まれています．この植物は，何千年か前の空気中で光合成し，その後は光合成をしていません．したがって，そこに含まれている植物の繊維には，製作した時点ではその当時の大気と同じ割合で炭素 14 が存在していたはずです．ところが地球の上空と違って，地上には宇宙線はほとんど届かないので地上の土器の中では炭素 14 が新しく生まれず，減る一方だと考えられます．ある土器を測定したら，炭素 14 が炭素原子の 1 兆分の 1 より，ずっと低い比率しか存在しない，という状況が起こりうるわけです．逆に言えば，炭素 14 がどのくらい残っているかで土器の年代を推定できるだろうと考えられます．測定法が進歩しており，現在は土器をあまり傷つけずに炭素 14 の濃度を測ることが可能です．

たとえば，ある縄文土器の炭素 14 が炭素原子の 3 兆分の 1 の比率で存在しているとして，この土器の年代を推定してみましょう．具体的には 1 mg の炭素の中に 1700 万個くらい炭素 14 があるということです．3 兆分の 1 ということは，1 兆分の 1 という通常の濃度の $\frac{1}{3}$ しか炭素 14 が残っていないことになります．先ほど見たように，放射性核種が一定の割合で崩壊すると，個数が指数的に減少するという定理を用いて，年代を推定します．「炭素 14 → 炭素 12」の半減期は約 5730 年ですので，$x \times 5730$ 年経つと最初の個数の $\left(\frac{1}{2}\right)^x$ になると考えられます．$x=1,2,3$ とすると，おおよその見当がつきます．

$$\left.\begin{array}{ll} 5730\text{ 年経つと} & \frac{1}{2}\text{ になる} \\ 2\times 5730\text{ 年経つと} & \frac{1}{4}\text{ になる} \end{array}\right\}\text{答えはこの間にある}$$
$$\begin{array}{ll} 3\times 5730\text{ 年経つと} & \frac{1}{8}\text{ になる} \end{array}$$

通常の濃度の $\frac{1}{3}$ となるのに $x \times 5730$ 年かかるとすると，x は $\left(\frac{1}{2}\right)^x = \frac{1}{3}$ を満たす数です．分母・分子をひっくり返して $2^x = 3$ となる x を求めればよいことがわかります．コンピュータを使って求めてもよいのですが，音階のお話(第3.4.3項)を思い出すと手計算できます．復習を兼ねて計算してみます．

1オクターブに12個の音階があることを，「澄んで響き合う音に名前をつけていくと無限個の音の名称が必要になるので，多少の音の濁りを妥協して音階を構成する」という観点で説明しました．特に，平均律による12音階ではドとソの音の周波数の比率は2:3という整数比に近いという特徴があり，このことを使えば，$2^x=3$ となる x を簡単に概算できます．すなわち，1オクターブを12分割してドからソまで半音を含めて7つ分移動することに対応して $2^{\frac{7}{12}}=1.498\ldots$ が $\dfrac{3}{2}$ に近いという計算(3.14)を思い出すと，両辺を2倍して

$$2^{\frac{19}{12}} \fallingdotseq 3 \quad\Longrightarrow\quad 2^x = 3 \text{ となる } x \text{ はおよそ } \frac{19}{12}$$

こうして，$\dfrac{19}{12}\times 5730 \fallingdotseq 9000$ 年くらい前の土器であると推定できます．

考古学では，より精密な推定のために，年代による宇宙線の増減や海洋からの影響など，いろいろな補正項の分析も行われています．ここでは補正項を取り込む前の原理的な計算をしたことになります．

記憶の想起（心理学）

自分が知っている植物の名前を思い出せるかぎり書き出してみるとします．1分間にいくつ書けるかを記録していくと，最初はたくさん書き出せるでしょう．10分くらい経つと，だんだんポツポツとしか出てこなくなる．30分くらい経つと，1分間に3つくらいしか出ないかもしれない．1分ごとに書き出せた数をグラフにすると，だいたい図4.12の右のような曲線になることが知られています．以下では，この「原理」を微分方程式の視点で考えてみます．

たとえばある人が植物の名前を300個知っているとして，最初の1分間で5%思い出して15個書き出したとしましょう．何分か続けて200個書き出したとすると，知っているけれどもまだ思い出せていないものが100個残っているわけです．次の1分間で思い出せる比率がこの5%とすると，5個くらい書き出すことになります．時刻 t においてまだ思い出せていない個数を $f(t)$ とし，その中で次の短い単位時間(たとえば1分間)で思い出せる比率を λ とする

と，短い時間 h の間に思い出せる個数は

(4.33) $$f(t)-f(t+h) \fallingdotseq \lambda h f(t)$$

となると考えられます．(4.33)を h で割って -1 倍すると

$$\frac{f(t+h)-f(t)}{h} \fallingdotseq -\lambda f(t)$$

となります．これを，$f(t)$ は近似的に，微分方程式

$$f'(t)=-\lambda f(t)$$

を満たしていると解釈します．さらに λ が一定の数であると仮定して話を進めます．上述の例では $\lambda=5\%=0.05$ です．そうすると，核種の崩壊のときと同じ形の微分方程式ですので，その解 $f(t)$ は $Ae^{-\lambda t}$ という指数関数になります．初期値 $A=f(0)$ は知識量で，比例定数 λ は思い出すスピードという，いわば頭の回転の速さです．A も λ も人それぞれに異なります．しかし，記憶の想起の原理が同じならば，知識量 A や頭の回転の速さ λ の値にかかわらず，記憶の想起曲線の概形は図 4.12 の右のような指数関数のグラフになります．

もちろん，物理的な性質と違って，人間のやることですから，λ は一定の数とは限りませんし，‘連想’による想起効果などさまざまなファクターも入ってきます．つまり，主要原理に対して微分方程式を立て，その数理モデルを分析して終わりではありません．その分析を土台にして，次に重要なファクターの仮説を立てて，さらに数理モデルを改良していくことになるのです．

コーヒーの温度変化

熱いコーヒーを飲まずに置いておくと，だんだん冷めてきて，最終的には室温と同じになります．夏ならばぬるめの温度で安定し，冬ならば冷たくなります．入れたばかりのときは温度が急速に下がりますが，しばらくすると冷めるのがだんだん遅くなってきます．このような温度変化をグラフで可視化すると図 4.12 の右で描いた指数関数のグラフに似ています．その理由についても微分方程式の視点から分析できます．

熱いコーヒーが冷めていくのは蒸発による気化熱の効果等もありますが，ここでは熱伝導だけを考えることにします．この場合，コーヒーの温度がどれだけ下がるかは，空気中に逃げていく熱量に比例し，この熱量は室温との温度差にほぼ比例するでしょう．したがって，時刻 t におけるコーヒーの温度と室温の差を $f(t)$ とすると，短い時間 h での温度変化 $f(t+h)-f(t)$ は時間 h と $f(t)$ にほぼ比例する，すなわち $f(t+h)-f(t) \fallingdotseq -ahf(t)$ となるので，$f(t)$ は次の微分方程式を近似的に満たすと考えられます．

$$f'(t) = -af(t)$$

ここでも(4.30)と同じ形の微分方程式が現れました．いま，コーヒーの方が室温より熱い(すなわち $f(t)>0$)ときは冷める(すなわち $f'(t)<0$)ことから，比例定数は $-a$ と書きました．a は正の数です．この a の値はコーヒーの量や器の形状・材質などに依存します．時刻 $t=0$ のときのコーヒーと室温との温度差を A とすると，初期値が $f(0)=A$ であるこの微分方程式の解 $f(t)$ は第 4.5.4 項の定理より $f(t)=Ae^{-at}$ となります．したがって時刻 $t=0$ での室温を B とすると，時刻 t におけるコーヒーの温度は $Ae^{-at}+B$ となり，そのグラフは図 4.12 の右のように漸近的に室温 B に近づいていくことになります．

実際には多くの要因が絡んでいるため，厳密には a は定数とはいえませんが，ここでは単純化した数理モデルを使って，コーヒーが最初は速く冷め，次第に冷め方がゆっくりになる現象を微分方程式を用いて説明しました．

この項では図 4.12 の右のように $\lambda<0$ で指数的に減少するものを取り上げました．λ を複素数とすると‘振動する’関数も微分方程式の解として現れます．次の節の最後(第 4.6.4 項)では，λ が純虚数の場合に，三角関数との関係をお話しします．

4.6　三角関数の微分と指数関数

この節では三角関数の微分を取り上げます．その前に，弧度法と度数法を復

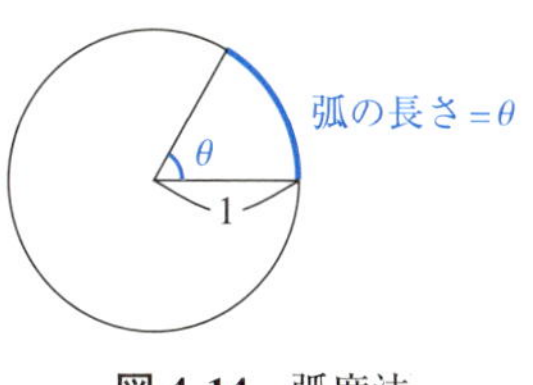

図 4.14　弧度法

習しておきます．

4.6.1　弧度法と度数法

古代バビロニアでは 60 進法を使い，天空に座標を入れて計算していたそうです．**度数法**では，1 回転が 360° となります．360 という数は，$2, 3, 4, 5, 6, 8, 9, 10, 12$ などで割り切れる便利な整数です．しかも，地球という惑星では，公転の周期と自転の周期の比が約 $365:1$ なので，1 日ずつ季節が移り変わって約 365 日で元に戻るのと，角度が 1° ずつ回転して 360° で元に戻るのとが，ほぼ同じペースになっています．一方，**弧度法**では半径が 1 の円の弧の長さで角度を表します(図 4.14)．特に 1 回転は円周率 π の 2 倍，すなわち 2π となります．弧度法における角度の単位は「ラジアン」です．すなわち，360° は 2π ラジアンになりますが，通常は単位名のラジアンは省略します．弧度法は，地球という惑星を超越した，もっと普遍的な考え方です．もし宇宙人がいたとしても，角度の単位を共通に定める場合には弧度法を用いることで，双方とも納得できるでしょう．

角度を表す単位として，度数法は人類の文化に密着しており生活の中では便利だけれども，普遍的な原理を述べる数学においては弧度法の方が自然になります．これからお話しする三角関数の微分の公式や級数展開では，弧度法を用いると，定理がとてもきれいな形になります．

4.6.2　角速度

遠くに電車が走っているのが見えたとしましょう．距離はわからなくても，見える角度は時々刻々と変化していきます．こんな状況を正確に言い表すため

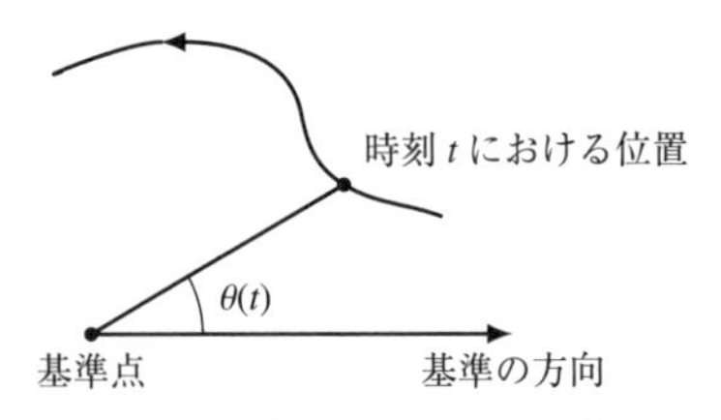

図 4.15　基準点と基準の方向を決めると，時刻 t における角度 $\theta(t)$ が定まる

に角速度という概念があります．基準点とそれを通る基準線（基準の方向）をあらかじめ決めておきます．注目している点が，基準点から見て基準の方向から（左回りに測って）角度 θ の位置にあるとしましょう（図 4.15）．

ここで角度を表す記号 θ（テータ）（シータとも読む）はギリシャ語の小文字です．紀元前 300 年ごろの数学を体系的にまとめた『ユークリッド原論』をはじめ，古代ギリシャでは幾何学が発達しました．これにちなんで，現在でも角度にはギリシャ文字を使うことが多いのです．

この角度 θ は時刻 t によって変化するので，t を変数とする関数という意味で $\theta(t)$ と表します．このとき，微分

$$\frac{d\theta(t)}{dt}$$

を（時刻 t における）**角速度**と言います．どこから見るか，すなわち基準点をどこにとるかによって角速度は変わります．一方，基準線の方向については，どのように選んでも角速度に影響しません．実際，基準線の方向を変えても，角度 $\theta(t)$ には時刻によらない定数が付け加わるだけですので，その微分である角速度には影響しないわけです．

日常に現れる角速度の例を挙げましょう．たとえば，地球は太陽の周りを，円に近い軌道で公転しています．1 年 365 日で太陽の周りをほぼ 1 周しますので，太陽を基準点とした角速度は，おおよそ

$$360°/365\ 日 \fallingdotseq 1°/日$$

になります．一方，地球は 1 日 = 24 時間でほぼ 1 周の自転をしますので，自

転の角速度は，おおよそ

$$360°/24\text{時間} = 15°/\text{時}$$

となります．15° ごとに引かれている地球儀の経線は 1 時間の時差に対応していることになります．たとえば日本では明石市を通る東経 135° を基準の子午線としているので，日本標準時は(イギリスにある経度 0° のグリニッジ天文台を基準とした)グリニッジ標準時に比べると 135/15=9 時間進んでいることになります．

一方，時計の秒針は 1 分 =60 秒で 1 周しますので，秒針の角速度は

$$360°/60\text{秒} = 6°/\text{秒}$$

となります．このように 360° で 1 周する度数法を用いると，日常生活の角速度は簡単な整数で表示できて便利です．しかし，以下では角速度についても度数法ではなく弧度法を用います．

4.6.3 三角関数の微分

角速度の概念を用いて，三角関数の微分の公式を導きましょう．円周上を一定の速さで進むことを**等速円運動**と言います．等速円運動では円の中心から見ると角速度が一定になっています．ここでは計算を簡単にするため，半径 1 の円周上を速さ 1 で左回りに動くことを考えます．速さ 1 というのは，経過した時間が t ならば，円弧を長さ t だけ進むということです．円の中心から見た角度も弧度法で t だけ増えます．

この等速円運動を xy 座標を用いて表します．時刻 $t=0$ のときに x 軸上の点 $(1,0)$ を出発すると，時刻 t の位置 P は，原点を中心に角度 t だけ円周上を左回りに進んだ点として

$$(x(t), y(t)) = (\cos t, \sin t)$$

と座標表示されます(図 4.16)．この運動の速さは 1 で一定ですが，速度ベクトルの向きは時刻とともに変わります．速度ベクトルは，x 座標，y 座標をそ

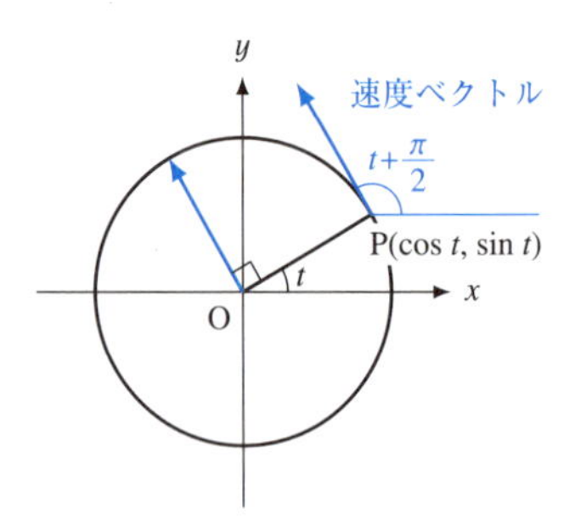

図 4.16　半径 1 の円周上を角速度 1 で進む

れぞれについて微分すればよいので，時刻 t において

(4.34)　$$\text{速度ベクトル} = \left(\frac{dx(t)}{dt}, \frac{dy(t)}{dt}\right) = \left(\frac{d}{dt}\cos t,\ \frac{d}{dt}\sin t\right)$$

で与えられます．

この速度ベクトルはどのような性質をもっているでしょうか．半径 1 の円周上を動くという条件は $x(t)^2+y(t)^2=1$ と表されます．両辺を微分すると，積の微分に関するライプニッツの法則より $2(x(t)x'(t)+y(t)y'(t))=0$ となるので，ベクトル $(x(t), y(t))$ と $(x'(t), y'(t))$ の内積 $=0$，すなわち速度ベクトルは，位置ベクトル OP に直交しています．（内積の性質については第 5.3.4 項で述べます．）また，速さが 1 なので，速度ベクトルの大きさは 1 です．したがって，この速度ベクトルは大きさが 1 で，向きは位置ベクトルを $\frac{\pi}{2}$ だけ左に回転させた方向を向いていることになり，

(4.35)　$$\text{速度ベクトル} = \left(\cos\left(t+\frac{\pi}{2}\right),\ \sin\left(t+\frac{\pi}{2}\right)\right) = (-\sin t, \cos t)$$

がわかります．(4.34)=(4.35) より，

$$\begin{cases} \dfrac{d}{dt}\cos t = -\sin t \\ \dfrac{d}{dt}\sin t = \cos t \end{cases}$$

という三角関数の微分の公式が示されました．

いま，円周の半径を 1，回転の速さを 1 としましたが，実際の応用，たとえばハンマー投げや人工衛星などの運動を考察するためには，半径や速度を一般にした公式を準備しておくと便利です．そこで，半径は 1 ではなく R とし，角速度も 1 ではなく ω（オメガ）とした等速円運動の計算もしておきましょう．円の中心を原点に，出発点の座標を $(R, 0)$ とすると，時刻 t における位置は xy 座標で $(R\cos\omega t, R\sin\omega t)$ と表示されます．速度ベクトルは位置ベクトルの微分なので，合成関数の微分の公式を使って計算すると

$$\left(\frac{d}{dt}(R\cos\omega t),\ \frac{d}{dt}(R\sin\omega t)\right) = (-R\omega\sin\omega t, R\omega\cos\omega t) \tag{4.36}$$

となります．右辺の $R\omega$ をくくり出して $R\omega(-\sin\omega t, \cos\omega t)$ と表記すると見やすいので，以降はこのように表すことにします．加速度ベクトルは，(4.36)の各成分をさらにもう一度微分して

$$\left(\frac{d^2}{dt^2}(R\cos\omega t),\ \frac{d^2}{dt^2}(R\sin\omega t)\right) = R\omega^2(-\cos\omega t, -\sin\omega t)$$

となります．速さは速度ベクトル(4.36)の大きさでした．速さを速度(velocity)の頭文字をとって v と書くと，$(-\sin\omega t)^2 + (\cos\omega t)^2 = 1$ より

$$v = R\omega \tag{4.37}$$

となります．速さ v は半径 R と角速度 ω に比例するというわけです．

同様に，加速度ベクトルの大きさは $R\omega^2$ になります．速さ v が $v = R\omega$ で与えられることを使うと，

$$\text{等速円運動の加速度ベクトルの大きさ} = R\omega^2 = \frac{v^2}{R} \tag{4.38}$$

という等式も成り立ちます．この等式は，半径 R，角速度 ω，速さ v の関係式として第 4.7.2 項でお話しする種々の具体例の計算で重宝します．

4.6.4 オイラーの公式と三角関数のテイラー展開

ここで複素数を使って少し遊んでみましょう．$F(t)$ が実数値の関数 $f(t), g(t)$ を用いて $F(t) = f(t) + ig(t)$ と表されるとき，$F(t)$ を複素数値の関数と言います．

ここで i は虚数単位，$i^2=-1$ です．たとえば $F(t)=\cos t+i\sin t$ という複素数値の関数を考えます．

実数であっても複素数であっても定数倍は微分の外に出せることに留意して $F(t)=\cos t+i\sin t$ の微分を計算します．

$$\begin{aligned}\frac{dF(t)}{dt} &= \frac{d}{dt}\cos t+i\frac{d}{dt}\sin t \\ &= -\sin t+i\cos t \\ &= i(\cos t+i\sin t) \\ &= iF(t)\end{aligned}$$

3 行目では i をくくり出すときに $i^2=-1$ を使いました．両辺を見比べると $F'(t)=iF(t)$ という微分方程式が得られたことになります．

さて第 4.5.4 項では，関数 $F(t)$ が

微分方程式 $F'(t)=\lambda F(t)$ と初期条件 $F(0)=1$

を満たすならば，$F(t)$ は $F(t)=e^{\lambda t}$ という形になっていることを見ました．指数関数 $e^{\lambda t}$ は無限級数表示 $\sum_{n=0}^{\infty}\frac{\lambda^n t^n}{n!}$ を用いると，λ が実数のときだけではなく，λ が複素数のときでも意味をもちます（第 4.2.5 項）．そうすると，この定理は，定数 λ が複素数で $F(t)$ が複素数値の関数の場合にも成り立ちます．上述の $F(t)=\cos t+i\sin t$ は $F'(t)=iF(t)$ と $F(0)=1$ を満たすので，$\lambda=i$ の場合に対応します．したがって，次の定理が証明できました．

定理（**オイラーの公式**）　$e^{it}=\cos t+i\sin t$

これはとても不思議な式で，指数関数を複素数にまで拡張すると，突然，三角関数が現れる．逆に，この公式を用いると，三角関数の性質は，指数関数のさまざまな性質から導けます．たとえば，三角関数の加法公式は指数法則

$$e^{i(x+y)}=e^{ix}e^{iy}$$

すなわち

$$\cos(x+y)+i\sin(x+y) = (\cos x+i\sin x)(\cos y+i\sin y)$$

の右辺を展開して，両辺の実部と虚部を比較することで得られます．また，三角関数の 3 倍角の公式でしたら，指数法則 $e^{3x}=(e^x)^3$ において，$x=it$ とすると

$$\cos 3t+i\sin 3t = e^{3it} = (e^{it})^3 = (\cos t+i\sin t)^3$$

となるので，右辺を展開して両辺の実部，虚部をそれぞれ見比べることによって，

$$\cos 3t = \cos^3 t-3\cos t\sin^2 t, \quad \sin 3t = 3\cos^2 t\sin t-\sin^3 t$$

となり，三角関数の 3 倍角の公式を導くことができました．

さらに，オイラーの公式において $x=\pi$ とすれば

$$e^{i\pi} = -1$$

という等式が成り立ちます．これは，数学における 3 つの重要な数 e,π,i の間に成り立つ美しい関係式です．

e^x のべき級数展開に $x=it$ を代入すると，オイラーの公式における左辺 e^{it} は，

$$\begin{aligned} e^{it} &= 1+(it)+\frac{1}{2!}(it)^2+\frac{1}{3!}(it)^3+\frac{1}{4!}(it)^4+\frac{1}{5!}(it)^5+\cdots \\ &= 1+it-\frac{1}{2}t^2-\frac{i}{6}t^3+\frac{1}{24}t^4+\frac{i}{120}t^5-\cdots \end{aligned}$$

となります．この実部と虚部を，$e^{it}=\cos t+i\sin t$ の実部や虚部と比べると

$$\text{(4.39)} \qquad \begin{cases} \cos t = 1-\dfrac{1}{2}t^2+\dfrac{1}{24}t^4-\cdots & = \displaystyle\sum_{n=0}^{\infty}\frac{(-1)^n}{(2n)!}t^{2n} \\ \sin t = t-\dfrac{1}{6}t^3+\dfrac{1}{120}t^5-\cdots & = \displaystyle\sum_{n=0}^{\infty}\frac{(-1)^n}{(2n+1)!}t^{2n+1} \end{cases}$$

となります．第 3.3.4 項で触れた $\cos t$ のべき級数展開も，これで証明できました．(4.39)は第 4.9 節で説明する**テイラー展開**の一例です．

無限級数(4.39)は非常に収束が速く，右辺の最初の2〜3項で打ち切っても良い近似になります．度数法での角度が $x°$（弧度法で $\frac{x}{360}\times 2\pi=\frac{\pi x}{180}$ ラジアン）のときは，

$$\sin x^\circ = \sin\frac{\pi x}{180} = \frac{\pi x}{180} - \frac{1}{6}\left(\frac{\pi x}{180}\right)^3 + \frac{1}{120}\left(\frac{\pi x}{180}\right)^5 - \cdots$$

となりますが，3乗の項以降を省略して打ち切り

$$\sin x^\circ \fallingdotseq \frac{\pi x}{180}$$

としても，$x°$ が $10°$ 以下のときは $\sin x°$ の真の値との誤差率は1％未満になります．また，5乗の項以降を省略して打ち切り

$$\sin x^\circ \fallingdotseq \frac{\pi x}{180} - \frac{1}{6}\left(\frac{\pi x}{180}\right)^3$$

とすると，$x°$ が $30°$ 以下のときは $\sin x°$ の真の値との誤差率は0.1％未満になります．一方，$\tan t$ のテイラー展開は

$$\tan t = \frac{\sin t}{\cos t} = t + \frac{1}{3}t^3 + \frac{2}{15}t^5 + \frac{17}{315}t^7 + \cdots$$

という形になります．この場合も収束は速く，度数法で $x°$ が $9°$ 以下のときは $\tan x° \fallingdotseq \frac{\pi x}{180}$ としてもその誤差は1％未満です．誤差率や誤差評価の手法については，本章の第4.8節「近似と誤差」であらためて見ることにしましょう．

4.7　2階微分を感じる

第4.3節では，（1階の）微分が日常生活のどのような場面で「感じられる」かを坂道の勾配や速度などの例で見ました．一方，2階微分もさまざまな場面で現れます．効用関数の2階微分は「量が多いと飽きがくる」といった傾向を記述します．ここでは「2階微分を感じる」例として力学を取り上げます．

4.7.1　力学における運動方程式

電車に乗って目をつむっていると，どこにいるのかはわからなくても，急発

進したり，カーブで曲がったりすることはわかります．これは，加速度という2階微分に由来した力を「感じて」いるのです．

物理学の一分野である力学では，物体の動きを普遍的な原理から解き明かそうとします．力学の基本法則を数学の言葉で記述してみましょう．

たとえば，物を投げると，まっすぐに飛び続けずにそのうちに落下します．これは，物体に外から絶えず「力がかかっている」のが原因だと考えるのが(古典)力学の視点です．まず，物体には重力がかかります(万有引力の法則)．また，空気抵抗があるので，前に進むスピードが少しずつ遅くなる．ですから，放り投げた物体は，重力と空気抵抗を受けてだんだんと進むスピードと方向が変化していくと考えるのです．

物体にかかる力を**外力**と言います．引力や空気抵抗も外力の例です．外力の効果を理解するために，逆に，外力がまったくないような仮想上の設定を考えてみます．このときは，物体は最初と同じ速度でまっすぐ進み続けるはずだ，というのが慣性の法則(**運動の第一法則**)です．物体が「時々刻々と位置を変える」という意味で「運動」という用語を用いると，第一法則を次のように述べることができます．

運動の第一法則　外力がなければ，静止している物体は静止し続け，動いている物体はそのまま等速直線運動を続ける．

「等速」は速さが一定，「直線運動」はまっすぐ動き続ける，ということです．なお，「静止」というのを速さが0の状態と解釈すれば，第一法則は

「外力がなければ，物体はそのままままっすぐ一定の速さで動き続ける」

と1行で記述できます．もちろん，観測者自身が動いたり，物体自体が何か意思をもって自ら動き出すようなことがあれば，話は別です．

第一法則を近似的に観察できる例として，氷の上に何か物を置いて，それをそっと押すことを考えてみましょう．この物体は，まっすぐに，しかもあまり速さも減衰せずに滑っていくでしょう．氷上ではほとんど摩擦もなく，重力は氷が支える力と釣り合っていますから，この物体にかかる外力の合計はゼロに

近いと考えられます．

では，力を加えるとどうなるのでしょうか？ ニュートンの『プリンキピア』（初版 1687 年）の時点では「運動方程式」はまだ登場せず，「‘運動の変化’ は加えられた ‘動力’（vis motrix impressa）に比例する」という解釈の幅がある文言で ‘運動の第二法則’ を説きます．ここでは，より現代的に「運動方程式」という定式化で第二法則を記述しましょう．時刻 t における位置をベクトルで $\vec{r}(t)$ と表すと，第 4.3.2 項でお話ししたように，その 1 階微分が速度，2 階微分が加速度です．平面内の運動ならば，xy 座標を用いてこれらのベクトルは

位置ベクトル　　$\vec{r}(t) = (x(t),\ y(t))$

速度ベクトル　　$\vec{r}'(t) = (x'(t),\ y'(t))$

加速度ベクトル　$\vec{r}''(t) = (x''(t),\ y''(t))$

と表されます．3 次元空間の中の運動の場合も同様で，z 座標も含めて 3 次元ベクトルとして記述すれば後は同じです．

外から物体にかかる力についても，大きさだけではなく，どの向きかということが大事です．そこで外力も，ベクトル $\vec{F}$ を用いて表します．F は力（force）の頭文字です．外力が時刻 t に依存して変化する場合は $\vec{F}(t)$ と書きます．外力と加速度が比例するという**運動方程式**で第二法則を述べると次のように表されます．

運動の第二法則　外力が $\vec{F}(t)$ のとき $\vec{F}(t) = m\vec{r}''(t)$.

物が動いているときに，後ろから押すとその方向に加速するし，横向きに押せば動く方向が変化します．また，強い力ならば影響は大きく，同じ力をかけるならば軽い物体の方が影響が大きい，という性質もあります．これらのことを 1 つの数式で書き表しているのが $\vec{F}(t) = m\vec{r}''(t)$ という運動方程式です．

ここに現れる比例係数 m を**質量**とよびます．質量は少し抽象的な概念ですが，この運動方程式が質量を定義していると考えることもできます．すなわち，同じ力を与えても，その物体が「どっしりとした存在か，吹けば飛ぶような存在か」によって力の効果（加速度）は異なります．力を及ぼしても「簡単に

は影響されない度合い」(質量) が物体そのものに内在しており，その値は物体に及ぼした力と加速度を計測すれば，比例係数として算出できるということも，運動方程式で表現した「運動の第二法則」の主張の一部です．「重さ」は無重力の宇宙空間や月面上では異なりますが，「どっしりとしている度合い」である質量の値は同じであると考えるのです．なお，測定場所を固定すれば重力加速度 g も決まり，重さを測れば「重さ = 質量 $\times g$」という等式から，質量も算出できることになります．

もう一度，第二法則を整理すると，同じ物体に対しては，強い力をかければかけるほど，加速度は比例して大きくなる．一方，重い物体を動かしたければ，その重さ (正確には質量) に比例した力が必要だということを運動方程式として表したわけです．

ニュートンの『プリンキピア』以降，運動法則の定式化は変遷が続いたのですが，上述のように運動方程式を用いて定式化した場合は第二法則から第一法則を数学的に導くことができます．

たとえば 2 次元の運動では，時刻 t におけるこの物体の位置を座標表示して $\vec{r}(t)=(x(t), y(t))$ とし，速度 $\vec{r}'(t)$ を $(u(t), v(t))$ と表すと，$u(t)=x'(t)$, $v(t)=y'(t)$ です．一方，速度の微分が加速度ですので，第二法則は

$$\vec{F} = m(u'(t), v'(t)) \tag{4.40}$$

と同じことです．外力がない，すなわち $\vec{F}=\vec{0}$ の場合の第二法則 (4.40) は

$$(0,0) = m(u'(t), v'(t))$$

と表されます．質量 m は 0 でない正の数ですから，$u'(t)=v'(t)=0$ がすべての t に対して成り立ちます．第 4.3.4 項で述べた定理「微分が恒等的に 0 ならばその関数は定数である」から，$u(t), v(t)$ はそれぞれ時刻 t によらない定数となります．この定数を順に a, b と書くことにします．$u(t)=x'(t)$, $v(t)=y'(t)$ であることを思い出すと，$x'(t)=a$, $y'(t)=b$ となります．これは (4.29) で扱った微分方程式です．その解は $x(t)=at+x(0)$, $y(t)=bt+y(0)$ となり，この物体の時刻 t における位置は

$$\vec{r}(t) = (x(t),\ y(t)) = t(a, b) + (x(0),\ y(0))$$

という形で表せることがわかりました．すなわち，$t=0$ のときに出発点として $(x(0), y(0))$ を通り，ベクトル (a, b) に平行な直線上を一定の速度 (a, b) で動くので，この物体は「等速直線運動」をすることになります．したがって運動の第二法則(運動方程式)から，第一法則が導けました．(なお，第一法則の意義は運動法則が成り立つ系「慣性系」を定めたところにあるという解釈もあります．)

4.7.2　2 階微分を体で感じる

「微分を感じる」という例をさらに考えてみましょう．たとえば電車に乗っている人は，そもそもいま自分がどこにいるのか，電車が直進しているのか，カーブを曲がっているのか，スピードを上げているのか，知ることができるでしょうか．

まず，現在の位置というのは，GPS などの衛星測位システムも使えない状態で自分で判断しようとすると実は難しい．見知らぬ場所だと，周りの風景を見ても現在地は把握しにくいでしょう．

一方，位置ではなく速度の場合，周りの風景の変化を通じて，多少は目で感じ取ることができます．しかし，近くの風景は速く通り過ぎ，遠くの風景はゆっくり動くため，見えている風景との距離がわからないと，速度を割り出すことは難しいでしょう．たとえば，飛行機に乗っているとき，‘風景を眺める’ だけでは，その正確なスピードはよくわかりません．

ところが，加速度は，位置や速度とは異なり，風景を見なくても感じることができます．たとえば，電車が発進したりあるいはブレーキをかけたりすると，体が傾きますし，急カーブを曲がるときも体が傾きます．これは，運動の第二法則に基づく加速度に起因した力です．

そこで，周りの風景が見えないときに，乗っている電車の進行について何が割り出せるかを考えてみます．電車のつり革は固定式でなければ斜めに傾くことがあります．ここでは設定を単純化して，つり革は自由に動き，電車は一定の加速度で速度を上げながらまっすぐに進んでいると仮定して，次の問いを考

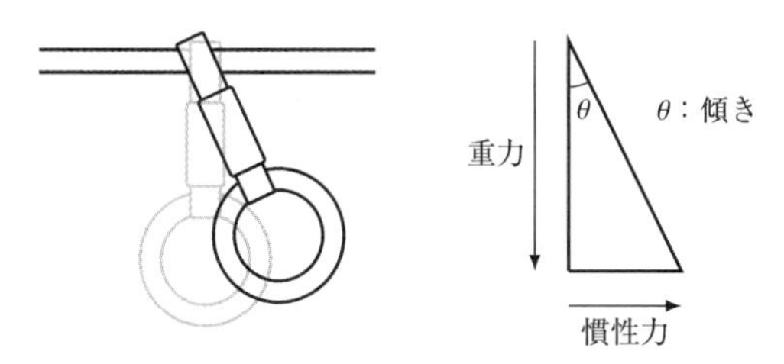

図 4.17　つり革の傾きと 2 つの力の足し算

えます．

> **問題 1**　電車が発車して 30 秒間，つり革が 5° 傾いていたとする．このとき電車の速度は時速何 km か？　また 30 秒間での走行距離は何 m か？

答えは，おおよそ時速 90 km，走行距離は 400 m くらいになります．今は，どんな場面で 2 階微分を感じ，そこからどんな情報をどのように引き出せるのかという原理をつかんでいただければ十分なのですが，計算方法が気になる方もいらっしゃると思うので，そのアイディアを説明します．

電車の中のすべての物体には 2 つの力がかかっています．1 つは重力です．もう 1 つは，電車に乗っている人から見ると，電車の加速度と逆向きの力(慣性力とよばれる見かけの力)です．重力と慣性力の合成の結果，つり革が傾くと考えるのです(図 4.17)．今の問いでは，図 4.17 の傾き θ は 5° です．力は加速度に比例するという運動の第二法則から，

$$\frac{\text{電車の加速度}}{\text{重力加速度}} = \tan 5^\circ \tag{4.41}$$

が成り立ちます．分母の重力加速度は，第 4.3.2 項で出てきたように，真空中で物体が落下するときの加速度で，長さの単位をメートル(m)，時間の単位を秒(s)とすると，$g \fallingdotseq 9.8\,\mathrm{m/s^2}$ です．(4.41)の分母を払うと，

$$\text{電車の加速度} = 9.8\,\mathrm{m/s^2} \times \tan 5^\circ$$

となります．ここで $\tan 5^\circ \fallingdotseq \frac{\pi}{180} \times 5$ であること(第 4.6.4 項)を使うと，

$$\text{電車の加速度} \fallingdotseq 9.8\,\mathrm{m/s^2} \times \frac{\pi}{180} \times 5 \fallingdotseq 0.86\,\mathrm{m/s^2}$$

がわかりました．第6章でお話しする微分積分学の基本定理を使うと，加速度がわかれば，速度や位置は積分を行うことで求められます．たとえば，もし同じペースで加速を続けると，30秒後の電車の速度はおおよそ

$$0.86\,\mathrm{m/s^2} \times 30\,\mathrm{s} \fallingdotseq 26\,\mathrm{m/s} \fallingdotseq 90\,\mathrm{km/時}$$

となります．同様に，T 秒後の速度 $0.86T$ m/s を $0 \leqq T \leqq 30$ で積分すれば30秒間の走行距離もわかります．ここでは「つり革の傾きから，電車の加速度が割り出せる」ということが計算の土台になったわけです．

さて，電車に乗っていると，直進しているときの加速や減速だけではなく，カーブにさしかかっている，といったことも目をつむっていてもわかるでしょう．これは回転するときに生じる加速度を感じているのです．以下では，見かけが異なるものの，実際には同じ原理の例をいくつか挙げます．また，等速円運動といった簡単なモデルを用いて大まかな計算もしてみましょう．

たとえば，陸上競技やスピードスケートでは，カーブのところで体を少し内側に傾けて走ると安定します．そこでこんな問いを考えてみましょう．

> **問題2**　1周400mの円形トラックを60秒で走るとき，体を傾ける角度は何度にするとよいか？

カーブを走っている人から見ると，体が外に持っていかれる力(この慣性力は遠心力とよばれます)を感じます．一方，体全体をちょっと内側に傾けると，重力のために倒れそうになります．この2つの力のバランスがとれると安定した走りができます．陸上のトラックは円形ではないのですが，問題2では話を単純化しました．半径 R の円周で速さ v の等速円運動では(4.38)で計算したように，

(4.42)　加速度ベクトルは，中心に向かう大きさが $\dfrac{v^2}{R}$ のベクトル

です．運動の第二法則で見たように，力は加速度ベクトルに由来しています．

2つの力のバランスの条件を加速度ベクトルで表すと，

(4.43)　　(重力加速度)$\times \tan \theta^\circ$ = 円運動の加速度の大きさ$\left(= \dfrac{v^2}{R}\right)$

となります．ここで体を傾けた角度をθ°としました．(4.43)の右辺は，走る速さvが同じならば，半径Rが小さくなるほど大きくなります．これは，急カーブを走るときは，もっと体を傾けないと体が外に持っていかれることに対応しています．

(4.43)からθ°を概算しましょう．右辺に速さ$v = 400\,\mathrm{m}/60\,\mathrm{s} \fallingdotseq 6.67\,\mathrm{m/s}$，半径$R = 400\,\mathrm{m}/2\pi \fallingdotseq 63.7\,\mathrm{m}$を代入し，左辺では重力加速度がおおよそ$g = 9.8\,\mathrm{m/s^2}$であることを代入すると，釣り合いの等式(4.43)は次のようになります．

$$9.8\,\mathrm{m/s^2} \times \tan \theta^\circ \fallingdotseq \frac{(6.67\,\mathrm{m/s})^2}{63.7\,\mathrm{m}}$$

θが小さいときは$\tan \theta^\circ$は$\dfrac{\pi}{180}\theta$で近似できることを使うと，これを解いて$\theta^\circ \fallingdotseq 4^\circ$となります．実際に走る場合は，人体は棒ではなく，また走るときは左右の足の蹴りを最大化することを考慮しなければいけないのですが，話を単純化したときの近似としては，問題2の状況では体全体をおおよそ4°傾けるとよいことになります．

次に，半径Rがうんと大きい例として人工衛星を考えます．

問題3　地球の低軌道を周回する人工衛星は，どの程度の速度か？

人工衛星が地球に落下せずに周回できるのも，ひもに物をつけてグルグル振り回すとき，そのひもをしっかりと持って引っ張る力をコントロールすれば回転を安定させられるのも同じ原理です．人工衛星にはひもはついていませんが，重力がひもを引っ張る力の役割を担います．したがって人工衛星が落下せず，安定して周回する条件は

人工衛星の周回の加速度の大きさ = 重力加速度

という釣り合いの式が成り立つことです．話を簡単にするために人工衛星が地球の中心から距離Rの円周上を一定の速度vで飛んでいるとすると，左辺は

$\dfrac{v^2}{R}$ です．重力加速度を g と表すと，$\dfrac{v^2}{R}=g$ から $v=\sqrt{Rg}$ となります．いま，人工衛星が地表すれすれで仮想的に周回するとし，$R=$地球の半径 としたときの速度 $v=\sqrt{\text{地球の半径}\times g}$ を**第一宇宙速度**と言います．地表では $g \fallingdotseq 9.8\,\mathrm{m/s^2}$ でした．一方，地球の半径 R はどのくらいでしょうか．

第 2.2.2 項でも触れたように，メートル（m）という単位は距離の単位を国際的に統一する目的で地球のサイズを基準にして定められ，北極から赤道までの距離はほぼ $10^7\,\mathrm{m}$ となります．ですから地球の半径は $R \fallingdotseq \dfrac{4\times10^7\,\mathrm{m}}{2\pi} \fallingdotseq 6.4\times 10^6\,\mathrm{m}$ であり，求める初速度は

$$v \fallingdotseq \sqrt{6.4\times10^6\,\mathrm{m}\times9.8\,\mathrm{m/s^2}} \fallingdotseq 7900\,\mathrm{m/s}$$

とわかりました．秒速 7.9 km というと常温での空気中の音速（秒速 340 m くらい）の約 23 倍ですね．なお，低軌道を周回する人工衛星では，空気の抵抗による衛星の減速を極力防ぐため，空気が十分薄い 200 km 以上の高度をとりますが，このときは重力加速度 g が地上での値より小さくなり，衛星の周回速度は第一宇宙速度よりも少し小さくなります．

同じ原理で別の例を考えてみましょう．精密な体重計を購入すると，最初の設定で使う地域を入力するようになっています．地球の自転の速度を比べると，沖縄の那覇は北海道の札幌よりも 20% 以上速く，こういった自転による加速度の差が体重の測定に影響するのです．とは言っても，場所によって体重の測定値が 2% も 3% も違うならば，たとえばオリンピックの記録にも影響するはずですが，この差はそんなに大きくありません．話を単純化して自転の影響を見積もってみましょう．

問題 4　北極で 1 トンの物体は赤道ではどのくらいの重さになるか？

1 トンというと約 $1\,\mathrm{m^3}$ の水の重さですね．地球の自転による加速度に注目してみましょう．赤道では自転による加速度から生じる慣性力（遠心力）の影響を受けます．一方，北極では自転の影響がないと考えられます．この差異を概算してみます．1 日は $60\times60\times24=8.64\times10^4$ 秒 なので，赤道では地球の中心から見た角速度 ω は弧度法で $\dfrac{2\pi}{8.64\times10^4}\,/\mathrm{s}$ となり，地球の半径 R として，先

ほど用いた値 $R \fallingdotseq \dfrac{4\times10^7}{2\pi}$ m を使うと，地球の自転による加速度は赤道において

$$R\omega^2 \fallingdotseq \frac{2\pi\times4\times10^7}{8.64^2\times10^8}\ \mathrm{m/s^2} \fallingdotseq 0.034\ \mathrm{m/s^2}$$

となります．この値は重力加速度 9.8 $\mathrm{m/s^2}$ の約 0.34% です．

したがって，地球の自転の影響によって，北極よりも赤道の方が物体は約 0.3% 軽くなります．なお，地球は完全な球形ではなく，赤道半径の方が極半径よりも大きいため，実際には，赤道の方が北極よりも約 0.5% 軽くなり，1 トンの物体ですと約 5 kg の差が出ます．なお，重力加速度は地中の物質の密度にも影響されるので，同じ緯度でもその値は多少異なります．

最後に同じ原理で別の例をもう 1 つ考えます．ハンマー投げは約 120 cm の長さのワイヤーがついている鉄球を回転運動を使って投げる競技です．トップアスリートだと，7.26 kg くらいのハンマーを 80 m くらい遠くまで投げます．これを投げるときのワイヤーにかかる張力を概算してみましょう．

> **問題 5**　時速 110 km の初速で鉄球を投げたとき，ワイヤーにかかる張力はどの程度か？

鉄球の初速が時速 110 km というのは，秒速 30 m くらいです．ハンマー投げは重心も少し動き単純な円運動ではないのですが，ここではおおよその近似として，等速円運動の加速度の公式(4.38)を使って計算してみましょう．また，ハンマーの質量 7.26 kg にはワイヤーの部分も含まれますが，仮想的に鉄球に 7 kg の質量が集中しているとします．そうすると体が受ける力は運動の第二法則（運動方程式）より

$$\text{質量}\times(\text{円運動の加速度の大きさ}) = 7\ \mathrm{kg}\times\frac{v^2}{R}$$

となります．回転の半径 R は体の大きさによって異なります．ここではワイヤーの長さを考慮して 2 m とします．鉄球の初速は $v=30$ m/s としましょう．そうすると右辺は

$$7\,\mathrm{kg}\times\frac{(30\,\mathrm{m/s})^2}{2\,\mathrm{m}}=3.15\times10^3\,\mathrm{N}$$

になります．Nは力の単位ニュートン$\mathrm{N=kg\cdot m/s^2}$で，1Nは1kgの質量をもつ物体に$1\,\mathrm{m/s^2}$の加速度を生じさせる力です．たとえば体重が100kgの選手ならば，身体にかかる重力は$9.8\,\mathrm{m/s^2}\times100\,\mathrm{kg}\fallingdotseq10^3\,\mathrm{N}$です．したがって，ハンマーを投げるとき，体重の3倍以上の張力を支える必要があります．

さて，鉄球の飛距離は投射角と初速で決まります．ところが，(4.38)を見ると，投射角と初速vが同一でも，体が小さい(回転半径Rが小さい)と負荷が大きくなります．これは単純化した数理モデルであり，おおよその特性しか推定できませんが，同じ飛距離を出す場合でも体の小さい方が大きな負荷が身体にかかるというのは瞠目(どうもく)に値します．しかも，その負荷を小さな体で支えることを考えると，何か工夫をしないと普段の練習でも腰痛など身体の故障が起こる可能性が高くなりそうです．こう思って実際に運動選手の体格を調べると，陸上競技の競走ですと小柄な選手も世界で活躍しているのとは対照的に，ハンマー投げでは世界のトップレベルの選手はやはり大柄な選手の割合が高いようです．

問題1〜5では，‘力’として「2階微分を感じる」さまざまな場面を考察し，(主要因を単純化したモデルで)その大きさを推定してみました．また主要因以外の影響についても少し注意喚起しました．

4.8　近似と誤差

日常生活や社会活動のさまざまな場面で適切な概算ができると，何かを判断するときの大きな助けになります．しかし，「概算できた」と信じている値が真の値とかけ離れていることも起こりえます．概算が役立つか，あるいは危ない判断につながるかは，誤差を把握できるかどうかにかかっています．

「誤差」はやむをえないとしても，最悪の誤差を論理的に見積もるのが「誤差評価」です．「誤差の範囲内で」という漠然とした言葉ではなくて，たとえば「10% 以内の誤差」というように，客観的に精度を評価したいわけです．

真の値がわからないと誤差がわかるはずがない，と諦めてはいけません．真の値は知らないけれども，推論のすべてのステップにおいて誤差の要因を多め多めに見積もって，最悪でも誤差はこれ以下だと論証できる場合があります．ここでは，一見すると当たり前に見える「存在定理」が姿形を変えて，誤差の「兆候」を定量的にとらえ，厳密な誤差評価の論理に役立つことを紹介します．

さて，曲線を局所的に近似する場合，接線で近似するのが，最初のステップになります．次のステップとして，接線からの乖離(かいり)を正確に知りたいわけです．たとえば道路が急カーブしているときは，直線ではなく円弧で近似する方がより正確になります．高速道路や山道のカーブの警戒標識の下に「R＝300 m」といった数字が書いてあることがありますが，この数字はカーブを円弧近似したときの半径(radius)を表しています．関数のグラフの各点でその曲がり方を表す円弧の半径を求めるのには 2 階の微分を使います．実用上は 1 階微分と 2 階微分を用いると，多くの場合，局所的に十分良い近似ができますが，それでも微小な乖離は生じます．この微小な誤差は 3 階微分を使うと評価できるのです．これを続け，1 階微分だけではなく 2 階，3 階，… と高階の微分を用い，必要な精度を実現するためには近似をどのように行えばよいかを指し示すのが**テイラー展開**とその「剰余項」です．この節では簡単な具体例で使い方を学びながら，そのポイントをお話ししましょう．

なお，誤差評価を行う際には，範囲をきちんと意識する必要があります．翌日の天気が予測できても，1 か月後の天気予報は難しい．坂道の勾配を見て 100 m 先の高低差は推測できても，10 km 先の高低差はわかりません．以下の議論ではどの範囲で誤差評価を行っているかにも注意を払ってみてください．

4.8.1　誤差と誤差率

測定値や何らかの概算値(ここではまとめて「測定値」とよぶことにします)が真の値とどのくらい異なるかを第 2.4 節では誤差 =|測定値−真の値| という絶対量で表しました．一方，相対的な比率として定義される

$$\text{誤差率} = \left|\frac{\text{誤差}}{\text{真の値}}\right| = \left|\frac{\text{測定値} - \text{真の値}}{\text{真の値}}\right|$$

も大事な視点です．この値が 0.01 未満ならば，誤差率は 1% 未満というわけです．なお，実用上は，分母を「測定値」に取り換えた

$$P = \left|\frac{\text{誤差}}{\text{測定値}}\right| = \left|\frac{\text{測定値} - \text{真の値}}{\text{測定値}}\right|$$

で代用することもあります．P が小さいときは誤差率として代用できることを確認しましょう．たとえば，

$$P < \frac{1}{101} \text{ ならば誤差率は } 1\% \text{ 未満} \tag{4.44}$$

が成り立ちます．実際，$t = \dfrac{\text{真の値}}{\text{測定値}}$ とおくと，定義よりそれぞれ $P = |1-t|$，誤差率 $= \left|\dfrac{1-t}{t}\right|$ と書き表せます．ところが，$P < \dfrac{1}{101}$ ならば $t \geqq 1 - |1-t| > \dfrac{100}{101}$ なので誤差率 $= \left|\dfrac{1-t}{t}\right| < \dfrac{1}{100}$ となり，確かに(4.44)が成り立ちます．

誤差というのは，真の値がわからないと正確に評価ができないように思えますが，真の値がわからなくとも何か別の情報や論理から，誤差を「上から評価する」すなわち，「誤差が〜以下である」という形の評価式が得られることがあります．ここでは「誤差が生じるならば，その兆候が高階の微分のどこかに現れるはずだ」というアイディアを活用して誤差評価を考えることにします．

4.8.2 弧長の近似と誤差評価

まず簡単な例として，扇形の弧と弦の長さを比較してみます．

円周の一部である曲線を**弧**あるいは円弧と言うのに対し，図 4.18 のように弧の両端を結んだ線分を**弦**と言います．そうすると，弦より弧の方が長いですね．図 4.18 の左ですと弧の長さは弦よりも 1% くらい長いのですが，目分量ではわかりにくいかもしれません．そこで，こんな問題を考えます．

> **問題**　弧長を弦の長さで代用したとき，誤差率が 1% 未満となるような扇形の中心角 θ の範囲を概算せよ．

誤差率の定義に戻って式で書くと

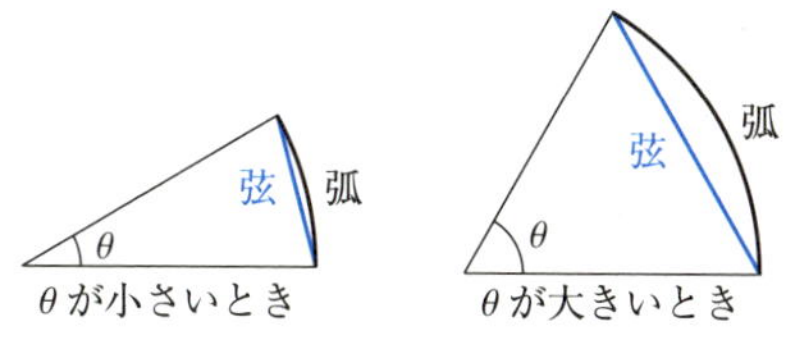

図 4.18　扇形の弧と弦

$$\left|\frac{\text{弦の長さ} - \text{弧長}}{\text{弧長}}\right| < 0.01$$

ですが，弧の方が弦より長いことに注意して，この不等式の分母を払うと

$$\text{弧長} \times 0.99 < \text{弦の長さ} \tag{4.45}$$

となります．(4.45)が成り立つ扇形の中心角 θ のおおよその範囲を求めよう，という問題です．答えを知るのが目的ではなく，答えにいたるまでの道筋と誤差評価につながる考え方をゆっくりと検討するのが狙いです．

まず，角度 θ が小さいときは，弦の長さは弧長のほぼ 1.00 倍で，角度が開いていくと，どんどん差が開いていく．図 4.18 の左側と右側を見比べると，そのことが感じられると思います．ですから，問題の答えは，角度 θ が十分小さいときだろうと推測されます．

長さの比を考えているだけなので半径は何でもよいのですが，以下では円の半径は 1 としましょう．

ためしに，$\theta = 60°$ だったらどうなるかを考えてみましょう．このときは 2 つの半径と弦のつくる三角形が正三角形になります(図 4.19)．正三角形ですから，

$$\text{弦の長さ} = 1$$

となります．60° の円弧の長さはというと，円周の長さが 2π なので，

$$\text{弧の長さ} = 2\pi \times \frac{60°}{360°} = \frac{\pi}{3}$$

となります．よって，弦の長さと弧の長さの比率は

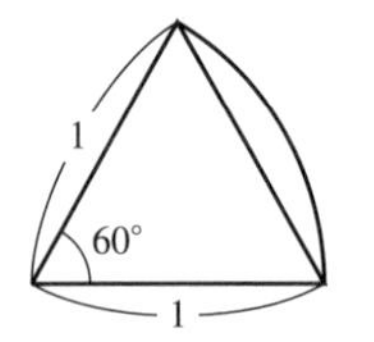

図 4.19　中心角が 60° の扇形

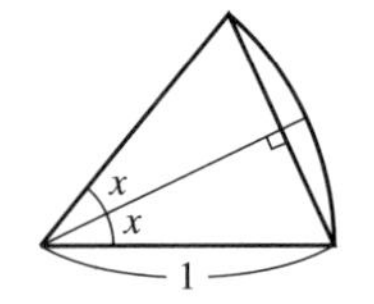

図 4.20　中心角が $2x$ の扇形

$$\frac{\text{弦の長さ}}{\text{弧長}} = \frac{3}{\pi} \fallingdotseq \frac{3}{3.1416} = 0.954\ldots$$

となり，4〜5% くらい弦の方が短いということになります．

ですから，弧長を弦の長さで代用したときに誤差率が 1% 未満であるような中心角は 60° よりはかなり小さいだろうと見当がつきます．

一般の扇形を考えます．中心角を θ とし，$\theta = 2x$ とおきましょう．度数法ではなくて弧度法を使うと，弧の長さは角度そのものなので

$$\text{弧長} = \theta = 2x$$

となります．一方，弦の長さはどうなるかというと，中心角を 2 等分する線を引くと，この直線は弦と直角に交わります(図 4.20)．長さ 1 の斜辺と角度 x がつくる直角三角形に注目すれば，

$$\text{弦の長さ} = 2\sin x$$

がわかります．よって(4.45)という条件は，$2x \times 0.99 < 2\sin x$，すなわち，

$$0.99 < \frac{\sin x}{x} \tag{4.46}$$

と表せます．いま，この $\sin x$ に

$$\sin x \fallingdotseq x - \frac{x^3}{6} \tag{4.47}$$

という近似を用います．右辺は $\sin x$ のテイラー展開(4.39)を途中で打ち切った多項式です．この節では，まずは(4.47)が精度の高い近似式であることを信じて(4.46)に代入してみます．そうすると

$$0.99 < \frac{\sin x}{x} \fallingdotseq \frac{x - \frac{1}{6}x^3}{x} = 1 - \frac{x^2}{6}$$

となります．この式の左端と右端を比べると，ほぼ

$$x^2 < 6 \times (1 - 0.99) = 0.06$$

という条件になります．$\theta = 2x$ ですから，角度 θ の条件は

$$\theta = 2x < 2 \times \sqrt{0.06} = \frac{\sqrt{6}}{5} \quad \text{（弧度法）}$$

となります．弧度法で $\sqrt{6}/5$ 未満と言われても，実感がわきませんので，度数法に直してみましょう．$\sqrt{6} > 2.4$，$\pi < 3.2$ を使って粗く計算すると，

$$\frac{\sqrt{6}}{5} \times \frac{360^\circ}{2\pi} > \frac{2.4}{5} \times \frac{360^\circ}{2 \times 3.2} = 27^\circ$$

となるので，27° より小さければ弧度法では $\dfrac{\sqrt{6}}{5}$ 未満になります．

弧長を弦の長さで代用したときの**誤差率**は，上述の概算では，扇形の中心角が 60° でしたら 4〜5% ですが，中心角が 27° より小さければ 1% 未満になるということです．本当にそう言い切ってよいでしょうか？ ここからが本題になります．この概算のために $\sin x \fallingdotseq x - \dfrac{x^3}{6}$ という近似式を用いたわけですが，この近似式から生じる誤差が大きければ，上の議論全体が危ないものになってしまいます．

一般に，ある時点で誤差が生じると，その後の誤差が増幅して予期しない間違いが生じることがあります．したがって，上記の概算が信頼できるとするためには「誤差評価」という別の論理が必要です．「誤差評価」を行う際に用いるトリックが「存在定理」です．「存在定理」は，初めて聞くと抽象的すぎてわかりにくいかもしれませんので，次項で具体例を交えて説明します．「存在定理」から導かれる種々の結果を一般的な形でお話しした後，第 4.9 節で上述の問いに戻り，$\theta < 27^\circ$ という結論がなぜ「信頼できる」かを検証しましょう．

4.8.3 中間値の定理

たとえば今朝7時の気温が22℃で，正午には30℃に上がったとすると，午前中に27℃になる瞬間が必ずある．これが中間値の定理です．「定理」とよぶには当たり前すぎるように見えます．

数学的に書いてみましょう．

> **中間値の定理**　$a \leqq x \leqq b$ で定義された連続関数 $f(x)$ を考える．$f(a)$ と $f(b)$ の間にある勝手な実数 T を1つ選ぶ．このとき，$f(c)=T$ となる実数 c が a と b の間に必ず存在する．

このように書くと抽象的でわかりにくいですね．そこで $f(x)$ が時刻 x における気温の場合に戻って，中間値の定理を読み直します．気温は時刻が経過するとともに連続的に動くので，$f(x)$ は連続関数です．いま，a が7時のとき気温は $f(a)=22$℃，b が12時のとき気温は $f(b)=30$℃ とします．$T=27$ は $22 \leqq T \leqq 30$ を満たしています．そうすると，中間値の定理は $f(c)=27$℃ となる時刻 c が a (=7時) と b (=12時) の間に必ず存在する，ということを言っています．

正午直前になってから気温が急に上がったかもしれないし，朝早くに気温が上がっていたかもしれない．いつかはわからないけれども，27℃になる瞬間があったのは確かである．こういうタイプの定理を**存在定理**と言います．7時から正午まで，一度も温度計を見ていなくても，その間の情報が皆無ではないということです．

当たり前のことを大げさに言っているように見えるかもしれません．「どこかに存在する」というだけでは無責任かもしれません．ところが，そんな存在定理も役に立つ場面があるのです．探し物をするときでも「この部屋にあるかどうかがわからない」と思って探すのと，「この部屋にあることは確実だ」と信じて探すのでは大きな差があるでしょう．どこかには確実に存在するという存在定理はもどかしく見えますが，上手に使うと，名探偵の推理のように決定的な証拠になることがあります．前項では弧長と弦の長さを比べるために

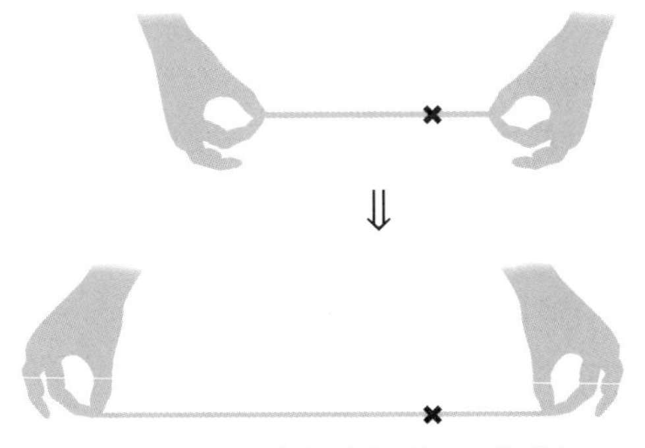

図 4.21　ゴムひもを両手に持って伸ばす

$\sin x$ の近似多項式として $x-\frac{x^3}{6}$ を用いましたが，この近似の誤差評価という難しそうな問題にも，当たり前に思える存在定理が役立つのです．これは不思議に思われるかもしれません．「ただ存在する」ということから，何が導き出せるのか，身近な具体例をもう少し見てみましょう．

朝 7 時に気温が 22℃ でお昼に 30℃ だとすると，その間に 27℃ になる瞬間があるというのは，わざわざ言うまでもないことに見えますが，本質的に同じことでも少し形を変えると，ちょっと不思議に思えることもあります．

たとえば 1 本のゴムひもを両手で持って，左右にパッと引っ張るとします（図 4.21）．そうすると，最初にあったゴムひもの中で，まったく動かない点が必ず存在します．左右均等に引っ張れば，真ん中の点が動かないはずですが，左右均等に引っ張らなくても必ず動かない点があるというのは，ちょっと不思議ではないでしょうか．しかし，これは気温の例と本質的に同じ話です．

動かない点があることを保証する定理を**不動点定理**と言います．トポロジーという数学分野におけるブラウワーの不動点定理は，「コップの中で水をかきまぜたとき，2 つの時刻において同じ位置にある粒子が必ず存在する」といった定理です．不動点定理は存在定理の一種です．「どこに不動点があるのか」は明示しませんが，「どこかにある」ことを保証するのです．経済学やゲーム理論でも，均衡した状態がどこかに存在するということが，不動点定理から説明できることがあります．

元に戻って，ゴムひもを持って伸ばしたときに動かない点があるということを，中間値の定理から説明しましょう．

ゴムひもを数直線上に置き，左端と右端の座標をそれぞれ a, b とします．ゴムひも内のある点の座標を x とすると $a \leqq x \leqq b$ です．両手の間隔を広げたとき，この点の行き先の座標を $g(x)$ としましょう．両手の間隔を広げると，左手は元の位置よりも左に動くので，$g(a) < a$ です．また，右手は元の位置よりも右に動くので，$g(b) > b$ です．そこで，$f(x) = g(x) - x$ とおくと，次の不等式が成り立ちます．

$$f(a) = g(a) - a < 0$$

$$f(b) = g(b) - b > 0$$

そうすると，中間値の定理より，$f(c) = 0$ となる c が a と b の間に存在する．ところが $f(c) = 0$ というのは，$g(c) = c$，つまり動かした後の座標 $g(c)$ と元の座標 c が一致するということなので，c は不動点です．こうして手を広げたとき，ゴムひもの中で動かない点が必ず存在することがわかりました．

ゴムひもを左右にパッと伸ばしたときに動かない点があるという話と，27℃になった時刻が午前中にあったはずだということは，見かけは異なりますが，いずれも中間値の定理の具体例というわけです．

4.8.4　平均値の定理

次に微分を含んだ存在定理をお話ししましょう．中間値の定理に似ていますが，平均値の定理という名前がついています．

平均値の定理　$f(x)$ は $a \leqq x \leqq b$ で定義された関数で，微分可能とする．このとき

$$f'(c) = \frac{f(b) - f(a)}{b - a} \tag{4.48}$$

となる c が a と b の間に存在する．

点 P の座標を $(a, f(a))$，点 Q の座標を $(b, f(b))$ とすると，(4.48)の右辺は線

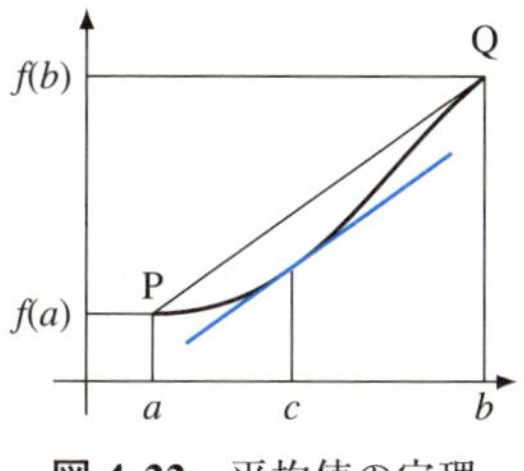

図 4.22 平均値の定理

分 PQ の傾きです．左辺の $f'(c)$ は接線の傾きなので，線分 PQ と平行な接線が必ずある，というのが平均値の定理です (図 4.22)．これも存在定理です．

オリンピックの 100 メートル競走で，ぴったり 10 秒で走った選手の 10 秒間の平均速度は秒速 10 m (= 時速 36 km) ですが，この平均速度は線分 PQ の傾きに対応します．もちろん，この選手は 10 秒間同じスピードで走っているわけではありません．スタート直後からだんだん加速し，ゴール近くでは多少減速するでしょう．加速や減速の数値はわからなくても，ぴったり時速 36 km になった瞬間がこの 10 秒間の中で必ず存在することは保証するというのが，平均値の定理の意味です．

同じ原理の例をもう 1 つ挙げましょう．自動車を運転していて，制限時速をオーバーすると速度違反の反則切符を切られることになります．たとえば 2 地点間の距離を 100 m とし，1 台の車が 3 秒間で通過したとしましょう．これだけのことから，この区間のどこかでは時速 120 km で走ったことが導かれます．数式で書いてみましょう．

いま，まっすぐな道路を走っている車が，時刻 x で $f(x)$ という位置にいるとします．時刻 a から時刻 b の差が 3 秒で，走行距離は 100 m です．そこで

$$
\begin{aligned}
b-a &= 3 \qquad && \text{秒} \\
f(b)-f(a) &= 100 \qquad && \text{m}
\end{aligned}
$$

として平均値の定理を用いると，

$$
f'(c) = \frac{100}{3}\ \text{m/秒} = \frac{100}{3} \times \frac{60\times 60}{1000}\ \text{km/時} = 120\ \text{km/時}
$$

となる c が存在します．たとえ時刻 a と時刻 b で制限速度を守っていたとしても，その途中で速度違反をしたという事実は隠せないわけです．

次の定理は，第 4.3.4 項ではいくつかの具体例を通して直観的につかみ，また第 4.5.3 項では微分方程式という観点でお話をしたものです．

定理　$f'(x)=0$ がすべての x で成り立てば関数 $f(x)$ は定数である．

ここではこの定理が，平均値の定理から導かれることを確かめましょう．実際，$f'(x)=0$ がすべての x で成り立てば，平均値の定理における(4.48)の左辺が 0 となるので，その右辺 $=0$ すなわち $f(a)=f(b)$ がすべての実数 a, b に対して成り立つことがわかります．ですから $f(x)$ は定数となるわけです．

それでは，平均値の定理はなぜ成り立つのでしょうか？ 図 4.22 のように，図を見ればなんとなく納得できそうです．また，「閉区間上の連続関数が最大値・最小値をとる」ことを用いると，第 4.1.2 項の定理から平均値の定理を導くこともできます．実際，

$$g(x) = f(x) - Ax, \quad A = \frac{f(b)-f(a)}{b-a}$$

とおくと，$g(x)$ は $a \leqq x \leqq b$ で最大値・最小値をとります．一方，A の選び方から $g(a)=g(b)$ がわかります．したがって $g(x)$ の最大値または最小値のうち，少なくとも一方は $a \leqq x \leqq b$ の両端 a, b とは異なる点 c で実現されます．そうすると，$a<c<b$ なので第 4.1.2 項の定理から $g'(c)=0$ となります．$g(x)=f(x)-Ax$ でしたので $g'(x)=f'(x)-A$ です．したがって，$g'(c)=0$ より $f'(c)-A=0$ となり，これで平均値の定理が示されました．

中間値の定理（第 4.8.3 項）は，微分は無関係で，連続関数のとる値に関する存在定理です．ここでお話しした平均値の定理は，1 階の微分に関する存在定理です．もう一歩踏み込んで，2 階の微分，3 階の微分に対する存在定理を考えていくと次節で述べるテイラー展開の定理になります．

4.9 テイラー展開と剰余項

関数のグラフなどの曲線を局所的に‘近似’するのにもっとも簡単なのは直線を用いることです．方程式でいえば1次式ですが，多くの場合には，これだけで局所的には十分な情報が得られます．しかし，もう少し精密なことを知りたいこともあるでしょう．こういうとき，2次式や3次式，あるいはもっと高次の多項式を用いると，近似の精度が上がることが期待できます．しかし，それでも何らかの誤差は出てくるものです．近似に使う高次の多項式を主要項と見なしたとき，誤差項に相当するのが「剰余項」です．この剰余項は存在定理の形で表されるのですが，上手に用いると，誤差は最悪でもこの程度だという論理に使えます．

まずは一般的な形で定理を述べ，その後で具体例を見ることにします．

定理（テイラー展開と剰余項）　$f(x)$ は $a \leqq x \leqq b$ で定義され，何回でも微分できる関数とする．自然数 n を1つ選ぶ．このとき，

$$f(b) = \overbrace{f(a) + f'(a)(b-a) + \frac{f''(a)}{2!}(b-a)^2 + \cdots + \frac{f^{(n)}(a)}{n!}(b-a)^n}^{\text{主要項}} \\ + \underbrace{\frac{f^{(n+1)}(c)}{(n+1)!}(b-a)^{n+1}}_{\text{剰余項}}$$

となる c が a と b の間に存在する．

この定理も存在定理の1つです．普通の関数は「何回でも微分できる」という仮定を満たすので，この定理を適用することができます．

この定理には少し長い式が現れていますが，最後の項を注意して見てください．最後の項の分子は $f^{(n+1)}(c)$ となっており，c という実数はここだけに現れています．a も b も最初に与えられた数なので，最後の項以外は計算できるわけです．ところが，最後の項に現れる c は，a と b の間に**存在する**としか言っていないので，実際の値はわからない．この最後の項を**剰余項**と言います．

証明は最後に回して，そもそもこの定理が何を言っているかということを考えてみましょう．

$n=0$ の場合は，平均値の定理そのものです．

例（テイラー展開と剰余項，$n=0$ の場合）

$$f(b) = f(a) + \frac{f'(c)}{1!}(b-a)$$

となる c が a と b の間に存在する．言い換えると，

$$\frac{f(b)-f(a)}{b-a} = f'(c)$$

となる c が存在する．これは平均値の定理そのものである．

テイラー展開とその剰余項の定理において $n=1,2,3,\cdots$ とすると近似の精度が高くなります．次の命題の証明を通して，$n=2$ の場合にこの定理の使い方を見ましょう．

命題　扇形の中心角が $27°$ より小さければ，その弧の長さを弦の長さで代用しても，誤差率は 1% 未満である．

第 4.8.2 項では粗い概算で上の命題が成り立ちそうだという推定をし，それと同時に $\sin x \fallingdotseq x - \frac{1}{6}x^3$ という近似から生じる誤差が大きければ，この概算の議論が破綻しうるという注意喚起をしました．ここでは $n=2$ の場合の剰余項の定理から誤差評価を導き，命題を論理的に証明します．

少し準備をしましょう．$n=2$, $a=0$, $b=x$ の場合にテイラー展開と剰余項の定理を書き下すと

$$f(x) = \underbrace{f(0) + f'(0)x + \frac{f''(0)}{2}x^2}_{\text{主要項}} + \underbrace{\frac{f'''(c)}{3!}x^3}_{\text{剰余項}}$$

となる c が 0 と x の間に存在するという主張になります．$f(x)=\sin x$ とすると，$f(0)=0$ であり，

$$f'(x) = \cos x \qquad f'(0) = 1$$
$$f''(x) = -\sin x \qquad f''(0) = 0$$
$$f'''(x) = -\cos x$$

となります．したがって次のことがわかります．

例（$\sin x$ のテイラー展開の剰余項，$n=2$ の場合）

$$\sin x = \underbrace{x}_{\text{主要項}} - \underbrace{\frac{\cos c}{3!}x^3}_{\text{剰余項}}$$

となる c が 0 と x の間に存在する．

この c はただ存在するということしかわからないのですが，c がどんな値でも $|\cos c| \leqq 1$ であることに注意すると，剰余項の次の評価式が得られます．

(4.49)
$$|\sin x - x| = |\text{剰余項}| \leqq \frac{|x|^3}{6}$$

この評価式(4.49)の使い方をお話ししましょう．第4.8.2項と同様に中心角 θ を $\theta = 2x$（弧度法）とすると，度数法で θ が $27°$ より小さければ弧度法で x は 0.24 未満です．命題を示すには(4.46)で述べたように $x < 0.24$ のとき $\dfrac{\sin x}{x} > 0.99$ が示せればよかったのでした．さて，$x > 0$ のとき，$x > \sin x$ に注意すると，(4.49)は

$$\frac{\sin x}{x} \geqq 1 - \frac{x^2}{6}$$

となります．したがって $x < 0.24$ ならば，

$$\frac{\sin x}{x} > 1 - \frac{0.24^2}{6} = 0.9904$$

が成り立ち，命題が証明されました．

この証明を振り返ると，剰余項の記述はどこかに c が存在するという形で与えられるのですが，c が何であっても $|\cos c| \leqq 1$ なので評価式(4.49)が成り立つということが重要なポイントになっています．

一般に‘近似値’を概算したとしても，それが本当に「真の値を近似しているか」を判断するのは難しい問題です．上の例では，誤差評価する手法としてテイラー展開の剰余項を用いました．一方，局所的に近似の精度をもっと上げたいときにも同じ定理が使えます．このときは，テイラー展開の主要項を何項目まで使えばよいか（定理の n をどう選べばよいか）を考慮することになります．

最後に，テイラー展開と剰余項の定理がなぜ成り立つかについて興味のある読者のために，短い証明を紹介しておきましょう．平均値の定理を一般化した次の命題を準備しておきます．

命題　$h(x)$ は $a \leqq x \leqq b$ で定義され，何回でも微分できる関数とし，

$$h(a) = h(b) = 0, \quad h^{(k)}(a) = 0 \quad (1 \leqq k \leqq n)$$

を満たすとする．このとき $h^{(n+1)}(c)=0$ となる c が a と b の間に存在する．

この命題は $n=0$ の場合「$h(a)=h(b)=0$ ならば $h'(c)=0$ となる c が a と b の間に存在する」ということですから，平均値の定理にほかなりません．n が一般の場合の証明は，繰り返して平均値の定理を使って次のように示すことができます．まず，$h(a)=h(b)=0$ なので，$h(x)$ に平均値の定理を適用すると，$h'(c_1)=0$ となる c_1 $(a<c_1<b)$ が存在することがわかります．次に $h'(a)=h'(c_1)=0$ なので，$h'(x)$ に平均値の定理を用いると，$h''(c_2)=0$ となる c_2 $(a<c_2<c_1)$ が存在することがわかります．これを繰り返し，最後は n 階微分 $h^{(n)}(x)$ に平均値の定理を用いると，$h^{(n+1)}(c_{n+1})=0$ となる c_{n+1} $(a<c_{n+1}<c_n)$ が存在します．$c=c_{n+1}$ とおくと，確かに $a<c<b$ であり命題が示されました．

最後に，この命題を用いて関数 $f(x)$ のテイラー展開と剰余項の定理を示しましょう．まず，A を x によらない実数（後で決めます）とし，

$$h(x) := f(x) - \sum_{\ell=0}^{n} \frac{f^{(\ell)}(a)}{\ell!}(x-a)^{\ell} - \frac{A(x-a)^{n+1}}{(b-a)^{n+1}}$$

とおきます．

$$\left(\frac{d}{dx}\right)^k (x-a)^\ell = \begin{cases} \ell(\ell-1)\cdots(\ell-k+1)(x-a)^{\ell-k} & (\ell > k \text{ のとき}) \\ k! & (\ell = k \text{ のとき}) \\ 0 & (\ell < k \text{ のとき}) \end{cases}$$

なので，A が何であっても $h^{(k)}(a)=0$ $(0 \leqq k \leqq n)$ が成り立ちます．そこで $h(b)=0$ となるように，A を

$$A := f(b) - \sum_{k=0}^{n} \frac{f^{(k)}(a)}{k!}(b-a)^k \tag{4.50}$$

と定めます．命題を適用すると，$h^{(n+1)}(c)=0$ となる c が a と b の間に存在するはずです．一方，$h^{(n+1)}(c)=f^{(n+1)}(c)-\dfrac{(n+1)!}{(b-a)^{n+1}}A$ なので，$h^{(n+1)}(c)=0$ から，

$$A = \frac{f^{(n+1)}(c)}{(n+1)!}(b-a)^{n+1} \tag{4.51}$$

がわかります．(4.50) と (4.51) から A を消去すると，

$$f(b) = \sum_{k=0}^{n} \frac{f^{(k)}(a)}{k!}(b-a)^k + \frac{f^{(n+1)}(c)}{(n+1)!}(b-a)^{n+1}$$

となり，テイラー展開とその剰余項の定理が証明されました．

第5章

偏微分——多変数関数の微分

ものごとには通常，単一の要因だけではなく，複数の要因が絡みあっています．さまざまな要因が関係する現象を数量的に分析するためには，1 つの変数だけでなく，複数の変数を含む関数を使います．このようにいくつもの変数があって，それによって値が定まるような関数を**多変数関数**と言います．ちょっと複雑そうに見えますね．

本章のテーマは多変数関数の微分法です．ここで扱う**偏微分**は，多変数関数を局所的に分析する強力な道具となります．

実生活や仕事でも，複数の要因が絡む状況を判断する際には，すべての要因を同時に考えるのではなく，まず 1 つの要因に着目し，次に視点を変えて別の要因を考え，そして，そういうふうに個別に考察した要因を統合して考えることがあるでしょう．

偏微分のアイディアも，そのアプローチに似ています．多変数関数の偏微分は，1 つの変数に注目し，それ以外の変数をいったん固定して定義します．ですから，偏微分の定義自体は前章で扱った 1 変数関数の微分と本質的には同じです．そして，多変数関数の局所的な様子を分析するためには，各変数ごとに得られた偏微分の情報をどのように統合するかが重要です．

また，複数の変数が互いに連関して自由に動けないという状況で何かを分析したいこともあります．これはかなり高度な話題になりますが，本章の最後では変数に制約条件がある場合の極大・極小問題も取り上げます．そこでは「制約条件」そのものにも偏微分を用いて，局所的な分析を行います．

それでは，偏微分の世界をゆっくり見ていきましょう．

5.1 多変数関数の微分をイメージする

数式を用いたきちんとした定義は次節に譲るとして,「多変数関数の微分」とは何をとらえようとしているか, 想像してみましょう. 前章では1変数の関数の場合に「微分を感じる」状況をたくさん挙げました. それらの例を思い出しながら, 多変数関数の場合を考えることにします.

1変数関数では, 時刻を変数とする場合, 微分は時間の経過に対する変化率を表します. 位置の微分は速度, 速度の微分は加速度です. 運動方程式(第4.7節)によれば, 加速度は, たとえば電車が急発進や急停車すると体が傾く, そういう力としても感じていることになります. 豊かになる, 貧しくなる, 飽きがくるというのも時間の経過に対する変化を表しています. 別の言い方をすると, 時刻を変数とする関数の微分や高階の微分は, 微分という数学用語を知らなくても「時が経つときの変化の度合い」として感じられると言えるでしょう. ただ, 時刻だけでは変数が1つしかないので, 多変数関数の微分を具体的にイメージするには不十分です.

一方, 時刻ではなく位置を変数とする場合はどうでしょうか. 1変数関数の場合は, 第4章で坂道の勾配が微分を表すというお話をしました. 正確には, 坂道の勾配は水平方向の座標を変数とする標高の微分でした. これは「道」という1次元の例です. 状況を変えて野山にいるとします. こっちに行くと急な斜面を登って山頂に近づくし, あっちに行くと谷になる, あの辺りはだいたい平坦だ, といった状況を想像してみてください. 平面図で位置を指定するためには, たとえば, 起点から東に xm, 北に ym といった具合に2つの変数があればよいでしょう. その地点の高さは2変数の関数 $f(x,y)$ として表されます. この関数が極大となる地点は山頂に対応します. さらに, 斜面の勾配は, これからお話しする偏微分によって記述できます. 野山の形状は, 偏微分という抽象的な概念を'感じられる'身近な例となるわけです.

さて, 野山の形状を記述する方法は, 人類の知恵としてさまざまな形で培われてきました. 実地を歩くことができなくても, 遠くから山の姿を見た鳥瞰(ちょうかん)図(ず)や, 地形を端的に表現する言葉, 等高線を記入した地図を用いるなど, さまざまな方法でその野山の形状を他者に伝えることができます．これらは「多変数関数の偏微分」という数学の概念を複数の視点から理解するための「ガイド」として大いに役立つことになります．

2変数関数の例として野山の標高を挙げましたが，3次元空間の各点での温度や気圧などは3変数関数の例となります．また，2種類以上のモノ(経済学では財(goods)とよびます)を消費する際の効用関数も，多変数関数と見なすことができます．

効用関数を例にとってみましょう．たとえばジュースの量をxだけ飲み，お菓子の量をyだけ食べることと，x'だけ飲んでy'だけ食べることのどちらが好きかの選好を描写するのに2変数の効用関数を使います．前者(x,y)の選択の方が後者(x',y')の選択よりも好ましい場合には$f(x,y)>f(x',y')$という不等式を満たしているとするのです．このとき，それぞれの財に関する変化率(限界効用)は偏微分で表されます．ジュースだけの場合は，第4章で触れたように，喉が渇いているときにジュースを飲むと嬉しいが，たくさん飲むと飽きてくるといった経験則が，適切な仮定を満たす選好を描写する効用関数の1階微分(限界効用)や2階微分で表現されました(第4.3節)．一方，お菓子も合わせて食べるとどうでしょうか？ ジュースとお菓子を適切な比率で組み合わせると一層楽しそうですし，飽きにくくなるかもしれませんし，逆に「相性」が悪い組合せもありそうです．複数の要因に対しても選好を描写する効用関数は無数にありますが，その共通の性質は，その選好から導かれると考えられます．これからお話しする偏微分には，複数の財の「相性」や「相乗効果」といった多変数関数ならではの現象についての大事な情報も反映されています．

この章では「多変数関数の微分」について，いつものように

普遍的な定理 $\leftrightarrows$ 身近な具体例

と行ったり来たりしながら話を進めます．もちろん，具体的な例で正しくても数学の定理を一般的に論証したことにはなりません．一方，数理モデルが適切でないと無意味な‘結論’にたどり着くかもしれません．このことを心に留めたうえで，具体例でイメージを豊かにしながら偏微分を学んでいきましょう．

5.2　偏微分の定義

ウォーミングアップができたところで，いよいよ偏微分の定義に入ります．偏微分も，次の章で取り上げる多重積分も，2 変数の場合を中心に扱います．変数を 1 つから 2 つに増やすときには，発想の転換が必要になりますが，変数を 2 つから 3 つ，あるいは 100 個に増やしたとしても，あまり本質的な差がないからです．しかも，2 変数の場合は，その意味を視覚的にとらえることもできるため，理解を深める手がかりがたくさんあります．そこで本書では 2 変数の場合に重点を置き，視覚的な説明を付け加えることで，偏微分の核心の部分を直観的にもつかめるようにお話ししましょう．

2 変数関数 $f(x,y)$ の x に関する**偏微分**は

$$\frac{\partial f}{\partial x}(x,y) \quad \text{あるいは，単に} \quad \frac{\partial f}{\partial x}$$

と書きます．これは，「y を止めて x に関して微分する」，すなわち

$$\frac{\partial f}{\partial x} \coloneqq \lim_{h\to 0}\frac{f(x+h,y)-f(x,y)}{h}$$

という意味です（右辺の式で左辺を定義するときに $\coloneqq$ と書くのでした）．y を止めると，x だけが変数となるので，x の 1 変数関数と思って普通に微分をしているわけです．$\dfrac{\partial f}{\partial x}(x,y)$ を変数 x に関する**偏微分係数**とよぶこともあります．逆に，x を止め，y だけを動かして微分することで，

$$\frac{\partial f}{\partial y} \coloneqq \lim_{h\to 0}\frac{f(x,y+h)-f(x,y)}{h}$$

という y に関する偏微分が定義されます．

「偏」というのは partial の意訳で，これから説明する概念を端的にとらえた，味わいのある訳だと思います．∂ は d の変形ですが，あまり定着した読み方がないようで，デルやパーシャルと読む人もいます．ラウンドディーという言い方もあります．

記号の使い方にもいくつかの流儀があります．1 変数のときは f' という表記法もありましたが，偏微分で $'$ を使うと，どの変数に関して微分するかが不

明になってしまいます．そのため，微分する変数を右下に書いて $f_x(x,y)$ と表記することもあります．

まとめると，以下の記号はすべて同じ意味で使います．

$$\frac{\partial f}{\partial x}(x,y) = \frac{\partial f}{\partial x} = f_x = f_x(x,y)$$
$$\frac{\partial f}{\partial y}(x,y) = \frac{\partial f}{\partial y} = f_y = f_y(x,y)$$

小学校から高校までの教科書では，1つの概念に対してできるだけ同一の記号を当てるように配慮されています．一貫性のある表記法は初学者には親切ですが，その一方で，偏微分が使われている現場，たとえば物理学，経済学，統計学，経営学，社会学，… では，独自の慣習もあり，また，それぞれの分野では自明なものを省いて本質をとらえるための記法の工夫もあります．同じ概念に対して異なる記号や‘方言’が使われている現場で戸惑わないように，本書では折に触れて異なる表記法を紹介して注意喚起します．

さて，$\dfrac{\partial f}{\partial x}(x,y)$ や $f_x(x,y)$ の変数を省略した $\dfrac{\partial f}{\partial x}$ や f_x という記法は文字数が少なくて便利なのですが，「y を止めて」という約束が記号に反映されていません．「何を止めて」ということが明白な場合は簡便な記法で問題ないのですが，異なる解釈が生じる可能性があるときは注意が必要です．偏微分で混乱する大きな原因は，何を止めているのかが不明瞭になることです．一定にするものを変えると偏微分の意味も値も異なってしまう可能性があります．

たとえば，先ほどの効用関数の例では，$\dfrac{\partial f}{\partial x}$ はジュースを飲む量 x を増やしたときの効用の変化率を表していました．しかし，何を一定にしているかを明示しないと，その内容がまったく異なることになります．次の2つの場合を比較してみましょう．

(a) お菓子の量を一定にして，ジュースの量 x を増やす．

(b) 予算を一定にして，ジュースの量 x を増やす．

(a)では単純にジュースの量 x が増えるのを好む一方で，(b)では予算が一定であるため，ジュースの量 x を増やすとお菓子の量が減ることになります．このためジュースの量を増やすのを好まない人もいるでしょう．この場合は，

(a)でお菓子の量を一定にして効用関数を x に関して微分すると 0 以上になるのに対し，(b)で予算を一定にして効用関数を x に関して微分すると 0 以下になる可能性があります．

このように，$\frac{\partial f}{\partial x}$ や f_x という記号は簡便ですが，(止めている)他の変数を明示しないために誤解を招くこともあります．こういうときは $\frac{\partial f}{\partial x}(x,y)$ や $f_x(x,y)$ というように変数 x,y を明記しておけば，一定にしているのは予算ではなくお菓子の量 y だということがわかるので，混乱を防げるでしょう．

自然科学や社会科学で偏微分を使う際には，変数を省略して関数を $f(x,y)$ ではなく単に f と書いたり，途中で変数変換を行ったり，制約条件を暗黙裡に使用したりすることがあります．著者にとっては何を変数とするかが当然のことでも，読者にはわかりづらくなることがあります．こうした場合には何を変数としているかを意識する習慣をつけておくことが大切です．

たとえば，大学で物理や化学を学び始めると，熱力学や統計力学の中で，体積，温度，圧力に関する状態方程式が出てきます．このとき，変数と関数に同じ記号が使われることがあり，さらに，圧力一定や温度一定の条件が暗黙の了解となっている場合もあります．その上で偏微分に関する式変形が自由自在に使われると，初学者はこの点でつまずきやすいのです．

大切なのは，偏微分では，微分する変数だけではなく，その際に「いったん固定している変数」は何であるかを意識して等式や文章を見る必要があるということです．このことさえ頭の片隅に置いておけば，個々の偏微分は 1 変数関数の微分と同じように扱えます．

この節の目標はまず偏微分の定義に慣れてもらうことですから，簡単な例で 1 つ計算をしてみましょう．たとえば $f(x,y)=x^2y^3$ として，x に関する偏微分 $f_x(x,y)$ を計算します．y をいったん固定するというのがわかりにくければ，手始めに $y=1$ や $y=2$ などを代入して x の 1 変数関数と見なすとイメージがつかめるでしょう．たとえば $y=2$ を代入すると $f(x,2)=8x^2$ となり，これを x に関して微分するわけです．1 変数関数の微分の公式 $\frac{d}{dx}x^2=2x$ を用いると，$y=2$ のときは $f(x,2)=8x^2$ の微分で $f_x(x,2)=16x$ になります．$y=2$ に限らず，y をいったん固定して x で微分すると，同様にして，

$$f_x(x,y) = 2xy^3$$

となります．

次に $f_y(x,y)$ も計算してみましょう．こんどは x を定数と思って $f(x,y)=x^2y^3$ を y で微分すると，$f_y(x,y)=3x^2y^2$ となります．この計算で何を使ったかを念のために言っておくと，$\dfrac{d}{dy}y^3=3y^2$ だけです．このように，偏微分を計算するためには，1 変数の微分をすれば十分なのです．

さて，偏微分を計算するときは微分していない変数をいったん止めたわけですが，偏微分を行った後は x も y も自由に動かしてかまいません．偏微分 $f_x(x,y)$ や $f_y(x,y)$ は，x と y を与えると 1 つの数が決まるという意味で再び x,y の関数と見なせます．このように x,y の関数と見なすときは，**偏導関数**とよびます．関数だと思えば，さらに偏微分を繰り返すことができます．こうして偏微分を 2 回繰り返した 2 階の偏微分には，いくつか可能性があります．

f —x で偏微分→ $f_x = \dfrac{\partial f}{\partial x}$ —x で偏微分→ $f_{xx} = \dfrac{\partial^2 f}{\partial x^2}$

$f_x = \dfrac{\partial f}{\partial x}$ —y で偏微分→ $f_{xy} = \dfrac{\partial}{\partial y}\left(\dfrac{\partial f}{\partial x}\right) = \dfrac{\partial^2 f}{\partial y \partial x}$

f —y で偏微分→ $f_y = \dfrac{\partial f}{\partial y}$ —x で偏微分→ $f_{yx} = \dfrac{\partial}{\partial x}\left(\dfrac{\partial f}{\partial y}\right) = \dfrac{\partial^2 f}{\partial x \partial y}$

$f_y = \dfrac{\partial f}{\partial y}$ —y で偏微分→ $f_{yy} = \dfrac{\partial^2 f}{\partial y^2}$

記号を見つめていると何をやっているかわかってくると思います．f_{xy} は，最初に x で偏微分した $f_x=\dfrac{\partial f}{\partial x}$ を次に y で偏微分したものです．どういう順序で偏微分しているかという情報も記号に込められています．同じ意味を表すための記号はいくつかの流儀を書いておきました．

ここまでくると，確かに 1 回 1 回のステップは 1 変数の微分と同様ですが，さまざまな変数で偏微分を繰り返すことで，多変数関数の複雑な現象をとらえるための情報が得られそうだと，想像できるでしょう．

なお，2 階の偏微分 f_{xy} と f_{yx} との違いは，どちらを先に偏微分するかという点ですが，実際にはこの順序を気にする必要はありません．というのも，多項式のような‘素直な’関数ならば偏微分の順序は交換でき，$f_{xy}=f_{yx}$ が成り立つからです．実は，$f_{xy}=f_{yx}$ という等式が成り立たない‘素直でない’関数 $f(x,y)$ も存在しますが，ここではそんな変な関数は扱いません．なお，本書のレベルを超えますが，関数の概念を拡張して，たとえば超関数といわれるクラスまで考えると，$f_{xy}=f_{yx}$ が常に成立するという理論体系もあります．

2 階の偏微分の定義に戻り，例を計算してみましょう．たとえば $f(x,y)=x^2y^3$ のとき，2 階偏微分（偏導関数）は次のとおりです．

$$f_{xx}=\frac{\partial}{\partial x}\left(\frac{\partial f}{\partial x}\right)=\frac{\partial}{\partial x}(2xy^3)\ =2y^3$$

$$f_{xy}=\frac{\partial}{\partial y}\left(\frac{\partial f}{\partial x}\right)=\frac{\partial}{\partial y}(2xy^3)\ =6xy^2$$

$$f_{yx}=\frac{\partial}{\partial x}\left(\frac{\partial f}{\partial y}\right)=\frac{\partial}{\partial x}(3x^2y^2)=6xy^2$$

$$f_{yy}=\frac{\partial}{\partial y}\left(\frac{\partial f}{\partial y}\right)=\frac{\partial}{\partial y}(3x^2y^2)=6x^2y$$

この例でも確かに f_{xy} と f_{yx} はいずれも

$$(x^2 \text{ の } x \text{ に関する偏微分})\times(y^3 \text{ の } y \text{ に関する偏微分})=(2x)\times(3y^2)=6xy^2$$

となり，一致しています．

多変数関数の局所的な性質を数式で説明するときには，f_x, f_y などの 1 階の偏微分や $f_{xx}, f_{xy}\,(=f_{yx}), f_{yy}$ などの 2 階の偏微分が大事な役割を担います．次節では，1 階の偏微分に焦点を当て，それが何をとらえているのかについて幾何的な直観を養いながらお話ししましょう．

5.3 偏微分を幾何的に理解する

前節では数式を使って，多変数関数の偏微分の抽象的な定義を与えました．偏微分に関するいろいろな定理は，一般的に変数の個数に関係なく成り立ちますが，変数が 2 個の場合には，‘目で見る’ ことによって，偏微分の公式の幾何的な側面を感じることができます．逆に，2 変数関数に対する幾何的な直観を育てておくことで，変数の個数が増えた場合にも，偏微分を用いて原理的に何を導き出せるか，あるいは何が無理筋か，といった感覚が鋭くなるでしょう．

「2 変数関数を見る」方法はいくつかあります．この節では「どういう視点から，何を見るか」をゆっくり考え，幾何的な直観を育てましょう．

5.3.1 グラフを描いて 2 変数関数を ‘見る’

山や谷の地形を思い浮かべてみてください．場所によって高さはさまざまですが，たとえば，x を東西方向の位置，y を南北方向の位置，$f(x,y)$ を点 (x,y) における標高とすると，$f(x,y)$ は x と y の 2 変数の関数となります．すなわち，野山の形状から 1 つの 2 変数関数が得られたわけです．

逆に，2 変数関数 $f(x,y)$ が与えられたとき，変数 x,y を自由に動かして点 $(x,y,f(x,y))$ を xyz 空間でプロットして得られる曲面を $\boldsymbol{z=f(x,y)}$ **のグラフ**と言います．$f(x,y)$ が地点 (x,y) の標高の場合は，この $z=f(x,y)$ のグラフが表す曲面はこの野山の地表にほかなりません．まとめると

$$2\text{ 変数関数 } f(x,y) \;\underset{\text{標高を考える}}{\overset{\text{グラフによる可視化}}{\rightleftarrows}}\; \text{野山の形状（幾何）}$$

という対応になります．

まずはグラフによる可視化を通して，2 つの関数 $f(x,y)=x^2+y^2$ および $f(x,y)=x^2-y^2$ の性質を見ることにします．この 2 つの関数は単なる具体例以上の一般性があり，そのグラフを頭の中で思い浮かべることができると，多変数関数に対する直観が一気に強化されます．たとえば，第 5.3.7 項では「臨界点」という多変数関数特有の話題についてお話をしますが，そこでも以下の例 1 と例 2 が重要な例として再登場します．

例 1　$f(x,y)=x^2+y^2$ としたときの $z=f(x,y)$ のグラフ

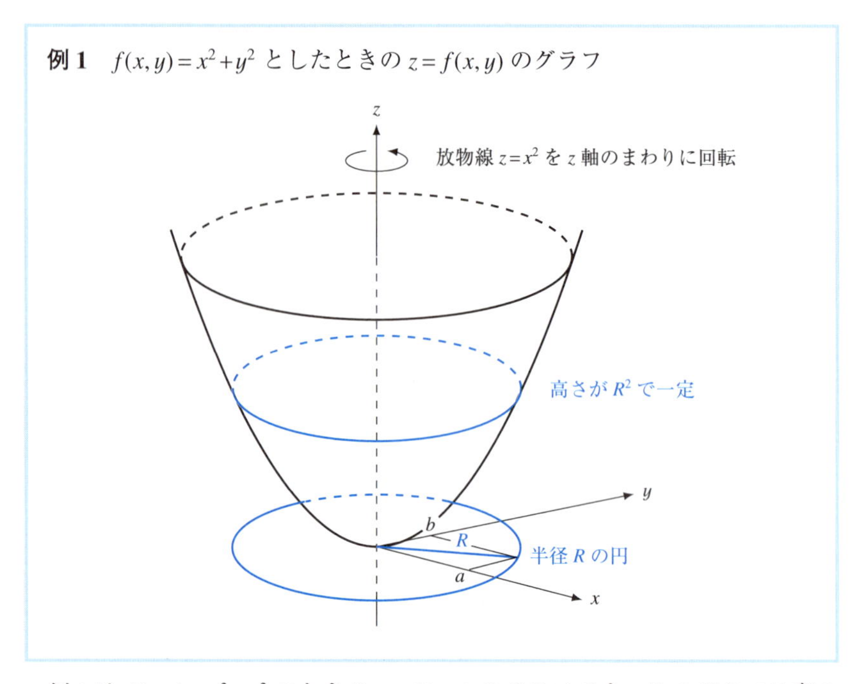

例 1 は $f(x,y)=x^2+y^2$ のときの $z=f(x,y)$ のグラフです．このグラフは壺の形になっています．この形状を 2 通りの見方で理解してみましょう．

「曲面を見る」堅実な方法は，断面図 (切り口) を順に見ることです．たとえば $y=0$ とすると，(例 1 の図では縦切りの) 断面が xz 平面内の放物線 $z=x^2$ になります．次に $y=1$ の場合，$z=x^2+1$ となり，これは $z=x^2$ のグラフを 1 だけ高くした放物線です．同様に $y=2$ では，$z=x^2+4$ となり，放物線がさらに高くなります．こうして，$y=$ 定数とした断面図をつなぎ合わせることで曲面の姿をつかむことができます．

また，回転対称性を用いるという巧妙な方法もあります．三平方の定理から x^2+y^2 は原点から点 (x,y) までの距離の 2 乗です．したがって，点 (x,y) が原点を中心とする半径 R の円周上にあれば，$f(x,y)$ の値はいつでも R^2 であり，$z=f(x,y)$ のグラフは z 軸に関して回転しても形が変わらない曲面になっています．

$z=x^2+y^2$ のグラフが放物線を z 軸に関してぐるっと回した壺のような曲面になっている様子がだんだんと見えてきたでしょうか．

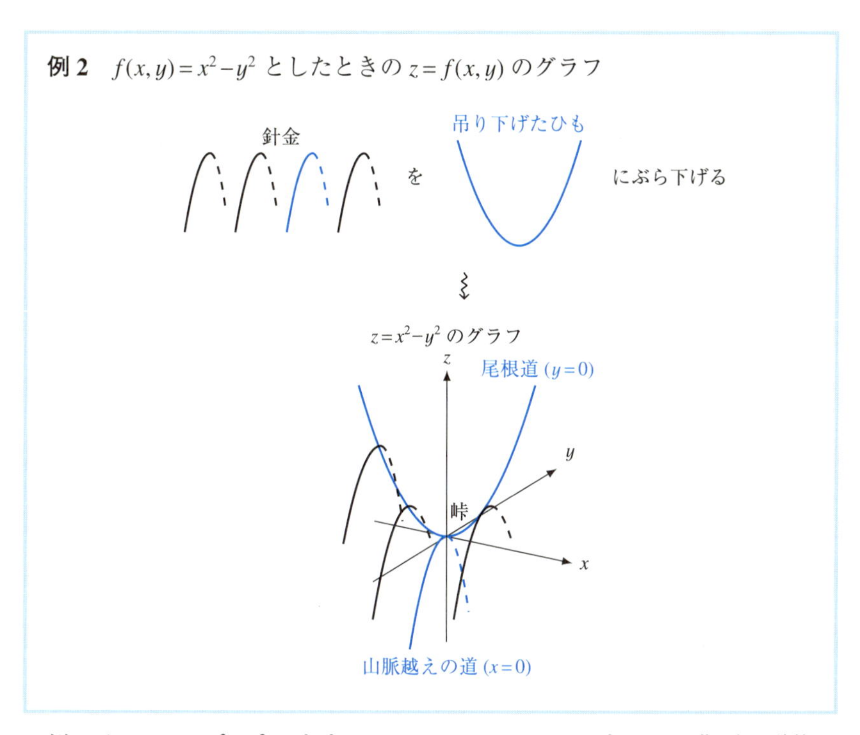

例 2 は $f(x, y) = x^2 - y^2$ のときの $z = f(x, y)$ のグラフです．この曲面の形状は少し想像しにくいかもしれません．まずは，断面図(切り口)を順に見ましょう．xz 平面による断面は $y = 0$ を代入すればわかります．すると $z = f(x, 0) = x^2$ で，xz 平面において下に凸の放物線になります．図では「尾根道 ($y = 0$)」と表現して青い曲線で描いています．今度は x を止めて，y を動かします．xyz 空間の中で $x =$ 定数 は yz 平面に平行な平面となります．たとえば $x = 0, 1, 2, \cdots$ とすると，順に $z = -y^2$, $z = 1 - y^2$, $z = 4 - y^2$, $\cdots$ となり，いずれも上に凸の放物線になります．そこで，上の図を見てください．右側のひもをぶらんと吊り下げたような曲線(青い曲線)の各点に，左側にある(上に凸の放物線の形をした)針金のようなものを順に貼りつけていくと，下の図のように $z = x^2 - y^2$ のグラフ(曲面)が得られるわけです．

例 2 のグラフとして得られた曲面 $z = x^2 - y^2$ の局所的な形状は，身近なところにもあちこちに現れています．日本の数学用語では，山の峠にちなんで例 2

のグラフの原点を**峠点**とよびます．山が連なっているような山脈を越えて向こう側に行きたいとすると，できるだけ登りが少ない経路を選ぶでしょう．このような往来によって踏み固められてできた道が「山脈越えの道」で，グラフでは「$x=0$」と書かれた青い曲線です．旅人がこの道を登っていくと，峠はその道沿いではいちばん高い地点になっています．山脈越えの旅人は峠のお茶屋さんで一休みしたくなるかもしれません．峠で左右を見ると，山が続いています．いま登ってきた山脈越えの道と垂直に交わっている尾根道があるかもしれません．グラフでは「$y=0$」と書いた青い曲線です．尾根道沿いに歩けば，峠はその前後ではいちばん低い場所になっています．峠にお茶屋さんがあるかどうかは別にして，これは特定の峠の話ではなく，峠の形状の普遍的な性質を示しています．一方，西洋では峠点のことを乗馬にちなんで**鞍点**(saddle point)とよびます．乗馬するとき，馬の背のへこんでいるところに鞍(サドル)を置いてまたがるわけです．スケールは違いますが，その形状は峠とそっくりですね．

5.3.2 等高線を用いて 2 変数関数を‘見る’

グラフは関数の‘可視化’の 1 つの方法ですが，前項でお話しした 2 変数関数のグラフは，3 次元空間の中の曲面です．これを立体模型で作るとなるとかなり大がかりになってしまいます．山を歩くときに，立体模型を持ち歩くのは不便でしょう．昔の人々は紙に地形を描こうと，さまざまな工夫を重ねてきました．たとえば多色刷りの地図帳では，山には茶色を使い，平野には緑を使って高度を表します．色を使わなくても，高いところは濃く，低いところは薄くするといった濃淡で，地形を 1 枚の紙の上に表現することもできます．地図帳は 2 次元に描かれていますが，濃淡を 1 つの次元の量と思えば，濃淡を記載した地図は紙の上で 3 次元の情報を記述していることになります．

「等高線」は 2 変数関数の増減を手軽に紙の上で可視化する方法です．2 変数の関数 $f(x,y)$ が与えられたとき

$$f(x,y) = \text{定数}$$

となるような点 (x,y) を集めて得られる曲線を**等高線**と言います．ハイキング

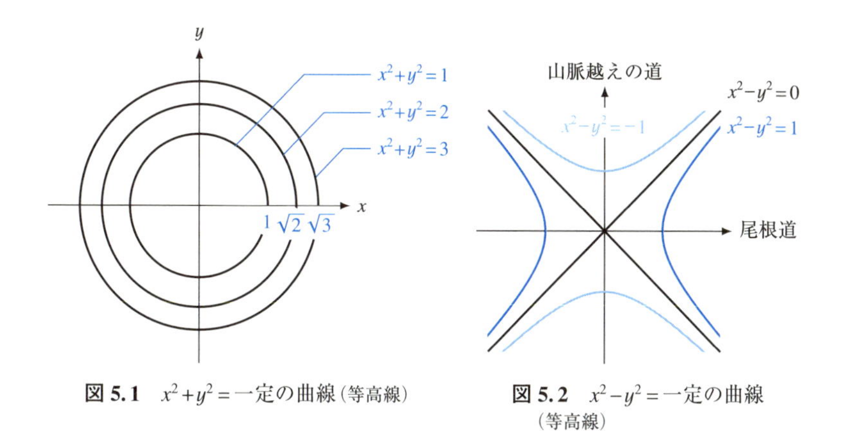

図 5.1　$x^2+y^2=$一定の曲線（等高線）

図 5.2　$x^2-y^2=$一定の曲線（等高線）

に用いる 2 万 5 千分の 1 地形図や 5 万分の 1 地形図では，山の地図において等高線が 10 m ごとや 20 m ごとに描かれています．標高が一定の地点を平面図にプロットしたものが等高線です．等高線という言葉は，3 次元空間における高度の等しい点をつなぐ曲線と解釈されることもあります．たとえば，標高が 600 m の地点をつなぎあわせた（山の中の）曲線です．しかし，本書では等高線は，空中に描くのではなくて，地図に描くという本来の意義に従って，xy 平面に描いた曲線と定義します．

前項の例 1 では，3 次元空間に $z=x^2+y^2$ のグラフを曲面として描くと，壺のような谷底の地形になりました．この等高線を描いてみましょう．$x^2+y^2=1$, $x^2+y^2=2$, $x^2+y^2=3$ というように等高線を引くと，半径がそれぞれ 1, $\sqrt{2}$, $\sqrt{3}$ の同心円になります（図 5.1）．

一方，前項の例 2 では，3 次元空間に $z=x^2-y^2$ のグラフを曲面として描き，そこに峠点（鞍点）を書き込みました．$x^2-y^2=$一定となる曲線はどんな形でしょうか．$x^2-y^2=0$ は，$y=x$ か $y=-x$ ですから，この場合の等高線は直線になります．標高を少し変えると，$x^2-y^2=-1$ や $x^2-y^2=1$ などは双曲線になります（図 5.2）．このように峠点の近くでは，等高線は双曲線あるいは直線のような形状をしています．

ここまでに出てきた 2 変数関数を可視化する方法をまとめておきましょう．

(1) $z=f(x,y)$ のグラフ(曲面)を立体模型で表す.

(2) $z=f(x,y)$ のグラフを鳥瞰図として平面に描く.(← 3 次元空間の中で視点を1 つ選んで $z=f(x,y)$ の曲面を '風景' として平面に描く)

(3) $f(x,y)$ が大きいところは濃く,小さいところは薄く色をつける.(← 2 次元の図で濃淡という '次元' を加えて 2 変数関数を '見る')

(4) $f(x,y)=$一定の曲線(等高線)を描く.(← 2 次元の図で 2 変数関数を表す)

(4)の手法では次元を増やす必要がないという利点があります.紙に描いた等高線地図はポケットに入れることもでき,しかも 3 次元模型とおおよそ同じ情報をもっています.また,もっと変数が多いとき,たとえば,変数が 3 つある関数 $f(x,y,z)$ では,次元を 1 つ加えて 4 次元の世界の中で '見る' のは難しくなってしまいますが,(4)の手法は,次元を増やさずに可視化するので 3 変数関数でも実用的で,さまざまなところで使われています.

関数が標高を表す場合でなくても等高線の考え方は広く応用できます.たとえば,経済学では効用関数が一定となる曲線を**無差別曲線**(あるいは等効曲線)とよびます.また,気象学では等温線や等圧線などが用いられます.たとえば,気圧は各地点によって値が異なります.天気図には気圧が一定の地点をつないだ曲線が**等圧線**として描かれています.(気圧は標高が高いほど低くなるため,天気図における気圧は海抜 0 m に換算した値が用いられています.)図 5.3 は春の天気図です.空気は気圧の高いところから低いところに流れます.等圧線の間隔が狭い場所は気圧の勾配が大きいということですから,一般に風が強くなります.仮にこれが地形を表す等高線ならば,高気圧は高原に,低気圧は谷底に対応し,等高線の間隔が狭い場所では地形が急峻(きゅうしゅん)になっています.

3 変数関数では値が一定の点を集めると曲面になります.たとえば,高度まで変数に加えて気圧を考えると,気圧が一定の点は 3 次元空間の曲面になり,これを**等圧面**と言います.また,3 次元の空間の各点において温度が異なる状況では,温度を 3 変数の関数と見なすことができます.この場合,温度が一定の点を集めて得られる曲面を**等温面**とよびます.等温面は地下や海水の温度分布や地球規模の気温分布,あるいは溶鉱炉の内部等の温度分布などを視覚的にとらえるのに便利な概念です.

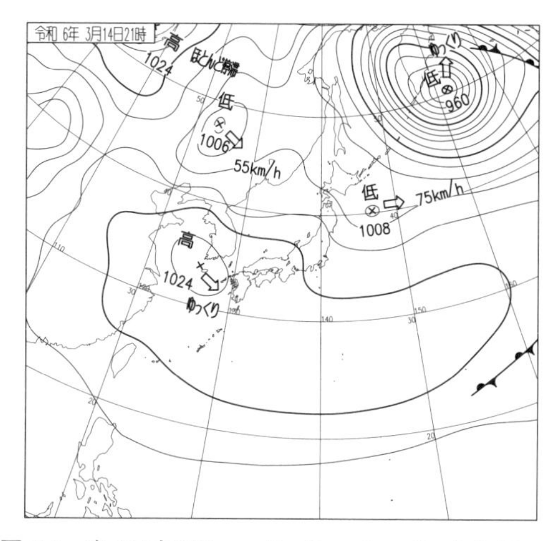

図 5.3　春の天気図（2024 年 3 月 14 日 21 時，気象庁）

このように，等高線・等圧線・無差別曲線や等圧面・等温面は本質的に同じものですが，これらを用いると，2 変数関数や 3 変数関数を視覚化できます．

等高線の考え方は関数を視覚的にとらえる以外にも，さまざまな状況で用いられます．たとえば，山間や谷間の急峻な傾斜地に作られた田んぼを棚田（たなだ）と言いますが，それぞれの区画は田んぼに水を張るために等高線に沿って水平に造られます．高台から見ると棚田は等高線が連なる美しい風景になっています．また，一定の利潤を保つ戦略にどれだけの自由度があるかを考える際に，利潤を複数の要因（複数の変数）の関数と見なし，利潤 = 一定という条件を等高線や等温面のように扱うこともできます．このような見方は，第 5.4 節で，変数に関する束縛条件（制約条件）を幾何的にとらえるときに用います．

5.3.3　ボールが転がる方向

ここで第 5.2 節で抽象的に定義した偏微分 $f_x = \dfrac{\partial f}{\partial x}$ や $f_y = \dfrac{\partial f}{\partial y}$ の性質を視覚的にとらえてみましょう．第 5.3.1 項のように，x を東西方向の位置，y を南北方向の位置，$f(x, y)$ を点 (x, y) における標高とし，$z = f(x, y)$ のグラフが野山の形状を表しているとすると，偏微分 f_x や f_y は，次のような意味をもっています．

例　$f(x, y)$ が東西方向の位置 x，南北方向の位置 y の地点の標高を表す場合，偏微分 f_x は東西方向の勾配，偏微分 f_y は南北方向の勾配である．

ここまでは第4章でお話しした1変数の微分の性質からわかることです．ここからが大事なところですが，実はこの2つの量 f_x, f_y は東西や南北の方向だけではなく，(この地点における) 全方位，たとえば北東の方向に進むときの傾斜の情報ももっているのです．これは多変数関数の1階の偏微分の有用性を示す鍵になる部分です．

このことを直観的にとらえるため，まず，こんな問題を考えてみましょう．たとえば山に出かけて，野原が広がっている情景を想像してください．なだらかな斜面があったとします．斜面は空間の中の曲面と考えることができます．

問題　東に1m進むと5cm高くなっており，北に1m進むと10cm低くなっている斜面にボールを置くと，どの方向に転がり出すか？ また，この斜面で高さが一定になる方向はどの向きか？

もしこの野山に雪が積もっていてスキーをするとすれば，直滑降では最大傾斜の方向 (ボールが転がり出す方向) を意識し，一方，斜面を登るときは，高さが一定の方向にスキー板を向けて滑らないようカニのように横歩きするでしょう．これは偏微分を知らなくても自然に行う動作です．逆に，この‘直観’を偏微分の言葉で言い表すことによって，偏微分という抽象的な概念を正しく使うコツを身につけようというわけです．

まず上の問題を大まかに考えてみます．1つめの情報 (東の方が高い) だけを見ると，西の方に転がるだろうと考えられます．2つめの情報 (北の方が低い) だけを見ると，北の方に転がるだろうと考えられます．両方あわせると，だいたい北西の方に転がるはずです．東西よりは南北の方が勾配がきついので，北西方向よりやや北寄りに転がると推測できます．図5.4では27°とおおよその答えを書き込みましたが，具体的な計算は後回しにします．一方，高さが一定になる方向は，スキーの例で述べたように，ボールが転がり出す方向と垂直で

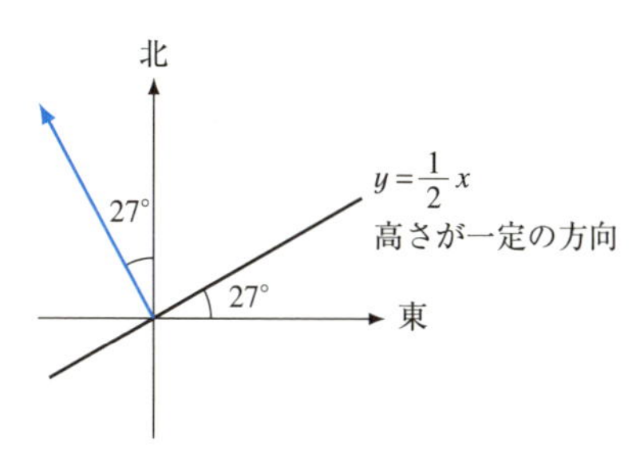

図 5.4　ボールが転がり出す方向（青い矢印）と高さが一定の方向

あることも推測できるでしょう（図 5.4）.

この推測では「東西方向の勾配と南北方向の勾配」というデータだけで「ボールの転がり出す方向が決まりそうだ」という直観が土台になっています．全方位に対する勾配の情報を集めなくても，たった 2 つの方向（たとえば東西と南北）の勾配の情報があれば斜面の傾きが決定されるはずだという直観は，偏微分を理解する上で大事なポイントになります．

それでは東西方向の勾配と南北方向の勾配という 2 つのデータから，できるだけ多くの情報を導き出してみましょう．

まず，自分が立っている地点でその斜面に接するように大きな板を置くことを想像してください．その板は，東に 1 m 進むと 5 cm 高くなり，北に 1 m 進むと 10 cm 低くなるはずです．ボールをこの斜面に置いて転がり出す方向は，この板の上にボールを置いて転がり出す方向と一致すると考えられます．同様に，この地点で高度が一定になる方向（スキー板が滑らない方向）は，この大きな板の上で考えても同じはずです．

もちろん，現在地点が変われば斜面の傾斜も変わります．この問題を別の地点で解く場合は，その地点に合わせた別の板を使えばよいわけです．（それぞれの地点で斜面に接する「大きな板」は，第 5.3.6 項でより一般に**接平面**という概念でお話しします．）

より一般的な問題にも応用できるように，いまお話ししている考え方の筋道を 2 つに分けて整理します．

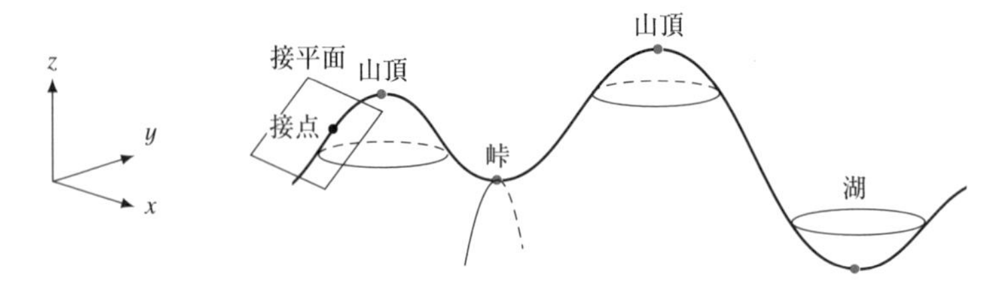

図 5.5　曲面の局所的な姿(4 つの ● は臨界点 … 第 5.3.7 項で詳述)

ステップ 1　曲面を平面(この地点における接平面)に置き換える(図 5.5).

ステップ 2　接平面に対して問題を解く.

ステップ 1 の接平面を数式で表すために，現在地を原点にし，x を東西方向の座標，y を南北方向の座標，z を上下方向の座標としましょう．そうすると，この地点 $(0,0,0)$ における接平面は，適当な実数 a, b を用いて

$$z = ax + by$$

と表されます．出発点から東西方向に動くというのは，$y=0$ を固定して x だけを動かすことを意味します．したがって，大きな板の上(接平面上)でこの点の高度は座標 x の 1 次式 $z=ax$ になります．そうすると東西方向の勾配データから，$a=\frac{5}{100}$ となります．同じように南北方向に動く場合を考えると，$z=by$ の y の係数 b は南北方向の勾配なので $b=-\frac{10}{100}$ です．このようにして，東西方向の勾配と南北方向の勾配という 2 つのデータだけで，接平面の方程式が $z=\frac{5}{100}x-\frac{10}{100}y$ と決定されました．

次にステップ 2 を考えます．たとえば出発地点と同じ高度 $z=0$ となる点をこの接平面上で探してみると，接平面の方程式で $z=0$ を代入して

$$\frac{5}{100}x-\frac{10}{100}y=0$$

整理すると $x-2y=0$ となり，したがって，$y=\frac{1}{2}x$ の方向に進めば高さが一定になります．$\tan\theta=\frac{1}{2}$ となる角度 θ は約 27° なので，この直線のおおよその傾きとして図 5.4 に 27° と書き込みました．一方，ボールが転がり出す方向

は，これに直交します．このことは，直観的に正しそうですが，第5.3.8項の「勾配ベクトルと等高線」では，この事実を数式を用いて証明します．

ステップ1とステップ2の組合せは汎用性の高いアプローチです．問題によって何を求めたいかは異なりますが，ステップ1で問題を扱いやすい形に近似し，ステップ2で扱いやすくなった問題を解こうというわけです．

具体的に言うと，ステップ1の基本方針は，より簡単な扱いやすい図形や数式で近似しようということです．曲線よりは直線の方が簡単ですし，曲面よりは平面の方が扱いやすいです．曲がったものを局所的にまっすぐなもので近似するという考え方は，いろいろな場面で利用されています．たとえば地域の地図を作成する場合，地球が丸いことは無視して，あたかも地球が平らであるかのように描きます．丸い地球を平面で近似しても狭い地域ならば，誤差はわずかです．そして，ステップ1で局所的な近似を見つける際に偏微分が活躍します．このことは第5.3.6項で詳しくお話しします．

次にステップ2では直線や平面といった‘まっすぐな’図形を扱います．直線（接線）や平面（接平面）を表す方程式は1次式で表されます．そうすると，ステップ2は1次式の問題になります．直線・平面という1, 2次元の図形や変数が2, 3個の連立1次方程式については中学・高校の数学でも学ばれたと思います．しかし，次元が高かったり，変数が多くなったりすると，直観ではつかみにくくなります．このような高次元のことを系統的に扱うのが線型代数であり，微分・積分学とともに大学の初年級で習う科目の1つになっています．

本書では線型代数の知識は前提としていません．そのかわりに，次項では「よく知っているはずの」直線や平面について，高次元の場合につながる形で理解に磨きをかけておきたいと思います．これにより，変数の個数が増えてもステップ1や2の見通しがよくなるのです．ですから本題に入る前に，三角形とか直線とか平面について，「知っている」と軽視せず，視点を整理して理解を深めておきましょう．

5.3.4 平面の幾何——余弦定理

簡単なことから積み上げていきます．まず平面幾何における三角形について

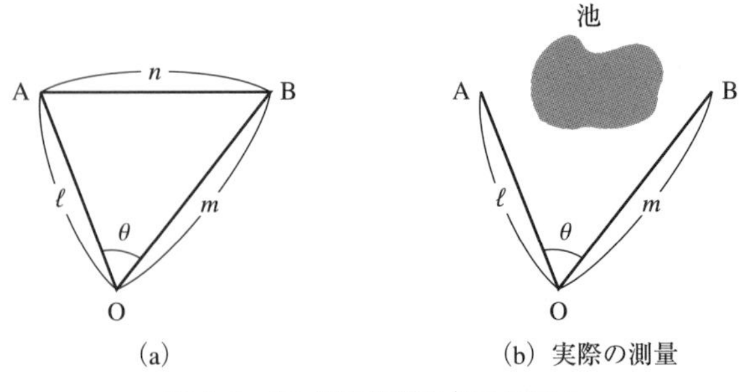

図 5.6　AB 間の距離を知るには？

復習をします．

小学校で定規や分度器を使ったことがある方は，長さは正確に測れるけれども，角度をきっちり測るのは難しかったという記憶があるかもしれません．しかし，実際の測量では，距離の方が測りにくいことが多いのです．たとえば，2 つの地点の間の距離を知りたくても，図 5.6(b)のようにその間に山や池があって直接距離を測ることが難しいことがあります．こんなとき，第 3 の地点からの角度を含めた測量データがあれば，知りたい距離を計算できることがあります．2000 年以上も前に著された『ユークリッド原論』という数学書には，「三角形は 3 辺の長さ，2 辺の長さとそれが挟む角度，1 辺の長さと 2 つの角度，のいずれの情報からでも一意的に決定される」というような定理が体系的に証明されています．「測量」は，古代から重要な技術であり，その理論的な裏付けをしたいという知的好奇心が，古代ギリシャの幾何学の動機の 1 つだったのかもしれません．

さて，図 5.6 では，AB 間の距離 n は，別の 2 つの辺の長さ ℓ, m とその間の角度 θ から計算できます．A と B の間に池があってもかまいません．この計算方法を与えるのが**余弦定理**です．

$$n^2 = \ell^2 + m^2 - 2\ell m \cos\theta \quad \text{（余弦定理）}$$

上の式を書き換えると，3 辺の情報から，角度を知る公式にもなります．

(5.1) $$\cos\theta = \frac{\ell^2 + m^2 - n^2}{2\ell m} \quad \text{（余弦定理）}$$

余弦定理(5.1)は三平方の定理（ピタゴラスの定理）を拡張した定理と見なせます．実際，$\theta = 90°$ のとき $\cos\theta = 0$ であり，(5.1)の右辺が 0 になるのは次の等式が成り立つときだからです．

$$\ell^2 + m^2 = n^2$$

余弦定理(5.1)を座標で書き表してみましょう．まず，この 3 頂点が xy 平面にあるものと思って，ベクトルで表示します．

$$\overrightarrow{\mathrm{OA}} = (a, b), \quad \overrightarrow{\mathrm{OB}} = (p, q), \quad \overrightarrow{\mathrm{BA}} = (a-p,\ b-q)$$

とおくと，各辺の長さは

$$\ell = |\overrightarrow{\mathrm{OA}}| = \sqrt{a^2 + b^2},$$
$$m = |\overrightarrow{\mathrm{OB}}| = \sqrt{p^2 + q^2},$$
$$n = |\overrightarrow{\mathrm{BA}}| = \sqrt{(a-p)^2 + (b-q)^2}$$

となります．これを使って(5.1)の右辺の分子を計算すると，多くの項が打ち消し合って

$$\ell^2 + m^2 - n^2 = (a^2 + b^2) + (p^2 + q^2) - ((a-p)^2 + (b-q)^2) = 2ap + 2bq$$

となるので，余弦定理(5.1)は

(5.2) $$ap + bq = \ell m \cos\theta$$

と書き換えられます．この両辺をあらためて観察してみましょう．まず，(5.2)の左辺に現れる a, b, p, q という数は座標系を決めないと値が定まりません．たとえば三角形が地面に描かれているとします．地面の上なので，好きな点を原点にとり，好きな方向を x 軸に選び，それと垂直に y 軸を定めます．そうするとベクトル $\overrightarrow{\mathrm{OA}}$ や $\overrightarrow{\mathrm{OB}}$ の x 成分や y 成分である a, b, p, q の値が定まりますが，別の座標系をとれば，ベクトルの成分 a, b, p, q は別の値になります．

ところが，(5.2)の左辺に現れる $ap+bq$ を計算すると，どんな座標系でも同じ値になるのです．というのは(5.2)の右辺が辺の長さや角度という三角形の幾何に固有な量だけで表されているからです．すなわち $ap+bq$ は三角形に内在的な量なのです．この重要な量 $ap+bq$ を2つのベクトル $\overrightarrow{\mathrm{OA}}$ と $\overrightarrow{\mathrm{OB}}$ の**内積**あるいは**スカラー積**あるいは**ドット積**と言います．

高校で，$ap+bq$ という式で内積を習った読者もいらっしゃると思います．ここで強調したいのは，「座標系のとり方に依存しない」がゆえに $ap+bq$ という量が重要だということです．等式(5.2)の1つの解釈として，

座標を用いた内積の定義 = 幾何的な内積の定義

という形で整理しておきましょう．

定義　(1)（内積の座標による定義）ベクトル (a,b) と (p,q) の**内積**を

$$((a,b),\ (p,q)) = ap+bq$$

と定義する．

(2)（内積の幾何的な定義）ベクトル $\overrightarrow{\mathrm{OA}}$ と $\overrightarrow{\mathrm{OB}}$ の**内積**を

$$(\overrightarrow{\mathrm{OA}}, \overrightarrow{\mathrm{OB}}) = |\overrightarrow{\mathrm{OA}}||\overrightarrow{\mathrm{OB}}|\cos\theta$$

と定義する．ここで θ は $\overrightarrow{\mathrm{OA}}$ と $\overrightarrow{\mathrm{OB}}$ のなす角度を表す．

内積 $(\overrightarrow{\mathrm{OA}}, \overrightarrow{\mathrm{OB}})$ を $\overrightarrow{\mathrm{OA}}\cdot\overrightarrow{\mathrm{OB}}$ と表記する流儀もあります．内積を (,) で表す記法を用いるときは，座標表示と混同しないように気をつけてください．

定義(1)は座標を用いていますが，定義(2)は座標を使わずに記述しています．そして，この2つの定義が一致するというのが等式(5.2)です．これは大事な視点です．すなわち，この三角形が xy 平面にあっても，3次元空間の中に浮かんでいても（少し想像しにくいかもしれませんが，もっと高次元の空間に浮かんでいても），三角形としての性質は変わりませんので，定義(2)は同じ意味をもちます．この三角形が空間に浮かんでいるときに，定義(1)はどうなるでしょうか．たとえば三角形OABが3次元の xyz 空間の中にある場合を考えてみ

ます．この場合，ベクトルの成分が 3 つありますが，

$$\overrightarrow{\mathrm{OA}} = (a, b, c), \quad \overrightarrow{\mathrm{OB}} = (p, q, r)$$

と表記すると，(5.2) と同様の計算で次の式が成り立ちます．

$$ap + bq + cr = |\overrightarrow{\mathrm{OA}}||\overrightarrow{\mathrm{OB}}| \cos\theta \tag{5.3}$$

そこで，3 次元のベクトルの内積 $(\overrightarrow{\mathrm{OA}}, \overrightarrow{\mathrm{OB}})$ を幾何的に $|\overrightarrow{\mathrm{OA}}||\overrightarrow{\mathrm{OB}}| \cos\theta$ と定めると，この内積は $ap+bq+cr$ と表されます．(5.3) の右辺は座標系に依存しないので，これは座標系によらない量です．さらに

$$\overrightarrow{\mathrm{OA}} \text{ と } \overrightarrow{\mathrm{OB}} \text{ が直交する} \iff \cos\theta = 0 \iff ap + bq + cr = 0$$

が成り立ちます．ここで $\iff$ は「同値」という意味の記号です．

次元が 4 以上の場合でも，2 つのベクトルが作る三角形だけに注目すると，これは平面の幾何です．したがって，幾何的な内積の定義を考えることができ，座標成分の内積の表示は (5.2) や (5.3) と同様の公式が成り立ちます．

この章の後半では，内積を用いることで，多変数関数のいろいろな定理が，変数の数が 2 個でも 3 個以上でも同じ形で表されることを見ます．

5.3.5　直線と平面と空間

第 5.3.3 項では局所的な問題を解くのに曲線や曲面を直線や平面（接線や接平面）に置き換え（ステップ 1），次に直線や平面に対して問題を解く（ステップ 2）という考え方を説明しました．ここでは，まず，直線や平面について，高次元での直観に役立つようにさまざまな視点を整理します．

平面の中の直線を理解する

高次元の空間を理解するのは難しそうですが，平面の中にある直線はよくわかります．また，3 次元の中にある直線や平面もイメージしやすいでしょう．これらの例は，3 次元空間に住んでいる人間にとって直観的につかめる部分ですから，この部分の理解をもう一歩深めることによって，普通には目で見るこ

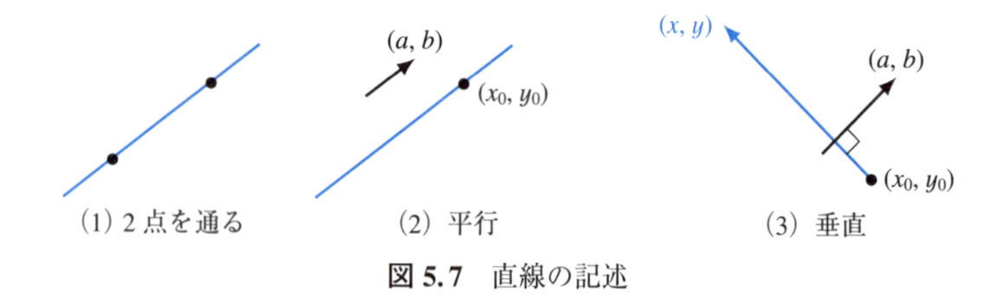

図 5.7　直線の記述

とができない高次元の空間を‘見る’手がかりをつかみましょう．

最初に2次元平面の中の直線を，6通りの見方でとらえてみます．もし，この6通りの見方と類似のことを高次元の空間の中で考えたとしたら，それぞれがどんな図形を定めるだろうかということにも思いを馳せてください．

まず，定規を使って直線を描くことを考えます．1本の定規があれば2点を結んで直線を引けますし，もう1本，三角定規があれば平行な直線や垂直な直線を自由に描くこともできます．これに対応して，直線を記述する3つの方法を整理してみます（図5.7）．

(1)　相異なる2点を通る直線は唯一つ存在する．
(2)　与えられた点を通り，与えられた直線に平行な直線は唯一つ存在する．
(3)　与えられた点を通り，与えられた直線に垂直な直線は唯一つ存在する．

(1)〜(3)は紀元前300年ごろ，古代ギリシャでまとめられた『ユークリッド原論』のとらえ方です．一方，直交座標系を用いて，位置を記述するという方法があります．たとえば，ユークリッドの時代から約1000年後の奈良時代の平城京では東西・南北方向の大路（おおじ）を約530 mの等間隔の方眼上に配置し，位置を「左京三条二坊」というように直交座標系で表しています．さらに約1000年経過した西洋では，数学の手法として直交座標系が登場しています．座標を用いるのは計算上は強力な手法ですが，ちょっと人工的です．たとえば地面の上で，どこを原点にとり，どの方向を x 軸と y 軸にとるかに必然性はありません．古代ギリシャの数学はそうした人工的な部分を避けて，普遍的な思考に徹しているのが強みであり，一方，xy 座標を用いる手法は，幾何学の証明における‘ひらめき’のかわりに式変形の計算で議論を進められるという強みがあります．

それでは，xy 座標を用いて直線を記述する方法をいくつか挙げましょう．

(4)（直線のパラメータ表示）

$$(x, y) = \underbrace{(x_0, y_0)}_{\text{与えられた点の座標}} + t\underbrace{(a, b)}_{\text{与えられた方向}}$$

これは，幾何的性質(2)を座標で表した形になっています．すなわち，$t=0$ で与えられた点 (x_0, y_0) を通り，t が実数全体を動くとベクトル $(a, b) \neq (0, 0)$ に平行な直線になります．t をパラメータ（媒介変数）と言います．

では幾何的性質(3)を座標で表すとどうなるでしょうか．点 (x_0, y_0) を通り，位置ベクトル $(x, y)-(x_0, y_0)$ がベクトル (a, b) に垂直であるような点 (x, y) を集めて得られる図形が(3)で記述した直線です．得られた直線に対し (a, b) を**法線ベクトル**と言います．第 5.3.4 項で見たように，2 つのベクトルが直交するための必要十分条件は，その内積が 0 ということですから，

$$a(x - x_0) + b(y - y_0) = 0$$

すなわち

$$ax + by = ax_0 + by_0$$

です．a, b は与えられた直線の方向のデータ，x_0, y_0 は与えられた点の座標ですから，右辺は定数です．よって $c = ax_0 + by_0$ とおくと，次の 1 次方程式の解 (x, y) の描く図形が(3)で記述した直線となります．

(5)（直線の方程式による表示）

$$ax + by = c$$

$b \neq 0$ ならば，次のように表せます．

(6)（直線のグラフ表示）　$b \neq 0$ の場合，

$$y = -\frac{a}{b}x + \frac{c}{b}$$

これは中学のときからおなじみの，傾きが $-\frac{a}{b}$，y 切片が $\frac{c}{b}$ の直線です．

ここでは「数式を見て図を描く」のではなく「図形から数式を導く」という順序で(4)〜(6)を考えました．ここに現れた数式そのものはどれも見覚えがある書き方でしょう．次に，1 変数関数から多変数関数に移行する準備をします．空間の次元を上げたときに，前述した直線の 6 通りの記述方法がどのような図形を表すかを考えてみます．

たとえば，(2)で述べた「与えられた点を通り，与えられた直線に平行な直線」は 3 次元空間の中でも唯一つ存在します．ですから，(2)は 3 次元空間の中でもそのまま意味をもち，直線を記述することになります．一方，3 次元空間の中で直線ではなく平面を記述したい場合，‘平行’ という言葉を使うならば

(2′)　与えられた点を通り，与えられた（交差する）2 本の直線に平行な平面は唯一つ存在する．

という形になります．2 つのベクトル $\overrightarrow{u}$ と $\overrightarrow{v}$ に対して，$a\overrightarrow{u}+b\overrightarrow{v}=\overrightarrow{0}$（零ベクトル）となる実数 a と b が 0 に限るとき，この $\overrightarrow{u}$ と $\overrightarrow{v}$ は**一次独立**であると言います．(2′)において，「（交差する）2 本の直線に平行」と言うかわりに，「一次独立な 2 つのベクトルに平行」と言い換えても同じです．

一方，(3)は「平行」ではなく「垂直」がキーワードでした．3 次元空間における 2 つの直線は，交わっていなくても対応する 2 つの方向ベクトルが垂直なとき**垂直**と言うことにします．そうすると，平面幾何において(3)で述べた「与えられた点を通り，与えられた直線に垂直な直線」は 3 次元空間の中では無数にあり，それを全部集めると平面になります．ですから，(3)は 3 次元空間の中では次の形に言い直すことになります．

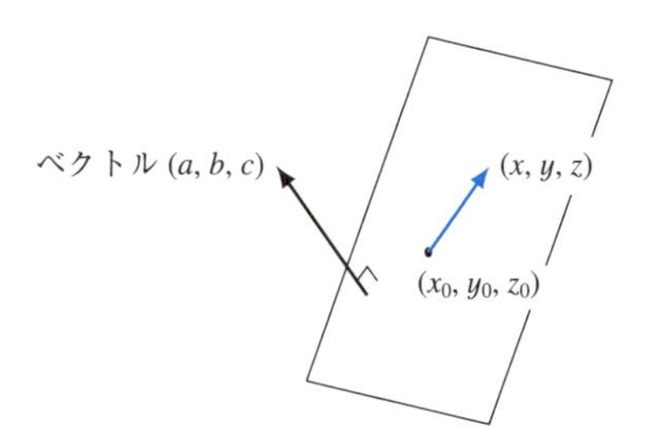

図 5.8　垂直な方向を用いた平面の記述

(3′) 与えられた点を通り，与えられた直線に垂直な平面は唯一つ存在する．

逆に，空間の中に平面が先に与えられたとき，次の主張が成り立ちます．

(3″) 与えられた点を通り，与えられた平面に垂直な直線は唯一つ存在する．

(3′) と (3″) は言葉だけを見ると直線と平面が入れ替わっています．この不思議な関係は直交条件に関する双対性（そうついせい）として，この章の最後に述べるラグランジュの未定乗数法の背景になります．

3 次元空間の中の平面を理解する（ステップ 2 のつづき）

曲面の接平面を考えるときは，平面の幾何的特徴づけ (3′) の考え方が役立ちます．そこで (3′) を座標で表示し，この平面の方程式を導いてみましょう．幾何的条件 (3′) において，あらかじめ与えられたデータは点 (x_0, y_0, z_0) と**法線ベクトル** (a, b, c) $(\neq (0,0,0))$ です．そうすると (3′) で得られた平面上の勝手な点 (x, y, z) に対して，ベクトル (a, b, c) とベクトル $(x-x_0,\ y-y_0,\ z-z_0)$ が直交する (図 5.8) ことから，その内積は 0，すなわち

$$a(x-x_0)+b(y-y_0)+c(z-z_0)=0$$

となります．$d=ax_0+by_0+cz_0$ とおくと，この平面の方程式は

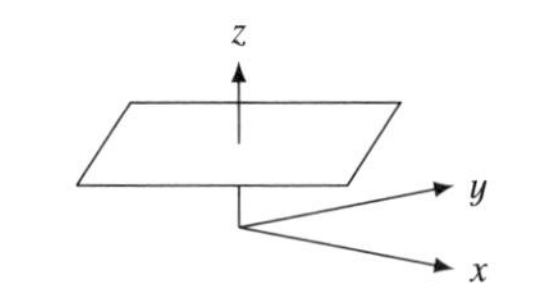

図 5.9 高さが一定 $z=d$ の平面

(5.4)
$$ax+by+cz=d$$

となることが証明できました.

$c \neq 0$ ならば，次のように表せます.

(5.5)
$$z=-\frac{a}{c}x-\frac{b}{c}y+\frac{d}{c}$$

特に，$a=b=0, c=1$ のときは法線ベクトルは z 軸の方向となり (図 5.9)，この平面の方程式は $z=d$ と表されます．これは 3 次元の xyz 空間の中で xy 平面に平行な平面です.

第 5.3.2 項でお話しした「等高線」は，グラフ $z=f(x,y)$ が xy 平面に平行な平面とどのように交わっているかを記述する概念です．等高線や等高面のお話はこの後も出てきますが，図形と方程式両方の側面からの考察が役立ちますので，ここでお話しした複数の視点を頭の片隅に置いておいてください.

この項では平面と直線などの‘まっすぐなもの’について，図形と数式の一般的な性質をいくつかの視点で見てきました．次項では，いよいよ曲がった曲線あるいは曲面について理解を進めていきましょう.

5.3.6 接線と接平面

ステップ 2 に必要な「直線」や「平面」の理解が進んだところで，曲線や曲面を直線 (接線) や平面 (接平面) で近似するというステップ 1 に戻ります.

平面内の曲線と接線

手始めに，1 変数関数 $f(x)$ のグラフ $y=f(x)$ 上の 1 点 $(x_0, f(x_0))$ に接する直線 $y=ax+b$ をどのようにして求められるか考えてみます．より一般の状況を

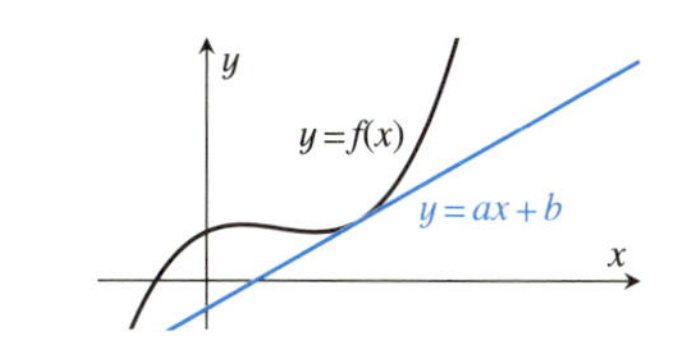

図 5.10　局所的な近似（曲線に接する直線）

想定して $ax+b$ を $g(x)$ と書いておきます．

模式的に書くと，こういうことをしたいわけです．

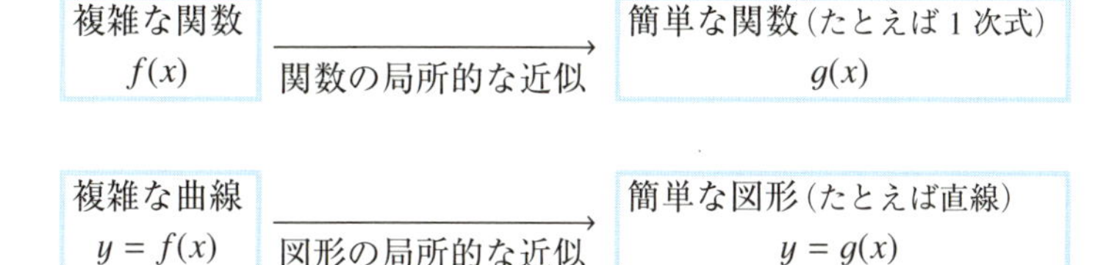

簡単な関数の典型例が 1 次式 $g(x) = ax+b$ であり，簡単な図形の典型例が直線です．局所的な近似のアプローチの 1 つは，接する簡単な関数・図形を考えることです．接する関数や図形を考える以外にも，局所的な近似を提供する方法は多く存在し，また，直線以外にもさまざまな簡単な図形が考えられます．上の模式図の考え方に沿ったヴァリエーションはいろいろありえます．その中で，接線や接平面は「局所的な様子を理解・近似する」ための簡単かつ強力な手法を提供しています．なお，数式だけを見ていると局所的な近似であるということを見落としがちですが，図形で考えると局所と大域の差がより明確になります．たとえば，図 5.10 を見ると，接線は局所的にはグラフをよく近似していますが，遠くに行くとグラフとは大きく逸脱します．接線や接平面はあくまで局所近似であり，大域的な予測や判断に流用して使うと誤りを生む可能性があります．

それでは「接する」という条件を 1 変数関数 $f(x)$ の場合に数式で表してみましょう．「接する」とは，点を共有して，傾きが同じということですから，$y = f(x)$ と $y = g(x)$ のグラフが点 (x_0, y_0) で接するための条件は，

- 点 (x_0, y_0) を共有する $\iff f(x_0) = g(x_0) = y_0$
- 点 (x_0, y_0) における傾きが等しい $\iff f'(x_0) = g'(x_0)$

となります．いま $g(x)$ が 1 次式 $ax+b$ であるとすると，$g(x_0)=ax_0+b$, $g'(x_0)=a$ なので，この条件は，

$$f(x_0) = ax_0 + b = y_0, \quad f'(x_0) = a$$

となります．これを a, b について解くと

$$a = f'(x_0), \quad b = y_0 - ax_0 = y_0 - f'(x_0)x_0$$

となります．よってグラフ $y=f(x)$ の点 (x_0, y_0) $(=(x_0, f(x_0)))$ における接線の方程式は，

$$\begin{aligned} y &= g(x) = ax+b \\ &= f'(x_0)x + y_0 - f'(x_0)x_0 \\ &= f'(x_0)(x - x_0) + y_0 \end{aligned} \tag{5.6}$$

となります．こういう式は公式として覚えるのではなくて，ゼロからスタートして，意味を考えながら導き出そうとすると，ポイントを会得しやすくなるでしょう．

次に，多変数関数の場合を考えてみます．

3 次元内の曲面と接平面（ステップ 1）

第 5.3.1 項で見たように，2 変数関数 $f(x, y)$ のグラフ $z=f(x, y)$ は xyz 空間の曲面になります．「曲面に対する接平面」は「曲線に対する接線」の次元を上げたものと見なすことができます．

関数 $f(x, y)$ を地点 (x, y) の標高と考えると，この曲面は地形を表しているとも解釈できます．第 5.3.3 項の図 5.5 を再掲します（図 5.11）．山の斜面の 1 つの地点 P で接するような板を考えてみましょう．この板（接平面）を数式で表すためにはどう考えればよいでしょうか．

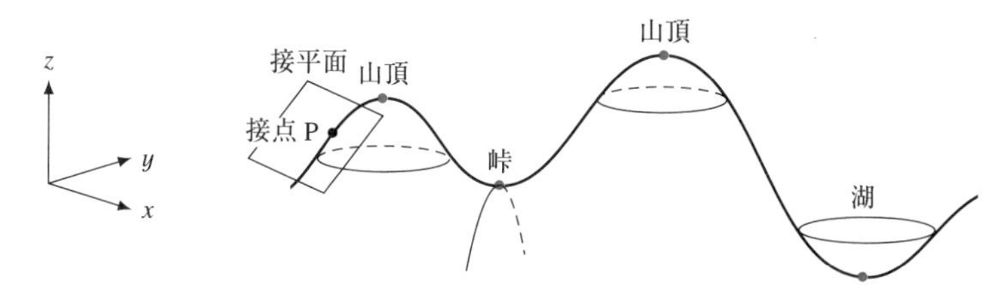

図 5.11　曲面の接平面（4 つの ● は臨界点 … 第 5.3.7 項で詳述）

まず 2 つの曲面 $z=f(x,y)$ と曲面 $z=g(x,y)$ が 1 点 P で接するための条件を考えます．その後で，曲面 $z=g(x,y)$ が平面である場合，すなわち $g(x,y)$ が 1 次式 $ax+by+d$ であると仮定した場合（(5.5) 参照）の計算を実行することにしましょう．

接点 P の座標を (x_0, y_0, z_0) とすると，P はグラフ上の点なので，$z_0=f(x_0,y_0)$ です．$z=f(x,y)$ のグラフ（曲面）に $z=g(x,y)$ のグラフ（曲面）が「接している」とすると，1 変数関数のときと同じように考えて

- 点 P を共有する　$\Longleftrightarrow$ $f(x_0,y_0)=g(x_0,y_0)=z_0$
- 点 P における曲面の傾きが等しい $\Longleftrightarrow$ 偏微分の言葉で表すと…？

と議論を進めます．そもそも，「曲面の傾きが等しい」とはどういう意味でしょうか．

ある地点の「傾き」というと，東西・南北だけではなく，あらゆる方向の傾きを扱いたいわけですが，まずは，特別な方向の傾きを考えてみます．たとえば，東西に進んだときの傾きが一致する，あるいは，南北に進んだときの傾きが一致する，という条件です．

たとえば x が東西方向の座標で，y が南北方向の座標であるとすると，東西方向の傾斜は，y 座標を $y=y_0$ と一定にし，x を動かしたときの標高の変化率ですから，これはまさに x に関する偏微分です．したがって，それが一致するという条件は次の等式で表されます．

$$\frac{\partial f}{\partial x}(x_0,y_0)=\frac{\partial g}{\partial x}(x_0,y_0)$$

同じように，南北方向の傾斜は，x 座標を $x=x_0$ と一定にし，y を動かしたときの標高の変化率ですから，それが一致するという条件は，y に関する偏微分が一致するという条件になります．以上をまとめると，2つの曲面 $z=f(x,y)$ と $z=g(x,y)$ が点 (x_0,y_0,z_0) で接するならば

$$f(x_0,y_0)=g(x_0,y_0)=z_0,\quad \frac{\partial f}{\partial x}(x_0,y_0)=\frac{\partial g}{\partial x}(x_0,y_0),\quad \frac{\partial f}{\partial y}(x_0,y_0)=\frac{\partial g}{\partial y}(x_0,y_0)$$

が成り立ちます．

次に $g(x,y)$ が1次式 $ax+by+d$ の場合に上述の3つの条件式は

$$f(x_0,y_0)=ax_0+by_0+d=z_0,\quad \frac{\partial f}{\partial x}(x_0,y_0)=a,\quad \frac{\partial f}{\partial y}(x_0,y_0)=b$$

と表されます．これを a,b,d について解くと，

$$a=\frac{\partial f}{\partial x}(x_0,y_0),\quad b=\frac{\partial f}{\partial y}(x_0,y_0),$$
$$d=z_0-\frac{\partial f}{\partial x}(x_0,y_0)x_0-\frac{\partial f}{\partial y}(x_0,y_0)y_0$$

となるので，a,b,d の値はすべて決まり，点Pにおける**接平面**の方程式は以下の形になります．

$$\begin{aligned} z&=g(x,y)=ax+by+d\\ &=\frac{\partial f}{\partial x}(x_0,y_0)x+\frac{\partial f}{\partial y}(x_0,y_0)y+\left(z_0-\frac{\partial f}{\partial x}(x_0,y_0)x_0-\frac{\partial f}{\partial y}(x_0,y_0)y_0\right)\\ &=\frac{\partial f}{\partial x}(x_0,y_0)(x-x_0)+\frac{\partial f}{\partial y}(x_0,y_0)(y-y_0)+z_0 \end{aligned}$$

つまり，$z_0=f(x_0,y_0)$, $\frac{\partial f}{\partial x}(x_0,y_0)$, $\frac{\partial f}{\partial y}(x_0,y_0)$ の値だけで接平面が決まってしまうということです．これは，東西方向と南北方向の勾配の情報だけで，曲面に接する‘板’の傾きが決まることに対応しています．斜面に置いたボールの転がり出す方向についての問題を考えたときにも，このことを直観的に使いました．古代ギリシャの幾何学の見方でいえば，第5.3.5項で述べた平面の特徴づけ(2′)，すなわち「与えられた点を通り，与えられた(交差する)2本の直線に平行である」という条件で平面が唯一つに決まることに対応しています．

上の議論で得られたことをまとめておきましょう．

接平面の方程式（その 1）　$z_0 = f(x_0, y_0)$ とすると，グラフ $z = f(x, y)$ 上の点 (x_0, y_0, z_0) における接平面は次の方程式で与えられる．

$$z = \frac{\partial f}{\partial x}(x_0, y_0)(x - x_0) + \frac{\partial f}{\partial y}(x_0, y_0)(y - y_0) + z_0 \tag{5.7}$$

このように整理すると，接平面の方程式は平面内のグラフ（曲線）に対する接線の方程式(5.6)とよく似た形になりました．

1 変数関数のグラフ（曲線）の接線や 2 変数関数のグラフ（曲面）の接平面が理解できましたので，変数が 3 個以上ある場合を考えてみましょう．グラフを描こうとすると空間の次元が 4 以上になってしまい，目で見るのが難しくなってしまいます．このような場合は，次元に依存しない概念に置き換えるのが便利です．変数の個数を増やす前に，考え方を整理しておきましょう．

第 5.3.4 項では，三角形は地面に描かれていても空中に浮かんでいても，その幾何的な性質が変わらないことに着目し，「ベクトルの内積は座標や次元によらない概念である」ということを示しました．そこで，ベクトルの内積を用いて接平面の方程式をより汎用性のある形に書き換えましょう．ポイントを見やすくするために，以下のように a, b, p, q をあてはめると，接平面の方程式

$$z - z_0 = \underbrace{\frac{\partial f}{\partial x}(x_0, y_0)}_{a}\underbrace{(x - x_0)}_{p} + \underbrace{\frac{\partial f}{\partial y}(x_0, y_0)}_{b}\underbrace{(y - y_0)}_{q} \tag{5.8}$$

はベクトル (a, b) と (p, q) の内積となります．ここでベクトル (a, b) と (p, q) の意味を幾何的に考えてみましょう．

まず，関数 $f(x, y)$ の**勾配ベクトル**（gradient vector）を

$$\operatorname{grad} f(x, y) := \left(\frac{\partial f}{\partial x}(x, y),\ \frac{\partial f}{\partial y}(x, y)\right)$$

と定義します．$\operatorname{grad} f$ を ∇f と書くこともあります．∇ はナブラと読むのが一般的ですが，この読み方は ∇ の形を竪琴（たてごと）に見立てたユーモアからきているようです．なお，「勾配」という言葉の響きから，2 変数関数 $f(x, y)$ の勾配ベク

トルを空間の中の3次元ベクトルだと勘違いする方もいますが，2変数関数の勾配ベクトルは2次元のベクトルです．同様に，n 変数関数 $f(x_1, \cdots, x_n)$ の勾配ベクトルは n 次元のベクトルとして定義されます．

勾配ベクトルは多変数関数の局所的な振る舞いに関する重要な情報をもっています．もう一度，式(5.8)を振り返ると，そこに現れた a, b, p, q は

$$(a, b) \text{ は勾配ベクトル } \left(\frac{\partial f}{\partial x}(x_0, y_0),\ \frac{\partial f}{\partial y}(x_0, y_0)\right) = \operatorname{grad} f(x_0, y_0),$$

$$(p, q) \text{ は位置ベクトル } (x - x_0,\ y - y_0)$$

と解釈できます．したがって式(5.8)は次のように書き表されます．

接平面の方程式（その2）

$$z = z_0 + (\operatorname{grad} f(x_0, y_0),\ (x - x_0,\ y - y_0))$$

ここで $z_0 = f(x_0, y_0)$ でした．接平面は，接点 $(x_0, y_0, z_0) = (x_0, y_0, f(x_0, y_0))$ を通り，この点で曲面 $z = f(x, y)$ と‘接している’平面です．したがって，点 (x, y) が (x_0, y_0) に近いとき，2変数関数 $f(x, y)$ の値は，接平面上の z 座標である次の値

$$f(x_0, y_0) + (\operatorname{grad} f(x_0, y_0),\ (x - x_0,\ y - y_0)) \tag{5.9}$$

で近似できることになります．式(5.9)は展開すると x, y の1次式となるので，$f(x, y)$ の**一次近似**あるいは**線型近似**と言います．

内積を用いると，多変数関数の一次近似は，変数の個数が増えても同様の形になります．たとえば3変数関数 $f(x, y, z)$ の値は，点 (x_0, y_0, z_0) の近くでは

$$f(x_0, y_0, z_0) + (\operatorname{grad} f(x_0, y_0, z_0),\ (x - x_0,\ y - y_0,\ z - z_0)) \tag{5.10}$$

という x, y, z の1次式で近似できます．(5.9)や(5.10)のように内積を用いると，変数の個数が何個であっても多変数関数の局所的な近似式を同じ形で表示できるので便利です．

5.3.7　臨界点と極大・極小

一次近似の考え方を使って多変数関数のいろいろな性質を読み取ってみましょう.

高校では 1 変数の関数, たとえば $f(x)=x^3-x$ のような関数に対して, 極大・極小を求める計算の経験をした方もいらっしゃるかと思います. 一方, 多変数関数の極大・極小については, 個々の計算よりも, 極大値や極小値をとる点で一般的にどのような性質が成り立っているのかを分析することを重視します. たとえば, 物理現象で, ある量が極大になるときにどういう現象が起きているのか, 経済学で, 利潤が最大になるような状況はどういう平衡状態なのか, といった状況に共通する数学的な原理をとらえようということです.

極大(または極小)とは, 局所的に最大(または最小)という意味です. 変数の個数は多くなっても考え方は同じなので, まずは変数が x, y の 2 つの場合を考えましょう. ここでも, $z=f(x,y)$ のグラフ(曲面)を野山の地形と想像してみてください. 関数 $f(x,y)$ は地点 (x,y) の標高を表していると考えるわけです. このとき, 山頂はその付近ではもっとも高いので, $f(x,y)$ は極大値をとります. 山が 1 つしかなければ, この山頂で $f(x,y)$ は最大値をとりますが, 実際には遠くにどんな高い山があるかわからない. 谷底は, そのあたりではいちばん低い場所であるけれども, 遠くにもっと低いところがあるかもしれない. 遠くの情報がわからないとしても, この付近での山頂や谷底を探そう, というのが極大・極小問題です. 一方, 最大・最小というのは大域的な問題であり, それを判定するためには遠くの情報も必要となるので, ずっと難しいのです. ここでは局所的な性質である極大・極小に注目することにしましょう.

前掲の図 5.11 のように, 野山の各地点でその斜面に接するように板を当て, その板の向きがどうなっているかを想像してみてください. この接している板(接平面)は山頂では水平になっているはずです. 谷底でも同様です. もし接している板が水平でなければ, その付近には必ず, より高い・低い方向があるため, そこは山頂でも谷底でもありません. 逆に言うと, 点 (x_0, y_0) で $f(x,y)$ が極大あるいは極小であれば, この点における接平面は水平です.

水平な平面を座標で表すと，$z=$定数という形になります．したがって，前項で述べた接平面の方程式(5.7)において x の係数，y の係数が 0 になっているはずです．よって，極大あるいは極小になる点では

$$\frac{\partial f}{\partial x}(x_0, y_0) = \frac{\partial f}{\partial y}(x_0, y_0) = 0 \quad (\Longleftrightarrow \operatorname{grad} f(x_0, y_0) = (0,0))$$

となります．定理として書いておきましょう．

> **定理**　点 (x_0, y_0) で $f(x,y)$ が極大または極小ならば，$\operatorname{grad} f(x_0, y_0) = (0,0)$ が成り立つ．

勾配ベクトル $\operatorname{grad} f(x_0, y_0)$ が零ベクトルとなる点 (x_0, y_0) を関数 $f(x,y)$ の**臨界点**(critical point)あるいは**停留点**(stationary point)と言います．xy 平面上の点 (x_0, y_0) だけではなく，xyz 空間内のグラフ $z=f(x,y)$ 上の点 $(x_0, y_0, f(x_0, y_0))$ のことも臨界点とよぶことがあります．

定理の逆は必ずしも成り立ちません．すなわち，臨界点だからといって極大点・極小点とは限らないのです．図 5.11 の野山の絵を振り返ると，青い ● で記した臨界点が 4 つありますが，そのうち，極大(2 つの山頂)でも極小(1 つの湖底)でもない臨界点(峠点)が 1 つあります．峠点は極大点でも極小点でもありません．峠点の存在は 1 変数関数にはない現象です．

極大点・極小点や峠点を図形と数式で同時に理解するために，$f(x,y)$ が x と y の 2 次式で具体的に表される 2 つの例を確認しましょう．

> **例 1**(谷底)　$f(x,y) = x^2 + y^2$
>
> 
>
> $\operatorname{grad} f = \left(\frac{\partial f}{\partial x}, \frac{\partial f}{\partial y}\right)$ は $(2x, 2y)$ になるので
>
> $\operatorname{grad} f = (0, 0) \Longleftrightarrow (x, y) = (0, 0)$
>
> 関数 $x^2 + y^2$ の臨界点は $(0,0)$ である．しかもこの点で極小値を与える．

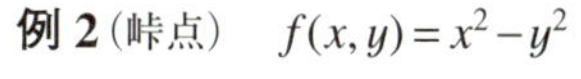

例 2（峠点）　$f(x,y)=x^2-y^2$

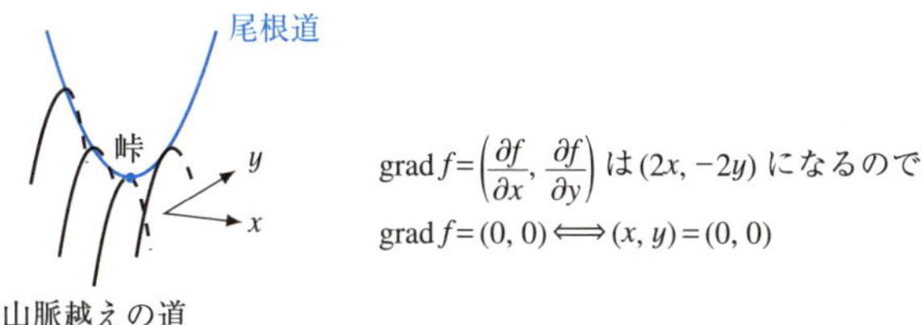

関数 x^2-y^2 の臨界点は $(0,0)$ だが，この点では極大値・極小値を与えない．

例 2 の原点は峠点です．$(x,y)=(0,0)$ では勾配ベクトルは零ベクトルになっているので臨界点であり，接平面は水平な平面です．しかし，峠点に到達する下り道（尾根道）もあれば峠点に到達する登り道（山脈越えの道）もあります．実際，青線で記した尾根道（$y=0$）は $z=x^2$ となり $x=0$ で極小ですが，山脈越えの道（$x=0$）は $z=-y^2$ となり $y=0$ で極大です．したがって，2 変数 x,y の関数 $f(x,y)=x^2-y^2$ は $(x,y)=(0,0)$ で極大にも極小にもなりません．

以上のことを整理しましょう．関数の極大点・極小点がどこにあるかを探すためには，まず，その候補を絞るために臨界点を求めます．これは数式で言うと，勾配ベクトルが零ベクトルになる地点，図形で言うと，接平面が水平になっている点です．次に臨界点を個別に見て，それが極大・極小になっているか，あるいは峠点になっているかなどを 1 つずつ調べることになります．

5.3.8　勾配ベクトルと等高線

「勾配ベクトル」という用語は味わいのある命名です．傾斜を記述する際には，急傾斜か，なだらかな傾斜か，といった情報だけではなく，どの方向に傾斜しているかの情報も必要です．勾配ベクトルという用語がしっくりとくる幾何的な定理を説明します．引き続き 2 変数関数 $f(x,y)$ の場合で話を進めますが，3 変数以上の場合にも適用できる形で述べることにします．

一次近似の式(5.9)は，点 (x,y) が起点 (x_0,y_0) に近ければ $f(x,y)$ の値は

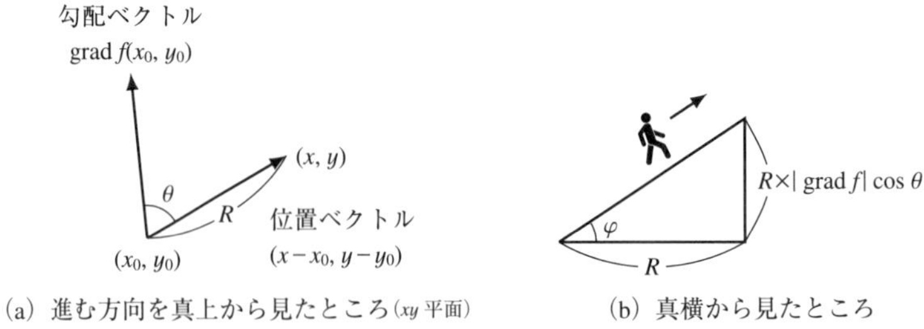

(a) 進む方向を真上から見たところ(xy 平面)　(b) 真横から見たところ

図 5.12　位置ベクトルと勾配ベクトル

(5.11)
$$z_0 + (\mathrm{grad}\, f(x_0, y_0), (x - x_0,\ y - y_0))$$

で近似できるというものでした．ここで $z_0 = f(x_0, y_0)$ です．(5.11)の第 2 項は，勾配ベクトル $\mathrm{grad}\, f(x_0, y_0)$ と位置ベクトル $(x-x_0,\ y-y_0)$ の内積です．この位置ベクトルの大きさを R とし，位置ベクトルが勾配ベクトルとなす角を θ とすると，xy 平面内の 2 つのベクトルは図 5.12(a)のような状況になっています．内積の幾何的な定義(第 5.3.4 項)を用いると，(5.11)は

(5.12)
$$z_0 + |\mathrm{grad}\, f(x_0, y_0)| R \cos\theta$$

と表せます．ここで，$|\mathrm{grad}\, f(x_0, y_0)|$ は勾配ベクトルの大きさです．

山や谷のある地形を想像しながら，式(5.12)の意味を考えてみます．いつものように $f(x, y)$ を点 (x, y) での標高とし，3 次元空間内の曲面 $z = f(x, y)$ が野山を表していると解釈します．式(5.12)からこの野山の起伏(きふく)を読み取ってみましょう．図 5.12(a)のように (x_0, y_0) を起点として，勾配ベクトルから xy 平面内で角度 θ だけ回転した方向にまっすぐ歩くとします．起点での標高が z_0 ですから，この方向に距離 R だけ進むと，R が大きくないとき，標高がおおよそ $|\mathrm{grad}\, f(x_0, y_0)| R \cos\theta$ 変化する，というのが一次近似式(5.12)の意味です．これは局所的な変化についてのもっとも重要な情報です．この人の進む方向を真上から見たのが図 5.12(a)で，真横から見たのが図 5.12(b)です．この人が進む方向の傾斜角を φ(ファイ) とします．$\varphi > 0$ ならば登り，$\varphi < 0$ ならば下りです．この角度 φ は進行方向 θ に依存し，図 5.12(b)からわかるように，

$$(5.13)\qquad \tan\varphi = \frac{R\,|\operatorname{grad} f(x_0, y_0)|\cos\theta}{R} = |\operatorname{grad} f(x_0, y_0)|\cos\theta$$

という関係式を満たします．勾配ベクトルは野山の形状で決まっているベクトルですが，真上から見たときの進行方向 θ は歩行者が自由に選べます．この人が進む方向の傾斜角 φ は，歩く方向 θ と野山の形状（勾配ベクトル）の両方に依存します．この関係を数式で表したのが(5.13)の意味するところです．

点 (x_0, y_0) が臨界点ではない，すなわち勾配ベクトル $\operatorname{grad} f(x_0, y_0)$ が零ベクトルでない場合を考えてみましょう．$0° \leqq \theta < 90°$ のとき，$\cos\theta > 0$ なので，(5.13)より $\tan\varphi > 0$ となり，したがって傾斜角 $\varphi > 0$，すなわち斜面を登っていることになります．ここで歩く方向 θ によって傾斜がどのように変わるかを考えます．まず，$\theta = 0°$ のとき，つまり，勾配ベクトルと同じ向きに進むとき，$\cos\theta$ は最大値の 1 をとるので，もっとも急峻な道を登ることになります．このときの傾斜角 φ は $\tan\varphi = |\operatorname{grad} f(x_0, y_0)|$ で与えられます．実際の野山では，険しすぎる斜面をまっすぐに登るのは難しいため，山道が幾重にも曲がりくねっていることがあります．‘九十九(つづら)折り’ とよばれるくねくねとした道は，θ を 90° に近づけて $\cos\theta$ を 0 に近づけることで，傾斜 $\tan\varphi$ を緩和した山道です．まとめると

$|\operatorname{grad} f(x_0, y_0)|$ が大きい $\iff$ 急勾配の斜面
θ を 90° に近づける $\iff$ 坂道の傾斜が $\cos\theta$ 倍に緩和される

となります．野山の形状は変えられませんが，歩く方向は変えられます．式(5.13)を用いると，進む方向 θ に応じて傾斜 $\tan\varphi$ がどの程度緩和されるかを正確に計算することができます．

一方，$90° < \theta \leqq 180°$ のときは，$\cos\theta < 0$ なので，$\tan\varphi < 0$ となり，斜面を下っていることになります．$\theta = 180°$ のときは，$\cos\theta = -1$ なので，この方向に進むと傾斜がもっとも急な下りになります．ボールが転がり出す方向は $\theta = 180°$ の方向です．

さて，$\theta = 90°$，つまり勾配ベクトルと垂直な方向に進むと，$\cos\theta = 0$ なので，(5.13)$=0$ となります．つまり，$\theta = 90°$ は高度が変わらない方向です．言い換

えると，勾配ベクトルは等高線と直交しています．これは雪山でスキーをする場合，静止していたいときには，もっとも傾斜が急な方向と垂直にスキー板を置くことに対応しています．

$\theta=0°, 90°, 180°$ の場合をまとめておきましょう．以下の定理では，等高線や勾配ベクトルが表示されている xy 平面における幾何と，地形がグラフ $z=f(x,y)$ として描かれている xyz 空間の幾何とに分けて述べることにします．

定理（勾配ベクトル grad f の幾何） $f(x,y)$ を 2 変数の関数とし，(x_0, y_0) は臨界点ではない，すなわち，勾配ベクトル grad $f(x_0, y_0) \neq (0,0)$ とする．

(1)（xy 平面） 勾配ベクトルと等高線は直交する．

(2)（xy 平面） 勾配ベクトルの向きと進む方向のなす角度が θ のとき

$0° \leqq \theta < 90°$ ならば $f(x,y)$ は局所的に増加し，

$90° < \theta \leqq 180°$ ならば $f(x,y)$ は局所的に減少する．

(3)（xyz 空間） xy 平面上で勾配ベクトルの方向に進むと（$\theta=0°$），曲面 $z=f(x,y)$ 上では傾斜がもっとも大きい登りとなり，その傾斜角を φ とすると

$$\tan\varphi = |\mathrm{grad}\, f(x_0, y_0)|$$

を満たす．一方，勾配ベクトルと反対の方向に進むと（$\theta=180°$），傾斜がもっとも大きい下りとなる．

標語的に言えば，(1)と(2)は 2 次元の図なので‘地図の幾何’，(3)は 3 次元空間での様子を表しているので‘山登りの幾何’になります．

今まで見てきたように，2 変数関数 $f(x,y)$ を視覚的に理解するのには

- 3 次元の xyz 空間の中でグラフ $z=f(x,y)$（曲面）を描く
- xy 平面内で勾配ベクトルを描く
- xy 平面内で等高線（$f(x,y)=$ 定数）を描く

というように，さまざまな方法があります．その相互の関係を記述しているのが上述の定理です．特に，「勾配ベクトル」から，その地点での斜面がどの向きにどれだけ傾斜しているかがわかるというわけです．

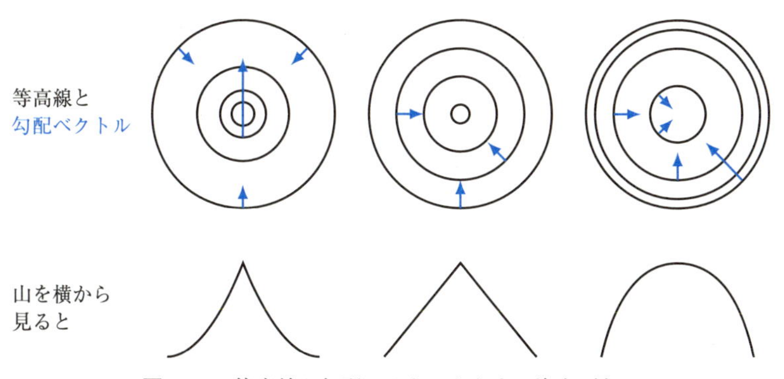

図 5.13　等高線や勾配ベクトルから山の姿を‘見る’

簡単な地形図を見ながら，山の形状，等高線，勾配ベクトルのうち 1 つの情報から，他の 2 つの情報がどのようにして読み取れるかを考察してみましょう．図 5.13 の上段では 3 種類の山の等高線を描きました．まずは等高線から地形の起伏を想像してください．3 つの地形はいずれも中心が山頂となっていますが，山の形は異なります．左上の図では中心に近いところで等高線の間隔が狭くなっています．これは山頂近くが急峻であることを示しています．一方，中央の地形図では等高線の間隔が一定です．これは，真横から見ると，三角の山になっていることを示しています．右の地形図は，中心に近いところでは等高線の幅が広くなっていますので，山頂近くはなだらかになっており，真横から見ると右下図に描いたような形の山です．

図の上段には青の矢印で，いくつかの地点における勾配ベクトルをそれぞれの点を始点として書き込んであります．（矢印は多ければ多いほど地形の情報量は増えるのですが，図が見にくくなるので，少数の矢印だけ書き込んでいます．）勾配ベクトルを見ると，その地点の傾斜の様子が読み取れます．たとえば勾配ベクトルの矢印が長い地点は傾斜が険しくなっています．

等高線と勾配ベクトルの関係も観察しておきましょう．等高線と勾配ベクトルは直交しています．注意深い方は，勾配ベクトルの大きさが等高線の間隔に反比例していることに気づかれたかもしれません．

最後に，下段から上段，すなわち真横から見た姿から等高線や勾配ベクトルを想像してみます．一般に 1 つの方向から見ただけでは野山の形状はわかりませんが，もし，この山が回転対称性をもっているならば，その地形の等高線や勾配ベクトルが図 5.13 の上段のようになっていると推測できるでしょう．

図 5.13 では特に簡単な 3 種類の地形について，等高線や勾配ベクトルから山の形状を読み取る練習をしました．もし山が見える場所に住んでいらっしゃるならば，その付近の 5 万分の 1 地形図の等高線を見ながら前述の定理における勾配ベクトルを想像してみてください．地形図の等高線は多くの情報をもっているので，見慣れた風景に意外な '発見' があるかもしれません．

偏微分は多変数関数に対して，極限操作を用いて定義されました．しかし，この節で見てきたように偏微分の考え方はそんなに抽象的なものではなく，身近なところにも現れているのです．野山にいるとき，斜面の傾斜を観察すれば偏微分を計算しなくても勾配ベクトル $\mathrm{grad}\, f = \left(\dfrac{\partial f}{\partial x}, \dfrac{\partial f}{\partial y} \right)$ を '感じる' ことができ，また，ハイキング地図の等高線を見れば，勾配ベクトルも概算できるわけです．

ここまで 2 変数関数の場合を取り扱ってきましたが，変数が増えたときは，どのように考えればよいのでしょうか．たとえば 3 変数関数 $f(x, y, z)$ ですと，そのグラフ $w = f(x, y, z)$ は $xyzw$ 空間（4 次元空間）の中でしか描けませんが，$f(x, y, z) =$ 定数となる点 (x, y, z) をプロットすると，これは 3 次元空間の中の曲面なので '見る' ことができます．この曲面は f が温度を表す場合は等温面，f が圧力を表すならば等圧面と言いますが，一般には**等値面**あるいは（f が '高さ' を表すわけではないのですが）**等高面**とよばれます．

さて，f が 3 変数関数ならば勾配ベクトル $\mathrm{grad}\, f$ は 3 次元のベクトルです．3 変数関数に対して，勾配ベクトルと等高面の関係を述べておきましょう．関数 f の増減を局所的に考えるときは，2 変数の場合と同じように，$f(x, y, z)$ の一次近似式を使います．一次近似式(5.10)は内積を用いて記述しましたが，第 5.3.4 項で見たように，「内積」は三角形の幾何学だけで定まる概念なので，三角形が空間に浮かんでいても，その意味は変わりません．したがって 3 変数であっても，2 変数の場合と同じ議論をすることができるのです．

2 変数関数と類似の定理を 3 変数の場合にまとめておきましょう．

定理（勾配ベクトル grad f の幾何）　$f(x,y,z)$ を 3 変数の関数とし，(x_0,y_0,z_0) は f の臨界点ではないとする．

(1)（xyz 空間）　勾配ベクトルと等高面は直交する．

(2)（xyz 空間）　勾配ベクトルの向きと進む方向のなす角が θ のとき

$0^\circ \leqq \theta < 90^\circ$ ならば $f(x,y,z)$ は局所的に増加し，

$90^\circ < \theta \leqq 180^\circ$ ならば $f(x,y,z)$ は局所的に減少する．

5.4　制約条件がある場合の極大・極小（最適化）

本章の最後の話題として，複数の変数の間に制約条件がある場合の極大・極小（最適化）の問題を取り上げ，その一般的な解法としてラグランジュの未定乗数法を紹介します．

自然科学や社会科学における現象を分析しようとすると，多くの場合，変数が自由に動けるわけではなく，変数どうしが関係し，何らかの束縛を受けていることがわかります．このような状況で，ある量がどのように変化するかを知りたいことがあります．たとえば，経済学では，予算に制約があるときに消費者の効用関数を最大にすることを考えたり，生産目標量が決まっているときに費用を最小にする戦略を分析したりします．このような問題に対して，個別の‘公式’をブラックボックスとして使うと，肝心のものが見えなくなってとんでもない間違いをしかねません．一方，数学的な‘考え方’には普遍性がありますので，基本的な場合に問題の立て方や分析の方法を自分なりにつかんでおくと，新たに別の問題に遭遇したときにも，筋道立てて考える助けになるかもしれません．

ですからこの節では，少し進んだ話題になりますが，「制約条件がある場合の最適化」の基本的な考え方をできるだけ易しく伝えてみたいと思います．

ジョゼフ=ルイ・ラグランジュ（1736–1813）は微分積分学を生み育てたニュートンやライプニッツから約 100 年後に活躍し，フランス革命の激動の時代に単位の統一を目指したメートル法の制定にも貢献した学者です．ラグランジュ

の未定乗数法は，偏微分と線型代数をあわせて普遍性をもつ優雅な形で定式化されます．本書では，線型代数の知識は仮定せず，変数の個数が少ない場合に幾何的な直観を活かしてラグランジュの未定乗数法の考え方を学びましょう．

5.4.1 制約条件を数式で表す

まず，複数の変数に関する**制約条件**(束縛条件とも言います)を「数式」で表すことを考えます．次項では制約条件を曲線や曲面などの「図形」で表して，制約条件をとらえるための車の両輪とします．

さて，自由に選べると考えている変数に，実は制約条件がついていることはよくあります．たとえば，学生ならば，学生生活でいろいろなことをやってみたい，数学も勉強したいし，スポーツも音楽もしたい，語学も法学も経済学も勉強したいし，睡眠も必要です．時間をうまく配分して，学生生活を自分の価値観の中で最高のものにしたい．どのように時間を使っても自由です．しかし 1 日は 24 時間しかない．それぞれに使う時間を $x_1, x_2, x_3, \cdots, x_n$ とすると，

$$x_1 + x_2 + \cdots + x_n = 24$$

という制約条件から逃れることはできません．また，買い物をするときに何を買うかは自由であっても，予算に制約があるかもしれません．たとえば予算が 1000 円で 1 個 100 円のりんごと 1 個 30 円のみかんをそれぞれ x 個，y 個買うとすると，$100x+30y \leqq 1000$ が制約条件となります(x, y を整数に限定せず，$100x+30y=1000$ という等式の形で扱うこともあり，以下ではそのように扱います)．

この 2 つの例では制約条件を 1 次式で表せましたが，一般にはもっと複雑な式になります．たとえば，原点からの距離が 1 という制約条件の下で物体が動く状況を考えるときは，平面ならば $x^2+y^2=1$，空間ならば $x^2+y^2+z^2=1$ という 2 次式が制約条件となります．

これらの制約条件は右辺を左辺に移項しておけば，一般に

$$g(x_1, \cdots, x_n) = 0 \tag{5.14}$$

という形で n 個の変数 $x_1, \cdots, x_n$ の等式として表されます．たとえばりんごと

みかんの例では変数は2個で $g(x,y)=100x+30y-1000$ です．制約条件が複数ある場合は(5.14)のような式を連立させることによって表示できます．ここでは話を簡単にするために，制約条件が1つだけの場合を取り上げましょう．

> **問題**　制約条件 $g(x_1,\cdots,x_n)=0$ の下で，n 変数関数 $f(x_1,\cdots,x_n)$ が極大あるいは極小になる点 $(x_1,\cdots,x_n)$ を求めよ．

この問題における**極大**あるいは**極小**は，(制約条件を満たしている中で)その近辺で最大あるいは最小であることを意味します．ここでは個別のケースに対する‘上手な計算法’ではなく，関数 f や g がどんなものであっても適用できる‘一般的な解法’を目指します．もし，そういった一般的な解法が存在するなら，それは「気がつけば当たり前の原理」を抽出したものだと期待できるでしょう．

この「原理」は，経済学において予算の制約条件の下で効用関数を最適化する問題にも，あるいは，束縛条件のある物理現象にも共通して現れます．ここではこの原理を，もっと身近な例として，野山を歩いているときの登り下りの様子から理解してみましょう．

5.4.2　制約条件を幾何的にとらえる

変数の個数が少なければ制約条件を‘目で見る’こともできます．ここでは変数が x と y の2つの場合に，次の基本的な問題を考えます．制約条件がある場合の極大・極小問題を可視化して，この問題への直観を引き出す手がかりとします．この‘直観’は変数の個数が多い場合にも有用です．

> **問題**　制約条件 $g(x,y)=0$ の下で，関数 $f(x,y)$ が極大あるいは極小になる点 (x,y) を求めよ．

りんごとみかんの例では，予算の制約条件 $100x+30y-1000=0$ を満たす点は xy 平面内の直線になります．一般には，制約条件 $g(x,y)=0$ を満たす点 (x,y) を xy 平面内でプロットすると曲線となります．経済学ではこれを**予算制約線**とよびます．別の例として，$g(x,y)=x^2+y^2-1$ を考えると，$g(x,y)=0$ を満

たす点 (x, y) は，原点を中心とした半径 1 の円周になります．このように制約条件 $g(x, y)=0$ は一般に平面内の曲線として‘目で見る’ことができます．

さて，ここで $g(x, y)$ とは別の 2 変数関数 $f(x, y)$ の極大・極小を求めたいのですが，これを視覚的にとらえるために，いつものように 3 次元空間の中でグラフ $z=f(x, y)$ を考えましょう．野山を想像し，東西方向の座標が x，南北方向の座標が y という地点での標高が $f(x, y)$ であると想像してください．グラフ $z=f(x, y)$ はこの地形を表す曲面です．

第 5.3.7 項では x や y に何の制約もない場合に関数 $f(x, y)$ の極大・極小問題を扱いました．x, y に制約がない場合は，野原のように自由に歩けると考えればよいのです．このときは極大点を求めるという問題は（局所的に）もっとも高いところを探す問題に対応し，鳥瞰図 5.14(a) を見ると 2 か所の山頂 P, Q が極大点です．一方，峠 R は極大点でも極小点でもありません．

次に，野原のように自由に歩けるのではなく，山道しか歩けないという状況を考えてみましょう．木がいっぱい茂っていたり，藪(やぶ)になっていたりして，山頂には到達できない状況を想像します．たとえば鳥瞰図 5.14(a) の青線のように山道があるとしましょう．この山道しか歩けないということを制約条件と見なすのです．この山道は山頂まで達しない道かもしれませんが，その中にも高低差があります．この山道の中で，局所的にもっとも高いところや低いところを探そうというのが前述の問題を図形的に解釈したものになります．以下では制約条件 $g(x, y)=0$ で定まる曲線を地図（xy 平面）に描かれた山道と考え，数式と図形を対応させていきます．

5.4.3 鳥瞰図から等高線の地図へ

鳥瞰図 5.14(a) と等高線で記述された地形図 5.14(b) のそれぞれの長所を生かしながら，「制約条件下での極大・極小問題」の考え方を見ていきましょう．

鳥瞰図 5.14(a) では，$z=f(x, y)$ が表す地形と $g(x, y)=0$ が規定する山道（=制約条件）を描いて全体の地形を俯瞰(ふかん)しています．P と Q が山頂で，R は峠であることや，山道の登り下りの様子も見えます．「制約条件の下での極大・極小問題」の答えは，鳥瞰図 5.14(a) の山道の地点として青い ● で記しました．こ

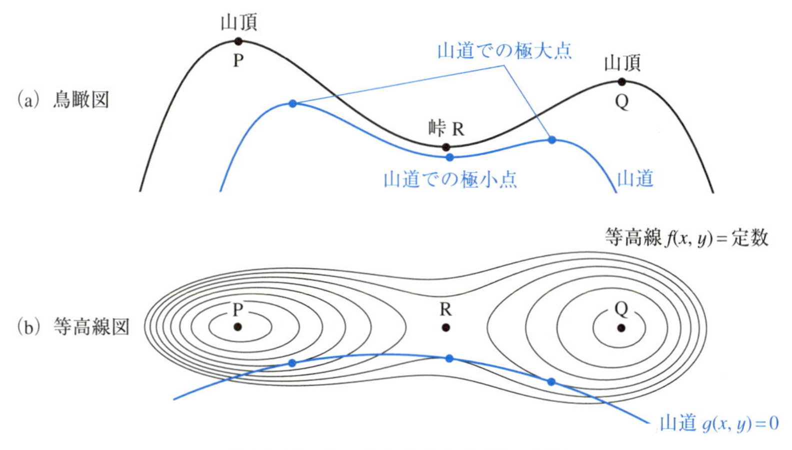

図 5.14　2つの山のある地形と山道

のようにどこか眺望の良い場所でこの地形を俯瞰することができれば，答えが図から一目でわかるというのが鳥瞰図の長所ですが，個別に図を描いて求めた解答は一般的な原理をつかみにくいことや，次元が高い場合(変数が多い場合)には使えないという欠点があります．

一方，図 5.14(b)は鳥瞰図 5.14(a)と同じ地形 $f(x,y)$ の等高線を xy 平面に記入したものです．山頂や山道を見比べてみましょう．

等高線図 5.14(b)では，山道を真上から見ていることになります．制約条件 $g(x,y)=0$ を xy 平面内でプロットした曲線が「山道」であり，西から東へのゆるやかな曲線として青い曲線で描かれています．山道の登り下りは等高線図 5.14(b)から読み取ることができます．たとえば，山道が等高線を横切っている地点では，山道に傾斜があるはずです．すなわち，等高線を横切ってどちらかの方向に進めば登りになり，逆向きに進めば下りになります．言い換えれば，山道の中で(局所的に)もっとも高い地点やもっとも低い地点では，山道は等高線を横切らず，等高線に接しているはずです．たとえば，等高線図 5.14(b)では 3 か所の青い ● で山道と等高線が接しています．この 3 か所の青い ● を鳥瞰図 5.14(a)と見比べると，左から順に山道での極大点，極小点，極大点となっています．

このように，等高線に注目すれば，真上から山道を見た平面図からでも，山道の登り下りの情報を読み取れるわけです．とりわけ，

山道における極大点や極小点では山道が等高線と接している

という性質は一般的な原理としてこの後の議論で鍵になります．

5.4.4 ラグランジュの未定乗数法（2 変数の場合）

ここまで「図形」を見てお話ししたことを「数式」を用いて表します．いちばん簡単な場合をしっかりと理解することが大事なので，変数の個数が 2 つの場合に，もう一度，この節の主題を述べておきます．

問題 制約条件 $g(x, y)=0$ の下で，関数 $f(x, y)$ が極大あるいは極小になる点 (x, y) を求めよ．

問題には $f(x, y)$ や $g(x, y)$ という 2 変数関数が出てきますが，$f(x, y)$ は野山の形，$g(x, y)=0$ は山道に対応させて，幾何的な考察をしました．すなわち，関数 $f(x, y)$ を地点 (x, y) の標高とし，制約条件 $g(x, y)=0$ は xy 平面（地図）上での山道であるとするのです．そうすると，上の問題は山道の中で，どの地点がその近辺でいちばん高く（あるいは低く）なっているかという問題に言い換えることができます．したがって，前項で見たように，そのような地点では（等高線図において）「山道と等高線は接している」ということがわかります．

論理の流れを，次の図式でまとめます．まず，条件(A)「山道の中で極大あるいは極小になる」ならば，条件(B)「山道と等高線は接している」ということを(A) $\Longrightarrow$ (B)と論理記号で表します．(A)も(B)も，点 (x_0, y_0) における性質です．さて，2 つの曲線が接していれば，その点における接線が一致します．そこで条件(C)を「接線が一致する」とすると，(B) $\Longrightarrow$ (C)が成り立ちます．ここまで幾何的な考察で(A) $\Longrightarrow$ (B) $\Longrightarrow$ (C)と論理が進みました．

最後のステップ(C) $\Longrightarrow$ (D)は接線が一致するという条件と勾配ベクトルの関係です．これをゆっくりと見ていきましょう．

(A)	$g(x, y) = 0$ の条件下で $f(x, y)$ は (x_0, y_0) で極大あるいは極小になる.

$\Downarrow$ 幾何的な考察

(B)	等高線図の点 (x_0, y_0) において山道 $(g(x, y) = 0)$ と等高線 $(f(x, y) =$ 定数$)$ が接する.

(C)	点 (x_0, y_0) において山道 $(g(x, y) = 0)$ の接線と等高線 $(f(x, y) =$ 定数$)$ の接線が一致する.

$\Downarrow$ 等高線と勾配ベクトルの関係

(D)	点 (x_0, y_0) において $\mathrm{grad}\, f$ と $\mathrm{grad}\, g$ が平行である(ラグランジュの未定乗数法).

いま, 等高線 $(f(x, y) =$ 定数$)$ や山道 $(g(x, y) = 0)$ はいずれも xy 平面内の曲線として考えています. 点 (x_0, y_0) において「この 2 つの曲線の接線が一致する」という条件(C)が成り立っているとします. さて, 2 つの直線が一致しているならば, その直線の法線ベクトル(**垂直な方向**)は互いに平行でなければなりません. これは第 5.3.5 項で見たユークリッド幾何学における直線の特徴の 1 つですね. わざわざ垂直な方向を持ち出すということが発想の転換点となり, 後述するように変数の個数が増えても適用できる考え方につながります.

第 5.3.8 項で見たように等高線と勾配ベクトルは直交しています(図 5.13). 言い換えると, 曲線 $f(x, y) =$ 定数の点 (x_0, y_0) における接線は勾配ベクトル $\mathrm{grad}\, f(x_0, y_0)$ と直交します. ここで, 関数 f が標高を表しているという解釈は使っていません. 同様に, 関数 g についても, 曲線 $g(x, y) = 0$ の点 (x_0, y_0) における接線は勾配ベクトル $\mathrm{grad}\, g(x_0, y_0)$ と直交します. ここでも $g(x, y) = 0$ が地図上の「山道」であるという解釈は使っていません. つまり, 関数 f や g の具体的な意味とは関係なく, 2 つの接線が一致するという条件(C)が成り立っていれば, それぞれの法線ベクトルである勾配ベクトル $\mathrm{grad}\, f(x_0, y_0)$ と $\mathrm{grad}\, g(x_0, y_0)$ は平行になります. これが条件(D)です. こうして(C) $\Longrightarrow$ (D)がわかりました. 話を簡単にするために $\mathrm{grad}\, g(x_0, y_0)$ は零ベクトルではないと仮

定すると，2 つの勾配ベクトルが平行であるという条件(D)は

$$\operatorname{grad} f(x_0, y_0) = \lambda \operatorname{grad} g(x_0, y_0)$$

という数 λ（ラムダ）が存在することと同じです．ベクトルの成分で書くと

$$\left(\frac{\partial f}{\partial x}(x_0, y_0),\ \frac{\partial f}{\partial y}(x_0, y_0)\right) = \lambda\left(\frac{\partial g}{\partial x}(x_0, y_0),\ \frac{\partial g}{\partial y}(x_0, y_0)\right)$$

となる λ が存在するというわけです．

このようにして(A) $\Longrightarrow$ (B) $\Longrightarrow$ (C) $\Longrightarrow$ (D)と進んだわけですが，その 1 つ 1 つのステップの幾何的な意味や論理がつかめたと思います．到達した結論を数式としてまとめておきましょう．

定理（ラグランジュの未定乗数法）　制約条件 $g(x,y)=0$ の下で 2 変数関数 $f(x,y)$ が点 (x_0, y_0) で極大値（あるいは極小値）をもつとする．いま $\operatorname{grad} g(x_0, y_0) \neq (0,0)$ とすると，ある実数 λ が存在して

$$\begin{cases} \dfrac{\partial f}{\partial x}(x_0, y_0) = \lambda \dfrac{\partial g}{\partial x}(x_0, y_0) \\ \dfrac{\partial f}{\partial y}(x_0, y_0) = \lambda \dfrac{\partial g}{\partial y}(x_0, y_0) \\ g(x_0, y_0) = 0 \end{cases}$$

が成り立つ．

λ を**ラグランジュの未定乗数**とよびます．

定理で記述した 3 つめの条件 $g(x_0, y_0)=0$ は，この点 (x_0, y_0) が制約条件を満たしているということを意味します．山道の喩（たと）えで言えば，その地点が（地図上の）山道にあるということです．これは当たり前の式ですが，条件の 1 つとして忘れないように，方程式の中に書き留めておきました．

もう一度定理を振り返ってみましょう．この 3 つの方程式では，x_0, y_0 だけでなく λ も未知数です．つまり 3 つの未知数 x_0, y_0, λ に関する方程式です．もともとは，どの地点 (x_0, y_0) で極大・極小になるかを知りたかったわけです．2 つの数 x_0, y_0 を知りたいのに，あえて，λ というもう 1 つのわからない数（未定

乗数）を導入しました．未知数を x_0, y_0, λ と 3 つに増やして，そのかわりに方程式を 3 つ立てたことになります．ラグランジュの未定乗数法は，特別なケースで上手に計算して解くという方向ではなく，一般的な原理を見抜いて汎用性のある形で定式化しておこう，という発想です．

なお，細かいことを言えば，山道がたまたま山頂を通っている場合もあります．もちろんその点は山道の中でも極大点です．一方，山頂が孤峰であれば，その点を通る等高線は曲線ではなく 1 点になります．上の議論ではこのような例外的な場合（数学では「退化した場合」とよぶこともあります）は省略しましたが，この場合はラグランジュの未定乗数 λ が 0 のときに対応しています．

ラグランジュの未定乗数法は数学的な普遍性をもつ定理ですので，山道の登り下りに適用しても成り立ちます．ここでは逆に，山道の例を手がかりに抽象的な定理を‘見つける’というアプローチをとりました．ここまでは変数が 2 個の場合でしたが，変数が増えたとき「制約条件下での最適化（極大・極小問題）」をどのように考えればよいのでしょうか．次項でお話ししましょう．

5.4.5　ラグランジュの未定乗数法（多変数の場合）

では次元を上げましょう．いきなり n 変数にするのではなく，変数が 3 つの場合を考え，次元が上がっても変わらない法則性を見出しましょう．

3 変数関数 $f(x,y,z)$ が空間の点 (x,y,z) における温度を表しているとします．地球規模の大きなスケールで考えてもかまいませんし，焚火の近くにいるという小さなスケールで考えてもかまいません．この場合，関数 $f(x,y,z)$ の極大問題とは（局所的に）温度がもっとも高い点を求めるということです．

空を飛んでいる鳥に，（局所的に）もっとも温度を高く感じた地点はどこですか，と尋ねるとすれば，この問いは曲線（鳥の飛んだ軌跡）上での温度 $f(x,y,z)$ の極大問題です．あるいは焚火を囲んだ陣幕（じんまく）でもっとも温度が高い場所はどこですか，という問いならば，これは曲面（陣幕）上での極大問題となります．制約条件を図形で表したとき，それが曲線である場合も曲面である場合も，この項で述べる考え方が適用できますが，まず曲面に束縛されている場合を取り上げましょう．具体的には次の問題を考えます．

問題　制約条件 $g(x,y,z)=0$ の下で，関数 $f(x,y,z)$ が極大あるいは極小になる点 (x,y,z) を求めよ．

制約条件 $g(x,y,z)=0$ は一般に 3 次元空間における曲面になります．たとえば $g(x,y,z)$ が $ax+by+cz-d$ のような 1 次式で表されるときは，$g(x,y,z)=0$ は空間の中の平面を表します（第 5.3.5 項）．$g(x,y,z)=z-h(x,y)$ という形のときは，$g(x,y,z)=0$ は 2 変数関数 $h(x,y)$ のグラフ $z=h(x,y)$ で表される曲面となります（第 5.3.1 項でいくつかの例を見ました）．また，$g(x,y,z)=x^2+y^2+z^2-1$ のときは $g(x,y,z)=0$ は原点を中心とした半径 1 の球面です．このように 3 次元空間の中の曲面に束縛されているという状況は，3 変数 x,y,z が 1 つの方程式 $g(x,y,z)=0$ を満たしているという数式で表現することができます．

この項の問題に戻りましょう．極大・極小を求めたい関数を $f(x,y,z)$ と書いていました．これは制約条件を述べるときに用いた $g(x,y,z)$ とは別の関数です．たとえば，$f(x,y,z)$ が温度を表す場合を想定してみましょう．x は東西方向，y は南北方向，z は上下方向の座標とし，この地点の温度を $f(x,y,z)$ とするのです．地点を与えるごとに温度が定まりますので，$f(x,y,z)$ は x,y,z の 3 変数関数になります．山を登るとだんだん気温が低くなってきます．これは $\dfrac{\partial f}{\partial z}<0$ ということです．北半球でしたら，北に行くとだんだん寒くなります．y が緯度ならば，例外はありますが，$\dfrac{\partial f}{\partial y}<0$ ということです．

同じ温度の点をつなぎあわせると，1 つの曲面になります．これを**等温面**とよぶのでした．たとえば 10℃ の等温面を考えてみましょう．点 (x,y,z) における温度を $f(x,y,z)$ とすると，

$$f(x,y,z)=10$$

という方程式が，10℃ の等温面を表すことになります．高度が 100 m 上がるごとに気温は 0.6℃ くらい下がるとすると，気温が 22℃ の地点の上空 2000 m の気温は約 10℃ になります．また，地上でも，この地点よりかなり北に行けば気温が 10℃ になる場所があるでしょう．こうして，ちょうど 10℃ となる空間の点をすべてプロットした曲面が 10℃ の等温面です．一般に，北半球

での等温面は，北に行くと高度が低くなるような曲面になっています．10℃だけではなく，−10℃，0℃，10℃，20℃，30℃，…とさまざまな温度について，今日の日本列島の上空での等温面がどのような曲面になるか想像してみてください．3 変数の関数も，等温面[等高面，等圧面，…]の考え方を使えば，少し‘見えてきた’気がするのではないでしょうか．

いま，1 つの等温面に注目します．等温面に沿って移動すれば温度は一定ですが，等温面を横切るように空間を移動するときは，温度が上がるか下がるかのいずれかになります．したがって，制約条件 $g(x,y,z)=0$ を満たす中で，もし温度 $f(x,y,z)$ が点 (x_0,y_0,z_0) で極大あるいは極小になっているならば(条件(A))，この制約条件 $g(x,y,z)=0$ が定める曲面は点 (x_0,y_0,z_0) において $f(x,y,z)$ の等温面を横切っていないはずです．2 つの曲面がある点で横切らないというのは，その点で 2 つの曲面が接している(条件(B))，言い換えれば，それぞれの曲面の接平面が一致するということです(条件(C))．

ここまでの幾何的な議論を整理すると，2 変数関数の場合と同様に，以下の図式で(A) $\Longrightarrow$ (B) $\Longrightarrow$ (C)と議論が進むことがわかりました．

(A) $g(x,y,z)=0$ の条件下で $f(x,y,z)$ は (x_0,y_0,z_0) で極大あるいは極小になる．

$\Downarrow$ 幾何的な考察

(B) 点 (x_0,y_0,z_0) において曲面 $(g(x,y,z)=0)$ と等温面 $(f(x,y,z)=$ 定数$)$ が接する．

(C) 点 (x_0,y_0,z_0) において曲面 $(g(x,y,z)=0)$ の接平面と等温面 $(f(x,y,z)=$ 定数$)$ の接平面が一致する．

$\Downarrow$ 幾何的な条件を数式で表す

(D) 点 (x_0,y_0,z_0) において $\mathrm{grad}\, f$ と $\mathrm{grad}\, g$ が平行である(ラグランジュの未定乗数法)．

(B)や(C)では制約条件 $g(x,y,z)=0$ が表す曲面と，等温面 $(f(x,y,z)=$ 定数$)$ という 2 つの曲面が現れています．関数 f と g の具体的な意味は異なりますが，この2つの曲面は，f が定数あるいは g が定数 (=0) という等式で定まる曲面という共通性をもっています．

最後に(C) $\Longrightarrow$ (D)を見ましょう．2つの平面が一致するならば，それぞれの平面の法線ベクトル(**垂直な方向**)は互いに平行になります．これは第5.3.5項で見た古代ギリシャの幾何学による平面のとらえ方の1つですね．まず，3変数関数 $f(x,y,z)=$ 定数，すなわち等温面の接平面から考えていきましょう．関数 $f(x,y,z)$ の勾配ベクトル $\mathrm{grad}\, f(x_0,y_0,z_0)$ は3次元のベクトルであり，第5.3.8項で見たように，点 (x_0,y_0,z_0) における等温面の接平面と直交しています．同じように考えると，関数 $g(x,y,z)$ の勾配ベクトル $\mathrm{grad}\, g(x_0,y_0,z_0)$ は曲面 $g(x,y,z)=0$ の接平面と直交しています．したがって，2つの接平面が一致する(条件(C))ことから，それぞれの法線ベクトルである勾配ベクトル $\mathrm{grad}\, f(x_0,y_0,z_0)$ と $\mathrm{grad}\, g(x_0,y_0,z_0)$ は平行である(条件(D))ことが導かれました．条件(D)を式で書くと，ある実数 λ が存在して

$$\mathrm{grad}\, f(x_0,y_0,z_0) = \lambda\, \mathrm{grad}\, g(x_0,y_0,z_0)$$

が成り立つということですので，これを成分で表し，(A) $\Longrightarrow$ (B) $\Longrightarrow$ (C) $\Longrightarrow$ (D)という議論で到達した結果を，定理として述べておきます．

定理 (3変数の場合のラグランジュの未定乗数法)　制約条件 $g(x,y,z)=0$ の下で3変数関数 $f(x,y,z)$ が点 (x_0,y_0,z_0) で極大(あるいは極小)になるとする．いま $\mathrm{grad}\, g(x_0,y_0,z_0) \neq (0,0,0)$ ならば，ある実数 λ が存在して，x_0, y_0, z_0 と λ に関する以下の4つの方程式が成り立つ．

$$\begin{cases} \dfrac{\partial f}{\partial x}(x_0,y_0,z_0) = \lambda \dfrac{\partial g}{\partial x}(x_0,y_0,z_0) \\ \dfrac{\partial f}{\partial y}(x_0,y_0,z_0) = \lambda \dfrac{\partial g}{\partial y}(x_0,y_0,z_0) \\ \dfrac{\partial f}{\partial z}(x_0,y_0,z_0) = \lambda \dfrac{\partial g}{\partial z}(x_0,y_0,z_0) \\ g(x_0,y_0,z_0) = 0 \end{cases}$$

変数の個数が2個から3個になったことで変わった箇所を青字で表しました．変数が増えても2変数の場合の定理と同様の形をしている理由をつかんでいただけたかと思います．

もう一度整理しておきましょう．2変数関数の場合でも3変数関数の場合でも，制約条件が1つだけの場合，

$$(\mathrm{A}) \Longrightarrow (\mathrm{B}) \Longrightarrow (\mathrm{C}) \Longrightarrow (\mathrm{D})$$

という議論でラグランジュの未定乗数法に到達しました．各ステップは変数が4つ，5つ，… と増えても適用できる考え方です．

ここまでは変数に関する制約条件が1個だけの場合を説明しましたが，2個，3個になるとどうなるでしょうか．実は制約条件の個数が増えても，同じ原理が適用できます．数式は複雑になるので詳しくは述べませんが，制約条件を1個から2個に増やした場合を最後に触れておきましょう．変数は x, y, z の3個のままとします．

変数が x, y, z の3個で制約条件が1つの場合，その点をプロットすると，一般に，空間の中の曲面になることはすでに見ました．2個の制約条件を同時に満たすということを図形で表すと，それぞれの制約条件は1つの曲面として表されるので，その2つの曲面の交わりになります．これは一般に曲線になります．逆に，空間の中で手で描けるような‘素直な’曲線は2つの曲面の交わりとして表せるので，2つの制約条件 $g_1(x, y, z) = 0$ かつ $g_2(x, y, z) = 0$ を満たしていると考えればよいのです．なお，曲線を2つの曲面の交わりとして表す方法は無数にあります．たとえば，3次元空間の中に浮かんでいる円周を想像してください．この円周は2つの球面の交わりとして表すこともできますが，その一方で，円柱と平面の交わりとして表すこともできます．このように関数の組 $(g_1(x, y, z), g_2(x, y, z))$ の選び方は無数にあるのですが，以下では，組 (g_1, g_2) の選び方によらない議論をします．

そうすると，空を飛んでいる鳥の軌跡において，いちばん温度の高い（あるいは低い）のはどこですか，という曲線上の極大問題（あるいは極小問題）は，点 (x, y, z) の温度を $f(x, y, z)$ とすると，次の問題を考えていることになります．

問題　2つの制約条件 $g_1(x,y,z)=0$ かつ $g_2(x,y,z)=0$ の下で，関数 $f(x,y,z)$ が極大（あるいは極小）になる点 (x,y,z) を求めよ．

計算が目的ではなく，考え方が大事なので，この問題に対しても前述の(A) $\Longrightarrow$ (B) $\Longrightarrow$ (C) $\Longrightarrow$ (D)のステップをあてはめます．数式ではなく言葉でイメージをつかみながら考えてみましょう．

鍵になるポイントは同じです．すなわち，等温面を横切るように移動すれば，その前後で温度は上昇あるいは下降するはずですから，鳥が飛んだ軌跡（曲線）の中で，温度が極大の地点では等温面を横切っていません．すなわち，その点では等温面と接するように飛んだはずです．温度が極大・極小となる地点（条件(A)）では，「曲線（制約条件）と等温面が接しているはずである」（条件(B)）というのが，この場合のステップ(A) $\Longrightarrow$ (B)に相当します．次に「接する」という条件は接線や接平面など，‘まっすぐなもの’ に置き換えて言い直す，というのが(B) $\Longrightarrow$ (C)です．今の例では，「曲線が曲面に接している」ならば，「曲線の接線は曲面の接平面に含まれている」ことに注意すると，条件(C)は「極大点・極小点では，曲線の接線が曲面の接平面に含まれる」という形で述べることができます．ステップ(C)の段階では曲線や曲面など「曲がったもの」は現れず，直線や平面など ‘まっすぐなもの’ を取り扱うことになります．(C) $\Longrightarrow$ (D)は **‘垂直なもの’** を考えます．今回の例では(C)は「直線 ℓ が平面 α に含まれる」という条件ですが，含まれるということを記号で $\ell\subset\alpha$ と書くことにしましょう．そうすると，ℓ の点Rを1つとると

$$\text{直線 } \ell \subset \text{平面 } \alpha$$

という包含関係が

(5.15)　Rを通り直線 ℓ に垂直な平面 $\supset$ Rを通り平面 α に垂直な直線

というように逆転します．第5.3.5項で触れた直交条件に関する双対性です．いま，ℓ は曲線の接線，α は曲面の接平面とすると

R を通り直線 ℓ に垂直な平面 = R を始点とする 2 つのベクトル
grad $g_1(x_0, y_0, z_0)$ と grad $g_2(x_0, y_0, z_0)$
が張る平面

R を通り平面 α に垂直な直線 = R を通り grad $f(x_0, y_0, z_0)$ に平行な直線

です．したがって，この幾何的な性質(5.15)を数式で書き下した条件(D)は，

$$\text{grad}\, f(x_0, y_0, z_0) = \lambda_1 \,\text{grad}\, g_1(x_0, y_0, z_0) + \lambda_2 \,\text{grad}\, g_2(x_0, y_0, z_0) \tag{5.16}$$

となる実数 λ_1, λ_2 が存在する，と表されます．このようにして 2 つの制約条件の下での極大・極小問題に対して，(A) ⟹ (B) ⟹ (C) ⟹ (D)のステップが完成したことになります．(5.16)を成分表示して，参考までに定理として述べておきます．

定理(3 変数の場合のラグランジュの未定乗数法：制約条件が 2 つの場合)　制約条件 $g_1(x, y, z) = g_2(x, y, z) = 0$ の下で 3 変数関数 $f(x, y, z)$ が点 (x_0, y_0, z_0) で極大(あるいは極小)になるとする．いま grad $g_1(x_0, y_0, z_0)$ と grad $g_2(x_0, y_0, z_0)$ が一次独立ならば，ある実数 λ_1 と λ_2 が存在して，x_0, y_0, z_0 と λ_1, λ_2 に関する以下の方程式が成り立つ．

$$\begin{cases} \dfrac{\partial f}{\partial x} f(x_0, y_0, z_0) = \lambda_1 \dfrac{\partial g_1}{\partial x}(x_0, y_0, z_0) + \lambda_2 \dfrac{\partial g_2}{\partial x}(x_0, y_0, z_0), \\ \dfrac{\partial f}{\partial y} f(x_0, y_0, z_0) = \lambda_1 \dfrac{\partial g_1}{\partial y}(x_0, y_0, z_0) + \lambda_2 \dfrac{\partial g_2}{\partial y}(x_0, y_0, z_0), \\ \dfrac{\partial f}{\partial z} f(x_0, y_0, z_0) = \lambda_1 \dfrac{\partial g_1}{\partial z}(x_0, y_0, z_0) + \lambda_2 \dfrac{\partial g_2}{\partial z}(x_0, y_0, z_0), \\ g_1(x_0, y_0, z_0) = g_2(x_0, y_0, z_0) = 0 \end{cases}$$

制約条件の個数が 1 個から 2 個になったことで変わった主要部分を青字で表しました．制約条件が 2 つあるときは，未定乗数も λ_1, λ_2 の 2 つになります．このように，変数や制約式の個数が増えても，基本的な原理は変わらないということを感じていただけたでしょうか．

(A) $\Longrightarrow$ (B) $\Longrightarrow$ (C) の部分は本章で扱った偏微分が主な道具になります．一方，(C) $\Longrightarrow$ (D) は 1 次式の計算です．この節で扱った例のように変数や制約条件の個数が少ない場合には手計算で扱うこともできますし，直交条件に関する双対性を視覚的に理解することもできますが，変数や制約条件の個数が多い場合には (C) $\Longrightarrow$ (D) の整理に線型代数の手法が使われます．

この節では，少し高度な話題として，ラグランジュの未定乗数法についてお話ししました．これは制約がある中で 1 つの関数が極大・極小になっているという状況を分析し，それを方程式として表現する方法です．未定乗数という未知数を増やして定式化されているので，定理だけを見ても直観的に理解しづらいかもしれません．しかし，曲線上の極大問題（山道の登り下り），あるいは曲面上の極大問題というように，図形を用いて考察し

- 問題を幾何的にとらえて数式で表す（等高線や勾配ベクトル），
- ‘曲がったもの’ を局所的に ‘まっすぐなもの’ に置き換える（接線や接平面）

というステップに分けることで，その解法に到達する考え方を説明しました．抽象的に見えたラグランジュの未定乗数法もアイディアがはっきりし，少し身近に感じられたのではないでしょうか．

本章の主題である偏微分は，‘曲がったもの’ を局所的に ‘まっすぐなもの’ に置き換える際に中心的な役割を果たしました．

第6章
積分——「そこにある量」をとらえる

局所的な様子を調べたいとき「微分」は強力な手法です．第4章と第5章ではそれぞれ1変数関数，多変数関数の場合に，微分あるいは偏微分と局所的な近似との関係に重点をおいてお話をしてきました．

本章のテーマは積分です．**微分**が局所的な様子をとらえる概念であるのに対し，**積分**は大域的な量をとらえます．

学校では「微分・積分」という順序で習いますので，なんとなく微分が最初に生まれて，そのあと積分がより高度な概念として発展したというイメージがあるかもしれません．確かに，1変数関数の場合には，積分を微分の逆演算と考えることができます．この視点は「微分積分学の基本定理」という呼称にふさわしいもので，微分と積分をつなげる大事な見方を与えています．しかし積分は，微分という概念がなくても定義できます．歴史的にも積分は微分よりもはるか以前に生まれた概念です．本章では，積分の本来の素朴な姿を土台とした観点に立って積分論を展開します．

歴史を振り返ると，積分は，「そこにある量」をとらえるという身近な動機から生まれ，すでに紀元前の古代エジプトの測量術や古代ギリシャの数学において，現代の積分論の入り口に到達していたと思われます．

時代は下って，17世紀になると「そこにある量」をとらえるという「積分」の考え方は，さらに多様な形で進展していきます．たとえば惑星の運動に関してケプラーが「面積速度一定の法則」を発見したのは17世紀の初頭ですが，物理法則の発見の過程で，かなり抽象度の高い「積分」に遭遇していたと言えるでしょう．もっと生活に密着している例も見てみましょう．酒樽(ワイン樽)は，ドラム缶とは違って真ん中が少し膨らんでいます．真ん中が膨らんでいるのは，球形に近い形の方が圧力が分散して，頑丈だからです．樽を作る前に容積を考えて設計しようとすると，これも「積分」の概念につながります．たと

えばケプラーは *Nova stereometria doliorum vinariorum*（ワイン樽の新しい立体幾何学，1615）という本で，微小な立体を集めて体積を算出するという手法やワイン樽の容積を最大にする設計の問題を考察しています．これらは微分・積分の体系的な基盤を作ったニュートンやライプニッツが生まれる前のことです．

本章では，「そこにある量」をどのようにしてとらえるか，という観点から，積分論をお話しします．この素朴な観点には汎用性と普遍性があり，積分のさまざまな性質，たとえば，1 変数の積分が微分の逆演算であることや，多変数関数の累次積分の公式なども自然に導かれます．

6.1　細かく分けて積み上げる——面積や体積の求め方

6.1.1　円の面積を求める 4 つの方法

積分は面積や体積を計算する考え方を大きく一般化した概念です．まずは，小学校のときからおなじみの「円の面積」をどう計算するかを考えてみましょう．

(1)　方眼紙を使う方法

小学校で，方眼紙を使って円のおおよその面積を算出したことのある方は多いでしょう．円の境界にひっかかる枡目（ますめ）の個数をどう勘定したらよいかで迷った経験があるかもしれません．少なめと多めに数える両極端の場合として，

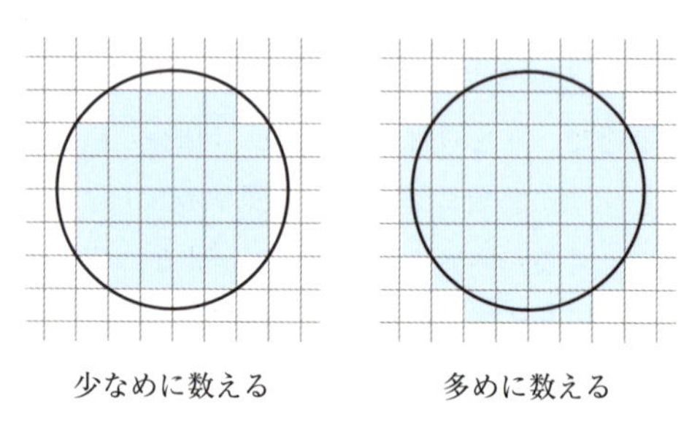

図 6.1　円の面積の求め方(1)

円の中にすっぽりと入る方眼紙の枡目の面積(図 6.1 左)と，円に少しでも触れている枡目の面積(図 6.1 右)を考えれば，実際の円の面積はこの中間にあるはずです．枡目を細かくすればその差は 0 に近づき，いずれの方法をとっても，実際の円の面積を近似できることになります．

(2) 扇形を互い違いに並べる方法

小学校ではこんな方法も習ったかもしれません．円を扇形に分けて，互い違いに並べるのです(図 6.2)．扇形を細くとると，幅が円周の長さの半分，高さが半径の長方形に近い図形になりますから，半径を R とすると面積は $R \times \pi R = \pi R^2$ になります．

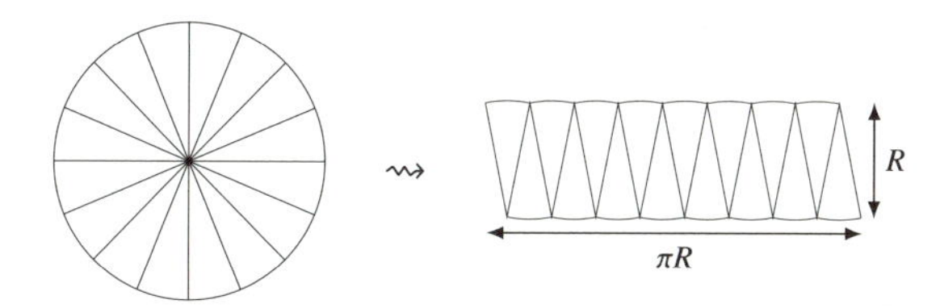

図 6.2　円の面積の求め方(2)

(3) 同心円を使う方法

こんな考え方もあるでしょう．バウムクーヘンや年輪のような同心円の模様を考え，輪の形の面積を足し合わせるのです(図 6.3 左)．1 つの輪の面積を概算します．この輪の幅を L とし，高さが L の細い長方形と比べてみます(図 6.3 中央)．この長方形の横幅が輪の内周と等しければ，それを元の輪のあった

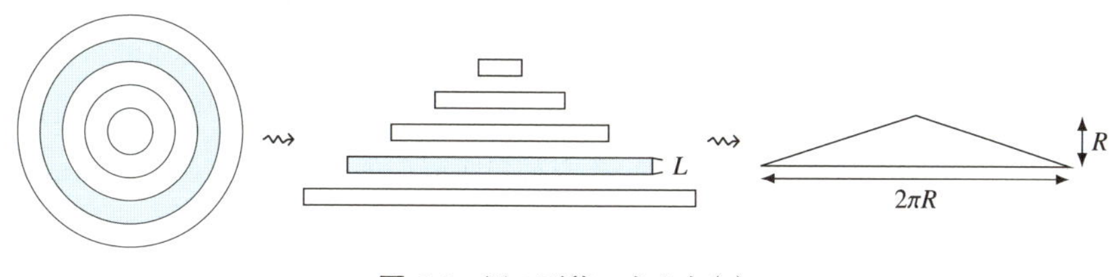

図 6.3　円の面積の求め方(3)

ところに貼り合わせようとするとき，外側にたくさん切れ目を入れる必要があるでしょう．逆に，長方形の横幅が輪の外周と同じ長さならば，輪の部分に貼り合わせようとすると，内側にしわができるでしょう．面積を比較すると

$$(\text{内周の長さ})\times L < ◯ < (\text{外周の長さ})\times L$$

となります．こういう細長い長方形を足し合わせていくと，円の面積は，内周を用いて小さめに見積もったものと，外周を用いて大きめに見積もったものの中間にあると考えられます．輪の幅 L を小さくすれば，この誤差はほとんどなくなり，また，図 6.3 の中央の図形は右側の三角形に近づいていくでしょう．究極的にはこの三角形は高さが円の半径 R，底辺が円周の長さ $2\pi R$ となると考えられますので，面積は $\frac{1}{2}\times 2\pi R\times R=\pi R^2$ です．

(4) 円を帯に切り分ける方法

4 つめの方法として円を縦に細く切ることを考えます(図 6.4)．高さは場所によって変わりますが，高さがわかると，個々の長方形の面積を足し合わせることで計算できるでしょう．次項では，このアイディアを 3 次元空間で実行し，球の体積を初等的な方法で計算してみます．

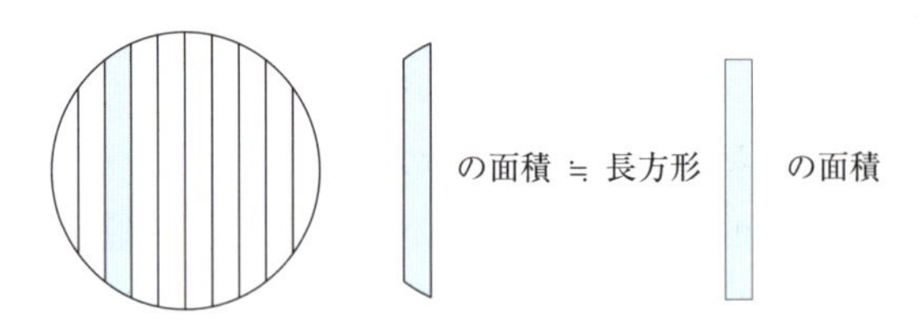

図 6.4 円の面積の求め方(4)

円の面積を求める 4 つの方法を説明しましたが，どの計算方法でも，分割を細かくとれば，円の面積に近づくと考えられます．積分という名称は非常によくできていて「細かく分けて積み上げる」という本質をとらえています．分割の方法は上の例で見たようにいろいろな可能性がありますが，どのように分割しても細かく分けて積み上げれば，同じ量にたどりつくという考え方です．

細かく分けて積み上げる段階では普通の足し算です．分割の方法はさまざま

ですが，どの分割方法でも，分割を細かくすれば同じ量にたどりつくというのが，これからお話しする積分の概念につながります．

$$\text{有限個の足し算} \xrightarrow[\text{極限}]{} \text{積分}$$

6.1.2 ピラミッドや球やドーナツの体積を求める

多変数の積分のウォーミングアップとして，平面図形の面積の計算と空間図形の体積の計算の共通点や相違点を考え，次元を上げたときに，前項で挙げた方法のどの部分が一般化できるかを考えてみましょう．手始めに，ピラミッドのような四角錐の体積を2通りの方法で計算し，その後で，球とドーナツの体積を例にとって話を進めます．

ピラミッドの体積

1辺の長さが1の正方形を底面とし，高さが $\frac{1}{2}$ の四角錐の体積を考えてみましょう．このときは「うまい方法」があります．同じ形の四角錐を6つ集めて，頂点でぴったりと合わせると1辺が1の立方体になります(図6.5)．ですから，この四角錐の体積は $\frac{1}{6}$ です．

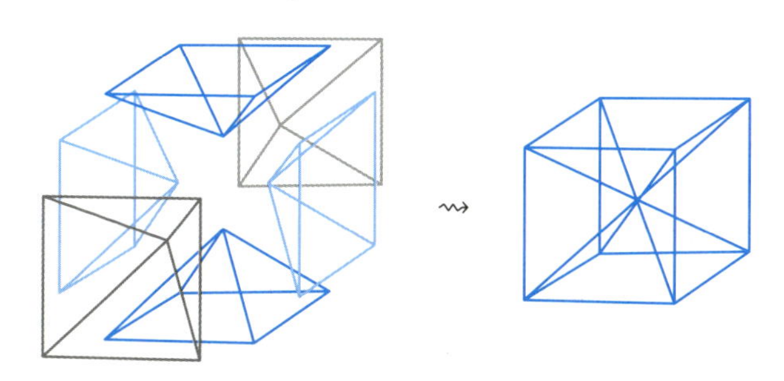

図 6.5 四角錐を6つ合わせると立方体になる

このピラミッド型の四角錐の体積を別の方法でも考えてみましょう．図6.6のように厚みのある正方形を積み重ねて四角錐を近似します．高さ $\frac{1}{2}$ を N 等

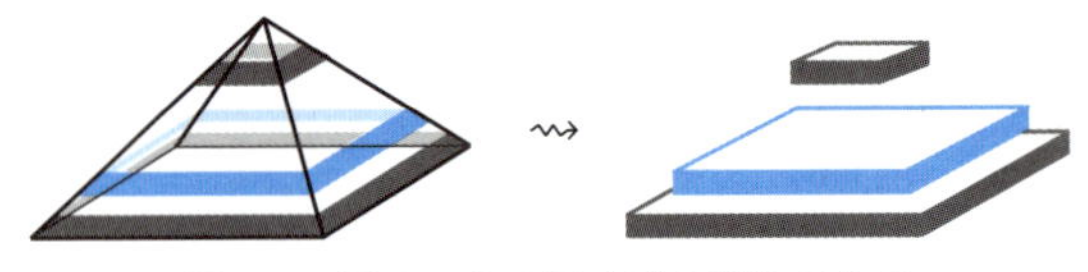

図 6.6 厚みのある正方形を積み重ねる

分すれば，図 6.6 の右側で上から i 段目 $(1 \leqq i \leqq N)$ の図形は，1 辺が $\frac{i}{N}$ の正方形を底面とし，高さが $\frac{1}{2N}$ の薄い直方体なので，その体積を全部足し合わせると

$$\sum_{i=1}^{N}\left(\frac{i}{N}\right)^2 \times \frac{1}{2N} = \frac{1}{2N^3}\sum_{i=1}^{N} i^2$$

となります．分割の個数 N を大きくすると，この値は四角錐の体積に近づきます．先ほど，この四角錐の体積が $\frac{1}{6}$ であることを見たので，両者を比較すると，

$$\lim_{N\to\infty}\frac{1}{N^3}\sum_{i=1}^{N} i^2 = \frac{1}{3} \tag{6.1}$$

という等式が図形の考察で証明できたことになります．（第 6.2.3 項では数列の和の計算の工夫をして，等式(6.1)をもっと一般の形で紹介します．）

球やドーナツの体積

次に球やドーナツの体積を考えます．xz 平面に半径 R の円盤を描き，z 軸のまわりをぐるっと回転させます（図 6.7）．z 軸が円の中心を通っていれば半径 R の球になります．一方，z 軸から離れた円盤（図では $L>R$ のとき）を回転した図形はドーナツのような形状になります．

前項では円の面積を 4 通りの方法で求めましたが，それぞれ長所も短所もあります．この 4 つの方法を空間図形にあてはめて考察してみましょう．

(1)の「方眼紙を使う」やり方は，空間図形では，面と面がくっつけられるおもちゃ（立方体のブロック）を想像してください．小さな立方体をたくさんくっつけて球やドーナツのような形にして，その個数を数えればおおよその体積が求められそうです．使う立方体を小さくすればするほど，手間はかかります

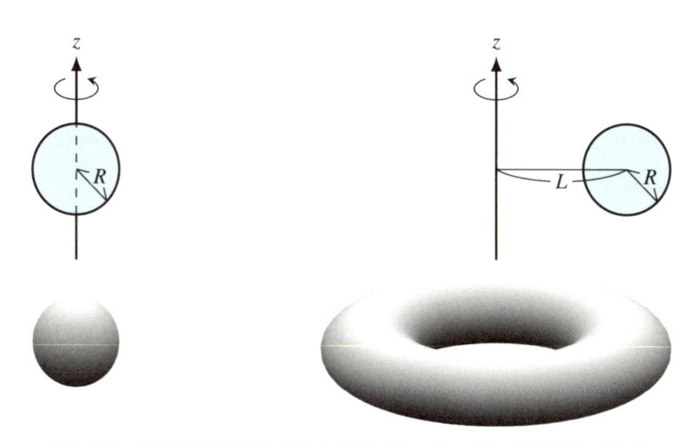

図 6.7　円盤を回転させると球やドーナツ状の図形ができる

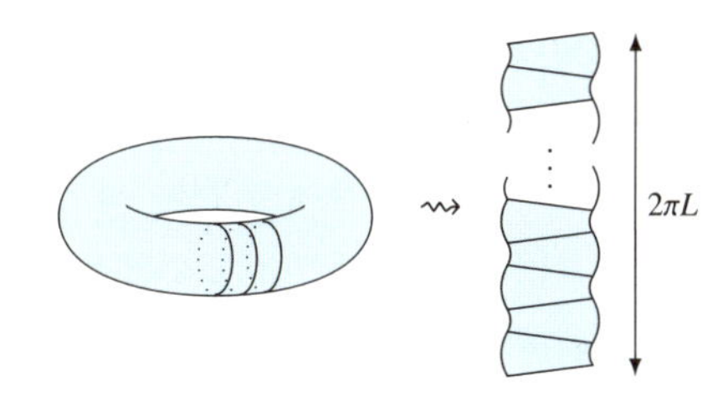

図 6.8　ドーナツを小さく分けて互い違いに重ねる

が，精密な値が得られるでしょう．(1)の方法は，球やドーナツ以外の体積を求めるときにもうまくいきます．

(2)の「扇形を互い違いに並べる方法」は円の面積を求めるのにはとても上手なやり方でしたが，球に対してはうまくいきそうにありません．一方，ドーナツの形の場合には「互い違い」の方法がうまく使えます．大きなドーナツをたくさんの人数で分けるために図 6.8 の左のように切り分けます．一切れずつの形は内側が少し薄くて外側が少し厚くなりますから，これを互い違いに重ねて立てることにしましょう(図 6.8 の右)．細かく分ければ，でこぼこも少なくなり，だいたい円筒になるでしょう．

この円筒の高さは，ドーナツの外周と内周の平均くらいになります．

$$\text{円筒の高さ} \fallingdotseq \frac{\text{外周} + \text{内周}}{2}$$

外周は半径が $L+R$ の円の周，内周は半径が $L-R$ の円の周です．高さはその平均というわけですから，

$$\text{円筒の高さ} \fallingdotseq \frac{2\pi(L+R)+2\pi(L-R)}{2} = 2\pi L$$

になります．ドーナツを小さく分けて重ねてできた円筒は，底面が半径 R の円盤ですから，結局，

$$\text{ドーナツの体積} = \underset{\text{円盤の底面積}}{\pi R^2} \times \underset{\text{高さ}}{2\pi L} = 2\pi^2 R^2 L \tag{6.2}$$

になるだろうと考えられます．この‘賢い’アイディアを用いれば，ドーナツの体積の公式(6.2)は小学校の知識の範囲で求められそうです．

一方，(3)は円の面積を年輪のように「同心円で分ける」ことで求める方法でした．次元を上げて，球やドーナツの体積の計算ではどうすればよいでしょうか．図 6.7 上部の平面図で円の半径 R を 0 から小刻みに大きくし，それを z 軸を中心として回転した空間図形を想像してみてください．左側の球の図では小さな球がだんだんと大きくなり，右側のドーナツの図では痩(や)せているドーナツがだんだん膨らんでいくという感じです．小刻みに半径を増やすと，各段階で球面やドーナツに厚みのある皮が付け加わることになります．付け加えた皮の体積を全部足し合わせると，全体の体積になります．各段階で増えた体積はおおよそ表面積×厚みとなるので，このアイディアを逆に使うと，球やドーナツの体積の公式からその表面積の公式を導くこともできます(第 6.4.4 項)．

(4)は円を帯に切り分ける方法でした．次元を上げて，球の体積をこの方法で求めるのは，玉ねぎをスライスすることを想像してください．球をスライスすると厚みをもった円盤のような形のものがたくさんできますから，その体積を足し合わせます(図 6.9)．球の上半部分を N 等分すると，(下から上に数えて) i 番目 $(1 \leqq i \leqq N)$ の高さは $\dfrac{Ri}{N}$ となるので，切り口の円の半径は三平方の定理から $\sqrt{R^2-\left(\dfrac{Ri}{N}\right)^2}=R\sqrt{1-\left(\dfrac{i}{N}\right)^2}$ で，厚みは $\dfrac{R}{N}$ となります．輪切りした形はほ

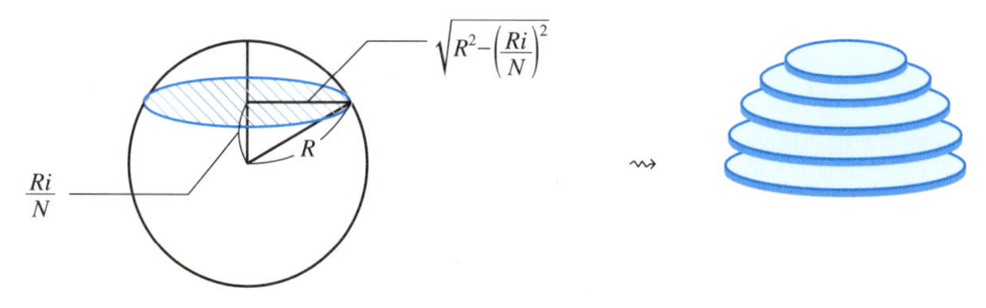

図 6.9　球を輪切りにして体積を求める

ぼ円柱だと考えると，その体積はおおよそ

$$\underbrace{\pi R^2\left(1-\left(\frac{i}{N}\right)^2\right)}_{\text{輪切りした円の面積}}\times\underbrace{\frac{R}{N}}_{\text{高さ}}=\frac{\pi R^3}{N}-\frac{\pi R^3 i^2}{N^3}$$

となります．これを $i=1$ から N まで加えると $\pi R^3-\frac{\pi R^3}{N^3}\sum_{i=1}^{N} i^2$ となりますが，輪切りの個数 N を大きくすると，これは上半球の体積に近づきます．一方，ピラミッドの体積の計算(6.1)で $\frac{1}{N^3}\sum_{i=1}^{N} i^2$ は N を大きくすると $\frac{1}{3}$ に近づくことを見ました．ですから上半球の体積は $\pi R^3-\frac{1}{3}\pi R^3=\frac{2}{3}\pi R^3$ となり，上半球と下半球を合わせて次の公式が得られました．

(6.3)
$$\text{半径 } R \text{ の球の体積} = \frac{4}{3}\pi R^3$$

第 6.3 節の(6.21)でお話しするように，より一般の図形でも「細かくスライスした薄い断片の体積を足し合わせる」方法で体積を積分表示することができます．

(1)～(4)はいずれも細かく分けて足し合わせるという考え方です．分け方にはさまざまな方法がありますが，どの方法を使っても細かく分割すれば同じ「体積」という量に到達することがまず重要なポイントです．なお，(2)の「互い違いに並べる」といったようなエレガントな方法は特別な状況では有効ですが，図形の特殊性に依存するため，適用できるケースが限られます．一方，(1)で述べた方眼紙の枡目を数えるという素朴な方法は，頭を使っていないように見えますが，実は汎用性があります．積分は普遍的なものとして定義したいので，特別な方法を追求するのではなく，以下では汎用性のある素朴な考え方で定義をします．これがもう1つの重要なポイントです．

現代数学では，有限個の足し算も，多変数関数に対する多重積分（第6.4節）も，いずれも「積分」という枠組みでとらえられます．逆に，積分に関する定理が成り立つ場合，それは，足し算に対しても成り立っているはずです．「積分」を難しく考える必要はなく，積分に関する定理を理解したいときには，足し算で類似のことが成り立つかということを考えると，正しい感覚がつかめることも多いのです．たとえば，第4章では数列の2重和の計算の順序を入れ換えられるということについてお話ししました（第4.2.4項）．これと類似のことは多重積分の世界でも成り立ち，これが第6.4.3項でお話しする累次積分です．こういった見方を含め，積分の概念をゆっくり説明していきましょう．

6.2　1変数関数の積分

この節では1変数関数の積分の定義をお話しします．これには次の2つのアプローチがあります．

- $y=f(x)$ のグラフと x 軸で囲まれた図形の面積
- 微分の逆演算

1つめのアプローチは，第6.1節で触れたように「細かく分割して足し合わせる」という考え方に基づきます．紀元前にすでに芽生えていたこのアイディアを**区分求積法**として定式化した積分法では，微分の概念を使わずに積分を定義することができます．とても自然な考え方なので，1変数の場合だけでなく多変数関数の積分（第6.4節）にも適用可能です．そこで，以下では，まずこの1つめの見方（区分求積法）から説明を始めることにします．

「微分の逆演算」という積分の2つめの見方は，実際の積分計算において，大いに役立ちます．1変数の場合には，積分に関するこの2つのまったく異なる見方が同じになるというのが，後述する**微分積分学の基本定理**です．

6.2.1　区分求積法

ひとまず $f(x) \geqq 0$ が成り立っている場合を扱うことにしましょう．$f(x) \geqq 0$

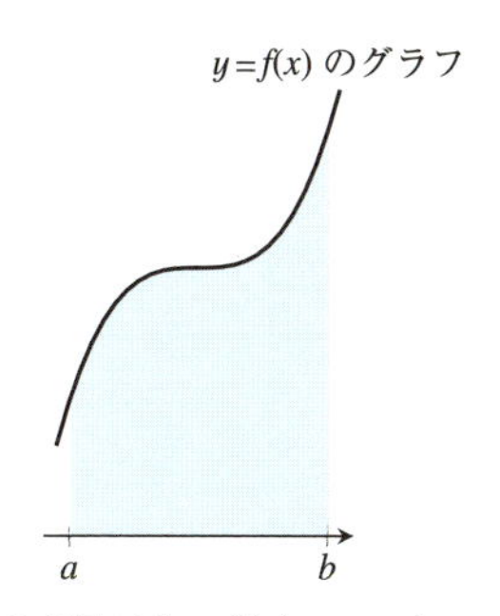

図 6.10　$y=f(x)$ のグラフと x 軸と $x=a$ と $x=b$ に囲まれた図形

なので，$y=f(x)$ のグラフは図 6.10 のように x 軸の上部に描かれます．このグラフと x 軸，さらに $x=a$ と $x=b$ に囲まれた図形の面積を考えましょう．

この面積を求めるのに，$f(x)$ が特別な関数ならばエレガントな計算法があるかもしれませんが，$f(x)$ が一般の関数のときは特別な方法は期待できません．「面積」という「そこにある量」を測るのには，地道に方眼紙の枡目を数えて大まかな面積を求め，より良い近似を目指して，枡目をどんどん細かくしていくのが堅実な方法になりそうです．

方眼紙の枡目を数えてもいいのですが，図 6.10 は両端を $x=a$ や $x=b$ で縦に切っていますから，方眼紙のかわりに短冊(たんざく)状の長方形に注目してみます．長方形の高さの選び方は迷うかもしれません．3 つの考え方を挙げます．

(1) 分割した区間の左端の値をとる

(2) 分割した区間の適当な点での値をとる

(3) 分割した区間の右端の値をとる

この 3 通りの長方形の短冊を描いたのが図 6.11 です．左から順に(1)，(2)，(3)が対応しています．図 6.11 では，$f(x)$ がたまたま単調増加の関数でグラフは右上がりになっているので，4 つの長方形の面積の和は，(1) < (2) < (3) となります．逆に右下がりのグラフならば，(1)～(3)の面積の大小は逆転するでしょう．しかし，これは大きな問題ではなく，分割を細かくしていけば，面積の誤差は小さくなっていきます．大事なのは分割を細かくすることであって，分割さえ細かくすれば，短冊状の長方形の高さを定めるのに区間の右端を

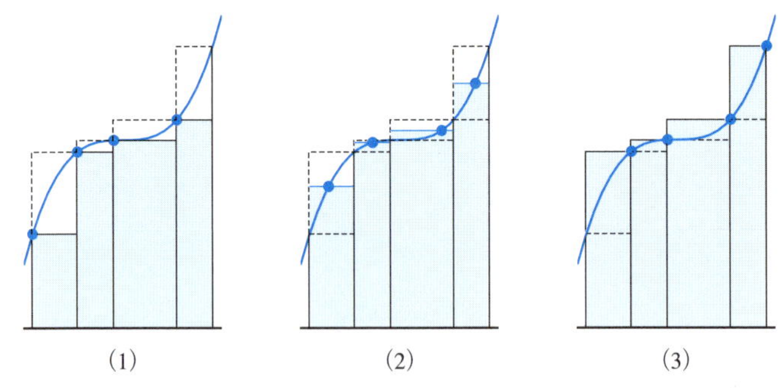

図 6.11 長方形の高さとして，左端の値をとるか，中間の値をとるか，右端の値をとるか

とっても左端をとっても，その中間をとっても大差なく，このような長方形の面積の総和は，本当の面積に近づくと考えられます．このことを式で表してみましょう．

図 6.12 左のように，両端を a と b とする区間を N 個に分割します．1つめの分割の幅をたとえば ℓ_1 と書き，次を ℓ_2 と書くことにします．最後の分割の幅は ℓ_N とします．区間 $[a,b]$ を分割したので，

$$\ell_1+\ell_2+\cdots+\ell_N=b-a$$

が成り立ちます．これらの幅 $\ell_1,\ell_2,\cdots,\ell_N$ がそれぞれの短冊状の長方形の底辺になります．分割は等分である必要はありませんが，もし区間 $[a,b]$ を N 等分する場合は，$\ell_1=\ell_2=\cdots=\ell_N=\dfrac{b-a}{N}$ になります．

次に，短冊状の長方形の高さを決めましょう．分割したそれぞれの区間の中に適当に点を選びます．この点は，この区間の左端でもいいし，右端でもいいし，区間の中間にあってもいい．それぞれの分割に自由に点をとります．これらの点の座標を $x_1,x_2,x_3,x_4,\cdots$ とします．左から j 番目の短冊状の長方形の高さとして $f(x_j)$ を採用すると，この長方形の面積は $f(x_j)\ell_j$ となります．

そうすると，この N 個の長方形の面積の総和は，

$$\sum_{j=1}^{N} f(x_j)\ell_j \tag{6.4}$$

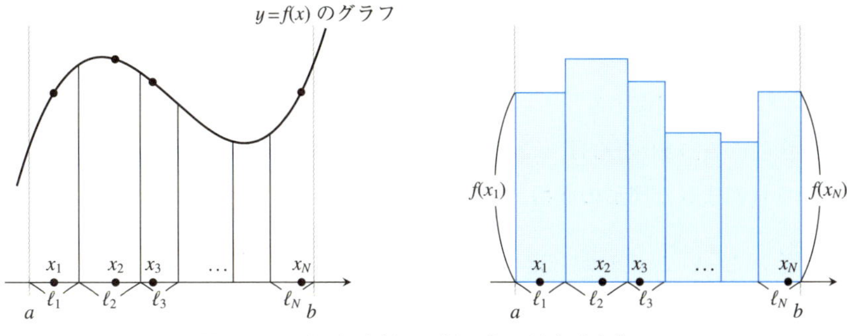

図 6.12　区間を分割して短冊状の長方形を作る

と表せます．分割の幅を狭くすると，$x_1, x_2, \cdots$ のとり方によらずに，この和は求めたい面積に近づくでしょう．このことを次の極限式で書き表します．

$$\sum_{j=1}^{N} f(x_j)\ell_j \xrightarrow[\text{分割を細かくする}]{} \quad \text{の面積}$$

この極限の意味を少し丁寧に考えてみましょう．

分割が N 等分，すなわち $\ell_1 = \ell_2 = \cdots = \ell_N = \dfrac{b-a}{N}$ という簡単な場合には，分割の個数 N を増やせば分割が細かくなります．分割が等分ではない場合，「分割の個数 N を増やす」だけでは「分割を細かくする」ことにはなりません．実際，分割の一部だけ細かくしても，幅が広いところが残っていれば，その部分に誤差が残ります．そこで「分割を細かくする」という言葉を「最大幅のものを 0 に近づける」という意味で正確に用いることにします．最大幅とは，$\ell_1, \ell_2, \cdots, \ell_N$ の中でいちばん大きな数です．最大幅を 0 に近づけると，必然的に分割の個数 N も増えていきます．つまり，分割の個数を増やすだけではなく，全部の幅を狭める，これが「分割を細かくする」という言葉の意味です．

幅が広い部分が残らないようにすべての幅を狭めれば，有限和(6.4)の極限は一定の数に収束します．「収束する」という結論には $f(x) \geqq 0$ という仮定は必要ありません．定理として書いておきましょう．

定理 1（区分求積法，リーマン積分）　$f(x)$ が $a \leqq x \leqq b$ で連続な関数ならば，区間 $[a, b]$ のどんな分割でもその分割を細かくすると，有限和

(6.5)
$$\sum_{j=1}^{N} f(x_j)\ell_j$$

は1つの数に収束する．

さらに $f(x) \geqq 0$ ならば，この収束値は $y=f(x)$ のグラフと x 軸と $x=a$ と $x=b$ に囲まれた図形の面積と一致する（図6.10）．

定理1において(6.5)が一定の数に近づく，その収束値を

$$\int_a^b f(x)\,dx$$

と書き，区間 $[a,b]$ における $f(x)$ の**定積分**といいます．

この定理で $f(x)$ は「連続な関数」と仮定していますが，$y=f(x)$ のグラフを一筆書きで描けるような関数は連続関数です．多項式や $\sin x$ といった，通常よく見かける関数はすべて連続な関数です．こういう関数に対して積分を定義するというのが定理1の主張です．一方，それぞれの実数 x に対してでたらめに数を与えて，それを $f(x)$ とすると，$f(x)$ は連続でない関数になり，グラフにも描けませんが，そんな関数は定理1では取り扱いません．

定理1の形で積分を求める考え方は**区分求積法**とよばれます．区分求積法の考え方は紀元前にすでに芽生え，17世紀になるとさらに多様な形で進展しましたが，上述の定理は19世紀になって，収束を厳密に取り扱うことで積分できる関数のクラスを体系的に拡げた**リーマン積分**という形で整備されたものです．

ここで，$f(x) \geqq 0$ とは限らない場合の定積分の意味も考えてみましょう．このときは $y=f(x)$ のグラフはたとえば図6.13のようになっています．極限をとる前の有限和の段階では，式(6.5)を見ると，短冊状の長方形の高さ $f(x_j)$ が負の場合は，$f(x_j)\ell_j<0$ となるので，x 軸の下にある部分は面積をマイナスと計算しているわけです．ですから，分割を細かくして極限をとると

$$\int_a^b f(x)\,dx = \text{[塗りつぶし領域] の面積} - \text{[斜線領域] の面積}$$

が成り立つというわけです．これが $f(x) \geqq 0$ とは限らない関数 $f(x)$ の積分と

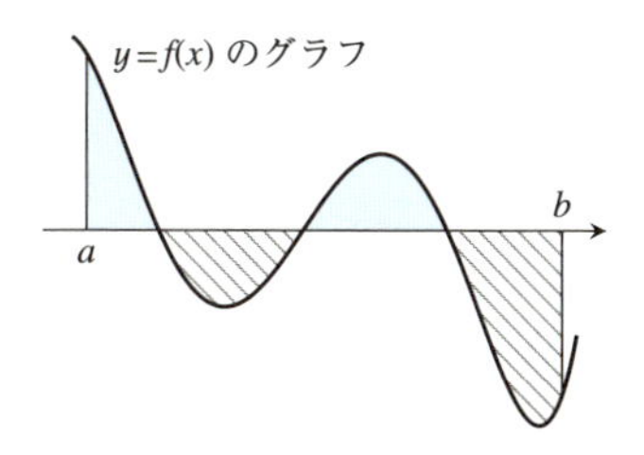

図 6.13　$f(x) \geqq 0$ とは限らない場合

面積の対応関係です.

定積分と面積との対応関係から

(6.6)
$$\int_a^b f(x)\,dx + \int_b^c f(x)\,dx = \int_a^c f(x)\,dx$$

(6.7)
$$\int_a^a f(x)\,dx = 0$$

という関係式が成り立つことがわかります.

以上が区分求積法の考え方で，積分の 1 つめの見方です.

最後に，記号法にも注意を払っておくことにします．有限和(6.5)において，幅 ℓ_j を Δx_j という記号で置き換えると

$$\sum_{j=1}^{N} f(x_j)\,\Delta x_j$$

と書き表されます．Δx_j は x_j に Δ をかけた数ではなく，あくまで Δx_j という 1 つの記号で 1 個の数 ℓ_j を表します．x_j はその区間の点であり，x_j と Δx_j に直接の関係はありません．1 つの数を表すのに Δx_j という記号を使うのは大袈裟に思われるかもしれません．しかし x の近くで微小な量を Δx と書いておくと，以下に見るように形式的な記号の操作が，数学としての正しい論理と整合的になります．したがって，この記号に慣れておくと，積分を用いて思考するときに便利なことがあります．定理 1 の(6.5)では $\ell_j = \Delta x_j$ が 0 に近づく極限を考えて積分を定義しましたが，次の図式のように極限操作によって，ギリシャ文字の Δ(デルタ)がアルファベットの d になり，$\sum$(シグマ，アルファベットの S に相当します)が S を変形した $\int$ という記号になっています.

$$\sum_{j=1}^{N} f(x_j)\,\Delta x_j$$

$$\downarrow \qquad \downarrow$$

$$\int_a^b f(x)\;dx$$

後の節で具体例を計算しながら，この記号法に慣れることにしましょう．ただし，勘違いしないでください．記号の操作で証明をしているのではなく，記号法がよく設計されているおかげで，積分論がこの記法によって使いやすくなっているのです．これはライプニッツによって導入され，現在でも用いられている記法です．

もう1つ記号について注意をしておきます．定積分 $\int_a^b f(x)\,dx$ では，変数を x と書いていますが，変数 x はダミーの記号として使っているだけで，これを t と書いても s と書いても同じです．つまり，$\int_a^b f(x)\,dx$ も $\int_a^b f(t)\,dt$ も $\int_a^b f(s)\,ds$ も同じ意味です．

多変数関数の積分に興味のある読者は，ここから第6.4節に飛んで多重積分に進むこともできます．変数が多くても積分の定義は本質的に同じであることがわかるでしょう．本書では多重積分に進む前に，1変数関数の積分について，もう少し別の側面をお話しします．積分の2つめの見方として「微分の逆演算」が積分であるという側面です．

6.2.2　微分積分学の基本定理

まずは「積分は微分の逆演算」という視点を定理として書いてみましょう．

定理2（**微分積分学の第一基本定理**）　$f(t)$ を $a \leqq t \leqq b$ で定義された連続関数とし，$F(x) = \int_a^x f(t)\,dt$ によって関数 $F(x)$ を定めると，

$$F'(x) = f(x)$$

が $a < x < b$ で成り立つ．

定理2の積分は区間 $[a, x]$ で計算しています．x を動かすと積分範囲が変わり，それに応じて積分値は変わります．そこで，x を変数と見なし，積分値を

x の関数として $F(x)$ と表示したわけです．

定理 2 は「微分積分学の基本定理」という大きな名前がついていますが，実際，その内容は積分して微分すると元に戻る，という基本的な定理です．

積分して微分すると元に戻ると言ったので，言葉の遊びで，微分して積分すると元に戻るか，ということも気になるかもしれません．実は 'ほぼ' 戻ります．正確には次の定理となります．

定理 3（**微分積分学の第二基本定理**）　$g(t)$ が $a \leqq t \leqq b$ で定義された関数で，その導関数 $g'(t)$ が連続関数ならば，

$$\int_a^x g'(t)\,dt = g(x) - g(a)$$

が成り立つ．

いま，a は定数として扱い，x を変数と考えているので，$g(a)$ は定数です．ですから，定理 3 は「微分して積分すると定数差を除いて元の関数に戻る」と言っています．「微分して積分すると元の関数に戻る」と言いたいところですが，少しだけおつりがきます．これも微分積分学の基本定理です．第二基本定理とよばれることもあります．なお，実際に計算するときには定理 3 の右辺 $g(x)-g(a)$ を $g(t)\Big|_a^x$ と略記することもあります．

定理 2 と定理 3 がなぜ成り立つかを，微分と積分のそれぞれの定義に戻って確かめてみましょう．

［定理 2 の説明］　微分の定義（第 4 章）より，

$$\frac{d}{dx}F(x) = \lim_{h\to 0}\frac{F(x+h)-F(x)}{h}$$

となります．一方，性質(6.6)から $F(x+h)-F(x) = \displaystyle\int_x^{x+h} f(t)\,dt$ が成り立ちます．図 6.14 のように $f(x) \geqq 0$ ならば，積分と面積の関係より，

$$F(x+h)-F(x) = \int_x^{x+h} f(t)\,dt = \quad \text{の面積} \fallingdotseq f(x)\times h$$

となるので，この式を幅 h で割って，h を 0 に近づけると $\dfrac{F(x+h)-F(x)}{h}$ が $f(x)$ に近づくことがわかります．$f(x)<0$ の場合は面積の -1 倍を考えればよ

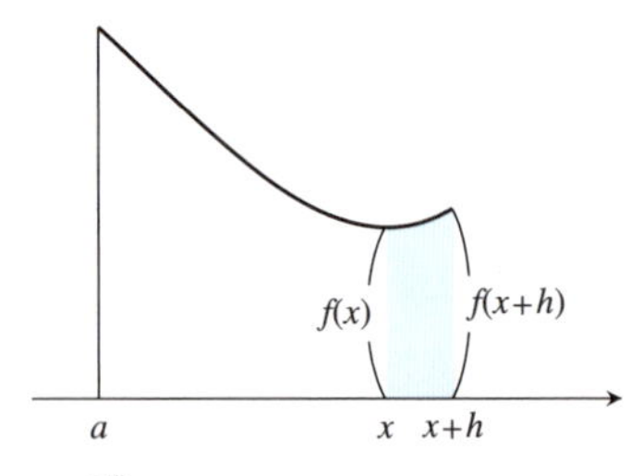

図 6.14 $F(x)=\int_a^x f(t)\,dt$ としたとき，$F(x+h)-F(x)$ が表す量

いので議論は同じようにできます．（定理 2 の説明終わり）

これが定理 2 の説明です．微分と積分のそれぞれの意味と定義に基づいて整理し，さらにそれを図形からの考察と合わせたことで，定理 2 の本質を直観的に理解していただけたと思います．なお，積分を定義する際に 1 回極限をとり，そのあと微分をするときにもう 1 回極限をとっているため，厳密に証明しようとするときは 2 回の極限操作に対する慎重な議論が必要になります．そういった議論は，本書の目指す方向から逸れるため，ここでは立ち入りません．

次に定理 3（第二基本定理）を説明しましょう．これは定理 2（第一基本定理）から導かれます．

［定理 3 の説明］ $f(t)=g'(t)$ とおき，関数 f に定理 2 を適用すると，

$$\frac{d}{dx}\int_a^x f(t)\,dt = f(x) \tag{6.8}$$

という「積分して微分すると元に戻る」等式が成り立ちます．右辺の $f(x)$ は $g(x)$ の導関数として定義していたので，書き直すと，

$$\frac{d}{dx}\int_a^x f(t)\,dt = \frac{d}{dx}g(x)$$

です．移項して，x で微分するという操作をまとめて書くと，

$$\frac{d}{dx}\left(g(x)-\int_a^x f(t)\,dt\right)=0$$

すなわち，$g(x)-\int_a^x f(t)dt$ を微分すると 0 になります．第 4.3.4 項で見たよう

に，微分して恒等的に0になる関数は定数関数だけです．したがって，

$$g(x)-\int_a^x f(t)\,dt = C\,(\text{定数}) \tag{6.9}$$

この定数 C は何でしょうか．C は変数 x によらない値です．たとえば，x に a という特別な値を代入してみましょう．

$$g(a)-\int_a^a f(t)\,dt = C$$

(6.7)で見たように，a から a の積分は0です．ゆえに，

$$g(a) = C \tag{6.10}$$

となることがわかりました．(6.9)と(6.10)を合わせますと，$f(t)$ はもともと $g(t)$ の導関数として定義しましたから，

$$\int_a^x g'(t)\,dt = g(x)-g(a)$$

となって，これで示したかった式に到達しました．　　　　（定理3の説明終わり）

6.2.3　$\int_0^x t^n dt = \frac{1}{n+1}x^{n+1}$ の2つの証明法

この節の最後に単項式 t^n の積分を計算してみましょう．

一見無関係に見える話から始めます．小学校で三角形の面積は

$$(\text{底辺}\times\text{高さ})\div 2$$

に等しいことを習います．中学校に入ると，錐の体積は

$$(\text{底面積}\times\text{高さ})\div 3$$

と習います．平面図形の場合，2で割るというのは，2つの三角形を貼り合わせて平行四辺形を作るという幾何的な考察からすぐにわかります．一方，空間図形の錐の体積はどうして3で割るのでしょうか．第6.1.2項では特別な錐(ピラミッドのような四角錐)について，6つの錐を貼り合わせるという幾何的な考察をしましたが，一般の錐の体積を計算するとき3で割る理由はそんなに

簡単ではありません.

さて，三角形は 2 次元の図形であり，錐は 3 次元の図形です．そして，前者の面積は 2 で割り，後者の体積は 3 で割ります．これは偶然の一致ではありません．この理由については，第 6.3.3 項で積分の応用例として取り上げますが，そこで鍵になるのは次の等式です.

$$\int_0^x t^n \, dt = \frac{1}{n+1} x^{n+1} \quad (n = 0, 1, 2, \cdots) \tag{6.11}$$

以下では単項式 t^n の積分(6.11)の 2 つの証明法を説明します．答えを知るのが目的ではありません．これまで説明してきた 2 つの積分法，すなわち，積分が微分の逆演算であること（微分積分学の基本定理）と区分求積法という 2 つのアプローチを，具体的な計算をしながら味わってみようというのが主旨です．順に見ていきましょう.

証明その 1（微分積分学の基本定理を使う）

等式(6.11)の 1 つめの証明は ‘答えを発見する’ のではなく，‘知っている答えを確かめる’ という方向になります．第 4.1.4 項では単項式 x^{n+1} の微分の公式

$$\frac{d}{dt} t^{n+1} = (n+1)t^n$$

を計算しました．したがって関数 $g(t)$ を

$$g(t) = \frac{1}{n+1} t^{n+1}$$

と定めると，$g(t)$ を微分したら t^n になります．第 6.2.2 項では積分が微分の逆演算であること（微分積分学の第二基本定理）をお話ししました．これを適用しますと，

$$\int_0^x t^n \, dt = g(x) - g(0)$$

がわかります．$g(0) = 0$ ですから，積分公式(6.11)，すなわち

$$\int_0^x t^n dt = \frac{1}{n+1}x^{n+1}$$

という等式が示されました. （証明終わり）

この証明を振り返ると，積分計算の答え（等式(6.11)）を知っていたので，両辺を微分して証明ができたわけです．このように，答えが予測できる場合には，微分の逆演算という性質から，簡単に積分計算できることがあります．

証明その 2（区分求積法を使う）

次に，区分求積法を使って単項式 t^n の積分を求めてみましょう．今度は‘答えを知っている’必要はなく，一から計算をします．考え方は素朴ですが，計算にはかなりの工夫が必要になります．

ty 平面で $y=t^n$ $(0 \leqq t \leqq x)$ のグラフと t 軸と $t=x$ で囲まれた図形を短冊のように細かく区切ります（図 6.15）．このために区間 $[0, x]$ を次のように N 等分します．

$$\left[0, \frac{x}{N}\right], \left[\frac{x}{N}, \frac{2x}{N}\right], \cdots, \left[\frac{(k-1)x}{N}, \frac{kx}{N}\right], \cdots, \left[\frac{(N-1)x}{N}, \frac{Nx}{N}\right]$$

長方形の短冊の高さとしては，前にお話ししたように，区間のどの点を選んでもいいのですが，たとえば右端をとりましょう．そうすると k 番目の区間の高さとしては $t=\dfrac{kx}{N}$ のときの t^n の値，すなわち $\left(\dfrac{kx}{N}\right)^n$ を用いることになります．区間ごとの長方形の面積「高さ×底辺の長さ」を N 個足し合わせた有限和

$$\sum_{k=1}^{N} \underbrace{\left(\frac{kx}{N}\right)^n}_{\text{高さ}} \times \underbrace{\frac{x}{N}}_{\substack{N\text{ 等分された}\\ \text{区間の幅}}} \tag{6.12}$$

は，N をどんどん大きくすると，この図形の面積，すなわち $\int_0^x t^n\,dt$ に近づいていくというのが区分求積法です．

この有限和(6.12)には，x とか N とか k とか n とか，いろいろ文字が入っています．しかし，よく見ると，和をとるときに動くのは k だけですから，動

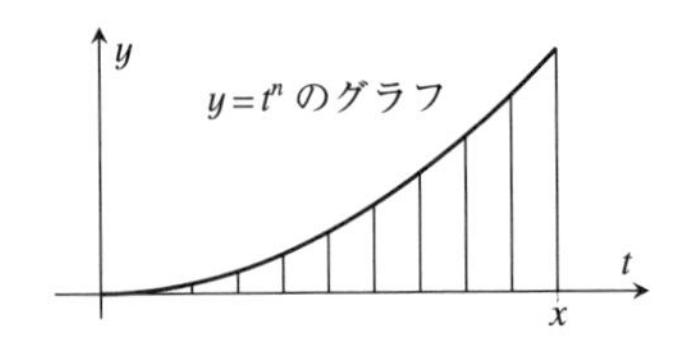

図 6.15　積分 $\int_0^x t^n\,dt$ を区分求積法で求める

かないもの(固定された数)は和の外に出して整理すると

(6.13)
$$(6.12) = \frac{x^{n+1}}{N^{n+1}} \sum_{k=1}^{N} k^n$$

となります．そこで

$$A_n = \lim_{N\to\infty} \frac{1}{N^{n+1}} \sum_{k=1}^{N} k^n$$

とおくと，区分求積法(第 6.2.1 項の定理 1)より

(6.14)
$$\int_0^x t^n\,dt = A_n x^{n+1}$$

となります．したがって等式(6.11)を示すためには

(6.15)
$$A_n = \frac{1}{n+1}$$

が言えればよいわけです．(6.15)は $1^n+2^n+3^n+\cdots+N^n$ を求める和の公式を知っていれば計算できそうですね．$n=0$ のときは $k^0=1$ なので

$$\sum_{k=1}^{N} k^0 = 1+1+\cdots+1 = N$$

となり，$A_0=1$ がわかります．次に $n=1$ のときは，等差数列の和です．

$$\sum_{k=1}^{N} k = 1+2+3+\cdots+N = \frac{1}{2}N(N+1)$$

右辺は N の 2 次の多項式の形になっています．したがって

$$A_1 = \lim_{N\to\infty} \frac{1}{N^2} \times \frac{1}{2}N(N+1) = \lim_{N\to\infty} \frac{1}{2}\left(1+\frac{1}{N}\right) = \frac{1}{2}$$

となり，確かに(6.15)は成り立っています．次に $n=2$ のときは

$$\sum_{k=1}^{N} k^2 = 1^2+2^2+3^2+\cdots+N^2 = \frac{1}{6}N(N+1)(2N+1)$$

となります．右辺は N の 3 次の多項式です．したがって

$$A_2 = \lim_{N\to\infty} \frac{1}{N^3} \times \frac{1}{6}N(N+1)(2N+1) = \lim_{N\to\infty} \frac{1}{6}\left(1+\frac{1}{N}\right)\left(2+\frac{1}{N}\right) = \frac{1}{3}$$

となり，$n=2$ でも確かに(6.15)は成り立っています．A_2 の計算は，(6.1)で四角錐の体積を考える際に，幾何的な証明もしました．

さて，$n=3,4,5,\cdots$ と増えていくと，$\sum_{k=1}^{N} k^n$ の公式はかなり複雑になっていきます．しかし，$n=0,1,2$ に対する A_n の上述の計算を振り返ると，極限(6.15)を計算するためには $\sum_{k=1}^{N} k^n$ の公式を精密に求める必要はなく，**主要項**のみに注目すればよいことがわかります．ここでは N の多項式として最高次の項を主要項と考えるのです．たとえば，$n=1$ の場合の和をこう分けてみます．

$$\sum_{k=1}^{N} k = \frac{1}{2}N(N+1) = \frac{1}{2}N^2 + (N \text{ の 1 次以下の多項式})$$

この場合は $\frac{1}{2}N^2$ が主要項(最高次の項)になります．

次に $n=2$ の場合の和を展開してみましょう．今度は $\frac{1}{3}N^3$ が主要項(最高次の項)で，残りは N の 2 次以下の多項式になります．

$$\sum_{k=1}^{N} k^2 = \frac{1}{6}N(N+1)(2N+1) = \frac{1}{3}N^3 + (N \text{ の 2 次以下の多項式})$$

実は $n=1,2$ だけでなく n が 3 以上でも同じように

$$\sum_{k=1}^{N} k^n = \frac{1}{n+1}N^{n+1} + (N \text{ の } n \text{ 次以下の多項式}) \tag{6.16}$$

が成り立ちます．第 1 項は N の $(n+1)$ 次式であり，これが主要項となります．どんな n に対しても(6.16)が成り立つことをいったん認め(すぐ後で示します)，(6.15)の証明を先に完成させておきましょう．実際，(6.16)を使うと，

$$\begin{aligned}(6.15)\text{の左辺} &= \lim_{N\to\infty} \frac{1}{N^{n+1}} \times \left(\frac{1}{n+1}N^{n+1} + (N \text{ の } n \text{ 次以下の多項式})\right) \\ &= \lim_{N\to\infty}\left(\frac{1}{n+1} + \frac{(N \text{ の } n \text{ 次以下の多項式})}{N^{n+1}}\right) = \frac{1}{n+1}\end{aligned}$$

となり，等式(6.15)が示されました．こうして，積分(6.11)，すなわち

$$\int_0^x t^n\,dt = \frac{1}{n+1}x^{n+1}$$

の 2 つめの証明が区分求積法を用いてできたことになります．　　(証明終わり)

(6.16)の証明（スケッチ）

$1^n+2^n+\cdots+N^n$ の主要項を表す等式(6.16)に戻ります．実は $\sum_{k=1}^{N} k^n$ の和の公式は複雑な形をしています[*1]が，主要項だけならばずっと簡単になります．しかも，本質はそこにあるのです．主要項と‘無視できる項’に分けるという考え方は，本書でも第 2 章以降，いろいろなところで見てきました．ここでもこの考え方が大いに役立ちます．

それでは，式(6.16)がなぜ成り立つのか気になる方のために，その証明を 3 つのステップに分けて，アイディアを説明します．

ステップ 0．k^n のかわりに $k(k+1)\cdots(k+n-1)$ を考える．

ステップ 1．k が 1 から N まで動くときの $k(k+1)(k+2)\cdots(k+n-1)$ の総和を計算する．（この総和は $\sum_{k=1}^{N} k^n$ より簡単に計算できるのです．）

ステップ 2．ステップ 0 と 1 を統合して(6.16)の証明を完成させる．

まず，ステップ 0 では

$$k(k+1)\cdots(k+n-1) = k^n + (k \text{ の } (n-1) \text{ 次以下の多項式})$$

と表し，k^n を主要項と見なします．これも「主要項とそうでない項に分ける」という考え方です．たとえば，$n=3$ のときは

$$k(k+1)(k+2) = k^3 + (3k^2+2k)$$

において，k^3 を主要項として大事に取り扱い，残りの $3k^2+2k$ は単に k の 2 次以下の多項式として最終的には切り捨てるのです．

---

*1　関孝和(1640?-1708)とヤコブ・ベルヌーイ(1654-1705)がその一般法則を発見した関-ベルヌーイ数によって記述できます．

次にステップ1を，たとえば$n=3$のときに実験してみます．

$$\sum_{k=1}^{N} k(k+1)(k+2) = 1\cdot2\cdot3+2\cdot3\cdot4+3\cdot4\cdot5+\cdots+N(N+1)(N+2)$$

を計算するのに，次のような工夫をします．

まず$1\cdot2\cdot3\cdot4-0\cdot1\cdot2\cdot3$を考えます．どちらの項にも$1\cdot2\cdot3$がありますから，これは$(4-0)\times1\cdot2\cdot3=4\times1\cdot2\cdot3$です．数を1つずつ増やして，同様の式をいくつか並べて全部足してみましょう．

$$\begin{array}{rcccl}
 & 1\cdot2\cdot3\cdot4 & - & 0\cdot1\cdot2\cdot3 & = 4\times1\cdot2\cdot3\\
 & 2\cdot3\cdot4\cdot5 & - & 1\cdot2\cdot3\cdot4 & = 4\times2\cdot3\cdot4\\
 & 3\cdot4\cdot5\cdot6 & - & 2\cdot3\cdot4\cdot5 & = 4\times3\cdot4\cdot5\\
+ & 4\cdot5\cdot6\cdot7 & - & 3\cdot4\cdot5\cdot6 & = 4\times4\cdot5\cdot6\\
\hline
 & 4\cdot5\cdot6\cdot7 & & & = 4(1\cdot2\cdot3+2\cdot3\cdot4+3\cdot4\cdot5+4\cdot5\cdot6)
\end{array}$$

足し算してみると，左辺には打ち消しあう項の組合せがたくさんあり，また1行目の左辺の第2項は0となるので，左下の$4\cdot5\cdot6\cdot7$だけが残ります．右辺は4でくくると，$1\cdot2\cdot3+2\cdot3\cdot4+\cdots$という，計算したい量が現れました．

いまは4項の和で止めましたが，これをN回繰り返すと，

$$N(N+1)(N+2)(N+3) = 4\sum_{k=1}^{N} k(k+1)(k+2)$$

という等式が証明できます．両辺を4で割って，整理しておきます．

$$\sum_{k=1}^{N} k(k+1)(k+2) = \frac{1}{4}N(N+1)(N+2)(N+3)$$

この論法は，かける数の個数nが3のときだけでなく，一般のnに対しても適用できるので，次のきれいな等式が得られます．

定理 $$\sum_{k=1}^{N} k(k+1)\cdots(k+n-1) = \frac{1}{n+1}N(N+1)\cdots(N+n)$$

この定理において「両辺の主要項に注目する」というのがステップ2です．目指すのは$\sum_{k=1}^{N} k^n$の主要項が$\frac{1}{n+1}N^{n+1}$であるという式(6.16)，すなわち

$$\sum_{k=1}^{N} k^n = \frac{1}{n+1}N^{n+1} + (N \text{ の } n \text{ 次以下の多項式})$$

です．n についての数学的帰納法で証明しましょう．$n=0$ の場合は，左辺が N なので，確かに成り立っています．$n-1$ まで(6.16)が成り立つとして，n の場合を考えます．ステップ 0 で見たように

$$k(k+1)\cdots(k+n-1) = \underbrace{k^n}_{\text{主要項}} + \underbrace{(a_1k^{n-1} + a_2k^{n-2} + \cdots + a_n)}_{k \text{ の } n-1 \text{ 次以下の多項式}} \tag{6.17}$$

と表してみます．主要項 k^n 以外の右辺の項は最終的に切り捨てるため，係数 $a_1, a_2, \cdots, a_n$ を具体的に求める必要はありません．(6.17)の両辺について，$k=1,2,\cdots,N$ の和をとると，定理の左辺は

$$\sum_{k=1}^{N} k^n + \left(a_1 \sum_{k=1}^{N} k^{n-1} + a_2 \sum_{k=1}^{N} k^{n-2} + \cdots + a_n \sum_{k=1}^{N} 1\right)$$

に等しくなります．最後の項は $k^0=1$ を使って表記しました．帰納法の仮定から，括弧内は N の高々 n 次の多項式です．一方，定理の右辺を展開すると

$$\frac{1}{n+1}N^{n+1} + (N \text{ の高々 } n \text{ 次の多項式})$$

という形になっています．したがって，定理の(左辺)＝(右辺)から

$$\sum_{k=1}^{N} k^n = \frac{1}{n+1}N^{n+1} + (N \text{ の高々 } n \text{ 次の多項式})$$

ということがわかり，(6.16)が n に対しても成り立つことが示されました．

（証明終わり）

振り返ると，$1^n+2^n+3^n+\cdots+N^n$ の和公式は複雑になるけれども，主要項だけの計算ならば初等的な考察で求められる，そして主要項以外は和をとっても「影響しない」，これが証明のアイディアです．

ここでは，単項式 t^n の積分を求めるのに「微分積分学の基本定理（積分は微分の逆演算）」と「区分求積法（小さく分けて積み上げる）」の 2 通りの方法を比較してみました．前者は答えを知っていると計算が楽にできました．後者は考え方は素朴なのですが，計算が少し複雑なので，主要項以外は切り捨てるという

工夫をして計算を最後まで実行しました.

6.3　1変数関数の積分で表されるさまざまな量

前節では，1 変数関数の積分の「区分求積法」について，面積と結びつけて説明しました．区分求積法の考え方は適用範囲が広く，面積以外のいろいろな量をとらえるのにも役立ちます．この節では，曲線の長さ，体積，重さ，モーメントなどを，「区分求積法」を用いて(1 変数関数の)積分として表してみましょう．

この節ではいくつかの公式を紹介しますが，積分公式を覚えるのではなく，それを導くための基本的な考え方をつかんで直観力を磨くことを目指してください．何か，ある量を求めたいときに，何をとらえようとしているのかをじっくり考えることが肝心で，有限和の段階で意味のある近似を見つけることが主要なステップになります．この節の諸例でも，この考察を大事にします．これができると，その後は，区分求積法の考え方を用いて，分割を細かくして極限をとるという操作で積分公式を導くことになります．この思考方式はいろいろな場面で役立つので，ゆっくりとイメージをつかんでください．

6.3.1　面積

区分求積法の説明で出てきたように，積分が表すものの 1 つは面積です．もう一度，復習しておくと，$y=f(x)$ というグラフがあって，$f(x) \geqq 0$ のとき，

$$\int_a^b f(x)\,dx = \quad の面積$$

でした．グラフの区間ごとにサンプルの点をとって長方形を作り，短冊状の長方形の面積を足し合わせます(図 6.16)．1 つめの長方形の面積は $f(x_1)\times\Delta x_1$，2 つめの長方形は $f(x_2)\times\Delta x_2$，… となります(Δx_i という記号は 1 つの数を表していたことを思い出してください)．分割を細かくすると，$a \leqq x \leqq b,\ 0 \leqq y \leqq f(x)$ で表される図形　の面積に収束するのでした．

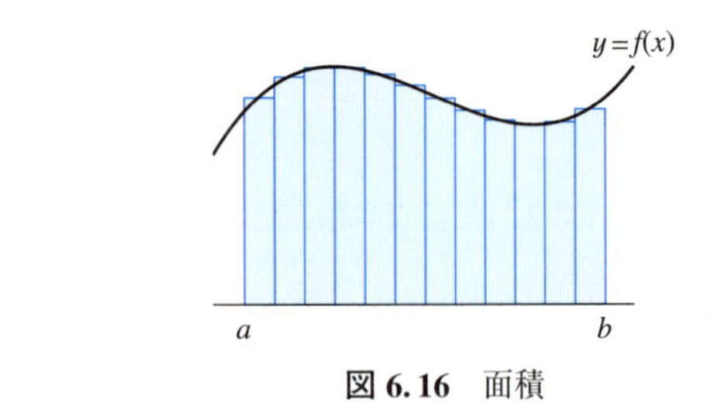

図 6.16 面積

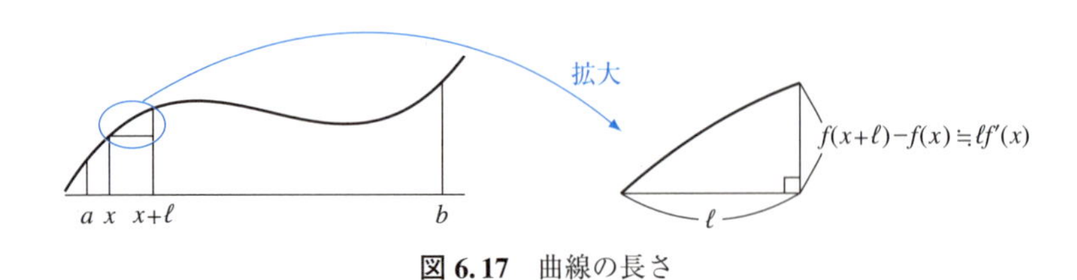

図 6.17 曲線の長さ

$$\sum_i f(x_i)\Delta x_i \xrightarrow[\text{分割を細かくする}]{} \int_a^b f(x)\,dx = \quad \text{の面積}$$

では1変数関数の積分は面積をとらえるものだけかというと，そうではありません．次の項から，その例をいくつか挙げてみます．

6.3.2 曲線の長さ

積分によって曲線の長さを表してみましょう．曲線の長さを求めるのにも，細かく分けて足し合わせるという区分求積法の考え方が有効です．たとえば図6.17のような $y=f(x)$ というグラフがあったとします．$f(x)$ が微分できる‘素直な’関数ならば，区間 $[a,b]$ を細かく分割すると，1つ1つの小さな区間のグラフは，ほぼ線分になっています．そこでグラフを折れ線で近似します．分割を細かくすれば，線分の個数は増え，折れ線の長さは曲線の長さに近づくでしょう．

次に，折れ線の長さを考えます．図6.17において，$y=f(x)$ のグラフ上の点 $(x, f(x))$ と点 $(x+\ell, f(x+\ell))$ の間の曲線は，幅 ℓ が小さければ，まっすぐな線分で近似できそうです．その線分の傾きは $\dfrac{f(x+\ell)-f(x)}{\ell} \fallingdotseq f'(x)$ なので，x

方向に ℓ 進むと y 方向は $f(x+\ell)-f(x) \fallingdotseq \ell \times f'(x)$ だけ高くなります．したがって，この線分は底辺が ℓ，高さが $\ell f'(x)$ の直角三角形の斜辺で近似でき，その長さは三平方の定理から

$$\sqrt{\ell^2+(\ell f'(x))^2} = \ell\sqrt{1+(f'(x))^2}$$

になります．そこで区間 $[a,b]$ を N 個に分割して，それぞれの線分で同様の計算をします．i 番目の区間に対し，ℓ のかわりに Δx_i と書き，x のかわりに x_i と書くと，折れ線の長さはおおよそ

$$\sum_{i=1}^{N} \sqrt{1+(f'(x_i))^2}\Delta x_i$$

となります．$N=100$ ならば，曲線を 100 本の線分で近似していることになります．さらに細かくとれば，折れ線の長さはだんだん曲線の長さに収束すると考えられます．その極限値は，区分求積法の考え方によって

$$\begin{array}{ccc} \text{折れ線の長さ} & \xrightarrow[\text{分割を細かくする}]{} & \text{曲線の長さ} \\ \displaystyle\sum_{i=1}^{N} \sqrt{1+(f'(x_i))^2}\Delta x_i & \longrightarrow & \displaystyle\int_a^b \sqrt{1+(f'(x))^2}\,dx \end{array}$$

という積分となります．これで曲線の長さの積分表示が得られました．

定理　$f(x)$ の導関数 $f'(x)$ は連続関数であるとする．このとき，$y=f(x)$ $(a \leqq x \leqq b)$ のグラフによって表される曲線の長さは

$$\int_a^b \sqrt{1+(f'(x))^2}\,dx$$

である．

具体例として「懸垂線」の長さを計算してみましょう．電線はピンと張ってしまうと強風や地震のときに断線したり電柱が倒壊する危険がありますので，少したわませて張ります．このたわんだ曲線は，一見，放物線に似ていますが，実は放物線ではなく**懸垂線**とよばれる曲線になります．水平方向と垂直方向の長さの単位をうまくとると，懸垂線は次の関数

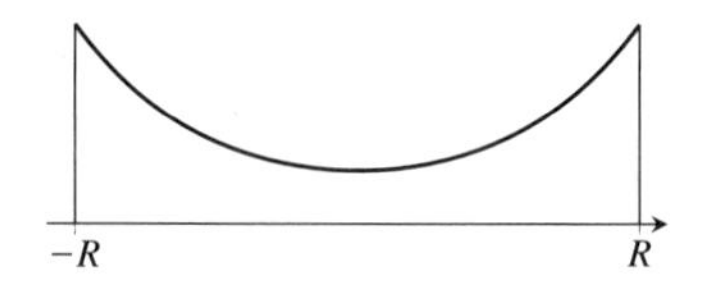

図 6.18　懸垂線 $y=\dfrac{1}{2}(e^x+e^{-x})$ のグラフ

$$f(x) = \frac{1}{2}(e^x + e^{-x})$$

のグラフとして表されます(図 6.18)．懸垂線は日常生活でもしばしば見かける曲線で，両端を固定した鎖なども，ほぼ懸垂線を描きます．ひもを吊るしたとき，各点において，ひもの張力と重力が釣り合っているという条件を微分方程式で表し，それを解くと，このような関数が出てくるのです．

$-R \leqq x \leqq R$ の区間にある懸垂線の長さを求めましょう．第 4.2 節で見たように，指数関数 e^x の微分は e^x に等しいので，$f(x)$ の微分は

$$f'(x) = \frac{1}{2}(e^x - e^{-x})$$

となります．次に，$(e^x-e^{-x})^2=e^{2x}-2+e^{-2x}$ に注意すると

$$1+(f'(x))^2 = 1+\frac{1}{4}(e^{2x}-2+e^{-2x}) = \left(\frac{1}{2}(e^x+e^{-x})\right)^2$$

です．つまり，

$$1+(f'(x))^2 = (f(x))^2 \tag{6.18}$$

が成り立ちます．よって曲線の長さの定理より，懸垂線の長さは

$$\begin{aligned}\int_{-R}^{R} \sqrt{1+(f'(x))^2}\,dx &= \int_{-R}^{R} \frac{1}{2}(e^x+e^{-x})\,dx \\ &= \frac{1}{2}(e^x-e^{-x})\Big|_{-R}^{R} \\ &= e^R - e^{-R}\end{aligned}$$

となります．1 行目から 2 行目に行くところは，$\dfrac{d}{dx}\left(\dfrac{1}{2}(e^x-e^{-x})\right)=\dfrac{1}{2}(e^x+e^{-x})$

と微分積分学の基本定理を使っています．

ここに現れた関数 $\dfrac{1}{2}(e^t+e^{-t})$ は $\cosh t$，$\dfrac{1}{2}(e^t-e^{-t})$ は $\sinh t$ と書き，**双曲線関数**(hyperbolic function)とよびます．そうすると，定義から

$$(\cosh t)^2-(\sinh t)^2=\left(\frac{e^t+e^{-t}}{2}\right)^2-\left(\frac{e^t-e^{-t}}{2}\right)^2=1$$

が成り立ち，$(x,y)=(\cosh t,\sinh t)$ は双曲線 $x^2-y^2=1$ の座標を与えます．これは $(x,y)=(\cos t,\sin t)$ が円周 $x^2+y^2=1$ の座標を与えるのと似ていますね．また，$\cosh t$ を微分すると $\sinh t$ になるところも，$\cos t$ を微分すると $-\sin t$ となる三角関数と似ています．実際，この関係は，第 4.6.4 項のオイラーの公式を t と $-t$ で並べて書き下し

$$e^{it}=\cos t+i\sin t \tag{6.19}$$

$$e^{-it}=\cos t-i\sin t \tag{6.20}$$

両辺の和 (6.19)+(6.20) を考えれば $\cosh it=\cos t$，両辺の差 (6.19)−(6.20) を考えれば $\sinh it=i\sin t$ が導かれます．このように変数を複素数にまで拡げると，双曲線関数は三角関数と深い関係があります．

6.3.3 体積

1 変数関数の積分で，面積も表せるし，曲線の長さも表せるということを見ました．今度は，体積が 1 変数の積分で表せるという例を見ましょう．

たとえば図 6.19 のような立体を考えてみます．この立体を細かく輪切りにして，それぞれのピースを足し合わせれば，図形の体積に近づきます．第 6.1.2 項ではピラミッドや球やドーナツに対してこの考え方を使ったお話をしました．より一般の立体の体積を求めるときにも「輪切りの考え方」が使えます．すなわち，x における切り口の面積(断面積)を $S(x)$ とします．幅 ℓ が小さければ，x での断面積 $S(x)$ と $x+\ell$ での断面積 $S(x+\ell)$ はほぼ変わらないと考えられるので，x と $x+\ell$ に挟まれた部分の体積は $S(x)\times\ell$ に近い値になるでしょう．そこで，区間 $[a,b]$ を N 個に分割し，それぞれの区間の幅を $\Delta x_1,\cdots,\Delta x_N$ とし，区間から点を 1 つずつとり，それを $x_1,\cdots,x_N$ とすると，区分求積

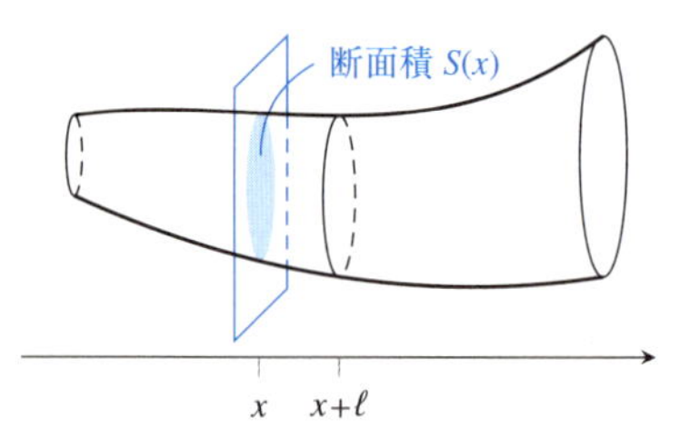

図 6.19　断面積が $S(x)$ で表される図形の体積

法によって

$$\text{輪切りにしたピースの体積(近似)の和} \xrightarrow[\text{分割を細かくする}]{} \text{体積}$$

$$\sum_{i=1}^{N} S(x_i)\Delta x_i \longrightarrow \int_a^b S(x)\,dx$$

というように体積が求められることがわかります．

体積 $= \int_a^b S(x)\,dx$ を標語的に言うと

(6.21)	体積 = 断面積の積分

となります．2つの具体例で実際に計算してみましょう．

1つめの例として球の体積を考えます．第 6.1.2 項では球を薄くスライスして球の体積を求めましたが，これはまさに「体積 = 断面積の積分」という見方です．積分の言葉でこの計算を再現してみましょう．原点を中心とする半径 R の球を，x 軸に垂直に輪切りにします(図 6.20 左)．x 座標は $-R \leqq x \leqq R$ の範囲を動きます．輪切りにすると断面は円盤になり，その半径は三平方の定理から $\sqrt{R^2-x^2}$ になります．ですから，断面積は

$$S(x) = \pi\left(\sqrt{R^2-x^2}\right)^2 = \pi(R^2-x^2)$$

になります．ここで(6.21)を用いると

$$\text{球の体積} = \int_{-R}^{R} S(x)\,dx = \pi\int_{-R}^{R}(R^2-x^2)\,dx$$

となります．これは変数 x の多項式の積分です．第 6.2.3 項で見たように，多項式の積分は具体的に求めることができます．すなわち，

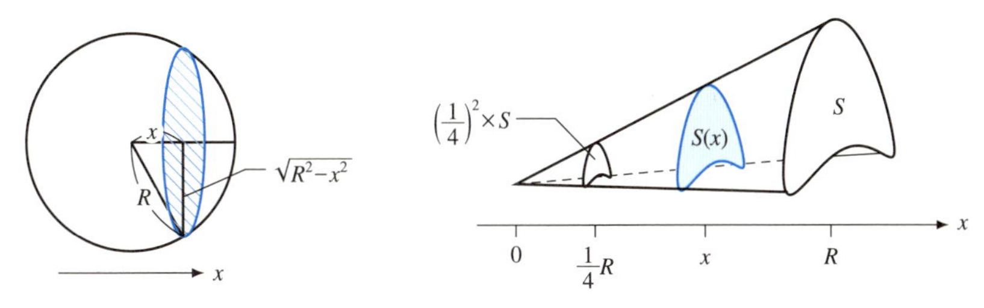

図 6.20　断面積と体積：球の断面と錐の断面

$$\pi \int_{-R}^{R} (R^2 - x^2)\, dx = \pi \left(R^2 x - \frac{1}{3} x^3 \right) \Bigg|_{-R}^{R} = \frac{4}{3} \pi R^3$$

となり，半径 R の球の体積 $= \dfrac{4\pi}{3} R^3$ が示せました．もちろん，この値は以前に求めた公式(6.3)と一致しています．

次に錐の体積を考えます．第 6.2.3 項では，

$$錐の体積 = (底面積 \times 高さ) \div 3$$

という公式において，割る数である 3 は空間の次元にあたることに触れましたが，その理由はまだ説明していませんでした．ここでその理由をお話ししましょう．錐の底面が円のとき円錐，三角形のとき三角錐とよびますが，錐の底面はどんな図形でもかまいません．この錐の底面積を S とし，高さを R とします．この錐の体積が $\dfrac{1}{3} SR$ (= 底面積 × 高さ ÷3) であることを証明するのがここでの目標です．

この錐を図 6.20 右のように横に寝かせます．頂点が $x=0$ にあり，底面が x 軸に垂直な平面 $x=R$ に対応するように座標をとりましょう．

この錐を x 軸に垂直な平面で切ると，どこで切っても切り口は相似形であり，左に行くにつれてだんだん小さくなります．x での断面積を $S(x)$ とします．右端 $x=R$ のときの断面積は $S(R)=S$ です．一方，たとえば，$x=\dfrac{1}{4}R$ のところで切ると，切り口は縦も横も底面に比べて $\dfrac{1}{4}$ に縮小した相似形にな

りますから，その断面積は S の $\left(\dfrac{1}{4}\right)^2$ 倍です．一般に $0 \leqq x \leqq R$ のとき，x における切り口は，縦も横もすべて $\dfrac{x}{R}$ 倍に縮小した相似形になるので，その断面積は

$$S(x) = \left(\frac{x}{R}\right)^2 \times S$$

となります．よって，この錐の体積は

$$\int_0^R S(x)\,dx = \int_0^R \left(\frac{x}{R}\right)^2 S\,dx = \frac{S}{R^2}\int_0^R x^2\,dx = \frac{S}{R^2} \times \frac{R^3}{3} = \frac{1}{3}SR$$

となって，確かに「底面積 $S\times$ 高さ R」を 3 で割ると，この錐の体積になっていることがわかりました．

いま求めた錐の公式において，「3 で割る」という「3」がどこから生じたかを振り返ってみましょう．上の式で $\dfrac{1}{3}$ が現れるのは $\displaystyle\int_0^R x^2\,dx = \frac{1}{3}R^3$ の部分です．さらにさかのぼって，左辺の積分における x^2 がどこから出たかを探すと，「相似形の面積は相似比の 2 乗に比例する」というところです．空間の次元がどのように関連しているかを強調するために，空間の次元を形式的に n とします．$n=3$ のときは空間図形の体積を考えていることになり，断面積の対象となる切り口は平面，すなわち，$n-1=2$ 次元の幾何となります．断面積は相似比の $n-1$ 乗 $(=2$ 乗$)$ に比例するので，$\displaystyle\int_0^R x^{n-1}\,dx = \frac{1}{n}R^n$ という積分から，3 次元空間の次元 $n=3$ で割るという公式が得られるというわけです．

同じ議論を使って，よく知っている三角形の面積も積分で計算してみましょう．今度は平面図形なので次元は $n=2$ となります．平面図形の場合の‘錐’は底辺と 1 点を結んでできる図形なので，これは三角形に他なりません．三角形の底辺の長さが S で高さが R とし，図 6.20 の右と同様の図に基づいて区分求積法を使うと，線分の長さは相似比に比例するので，三角形の面積は

$$\int_0^R \left(\frac{x}{R}\right) S\,dx = \frac{S}{R}\int_0^R x\,dx = \frac{S}{R} \times \frac{1}{2}R^2 = \frac{1}{2}SR$$

と計算されます．この計算では $\displaystyle\int_0^R x^{n-1}dx = \frac{1}{n}R^n$ を $n=2$ の場合に用いていることになり，三角形の面積では底辺 × 高さを平面の次元 $n=2$ で割ることにな

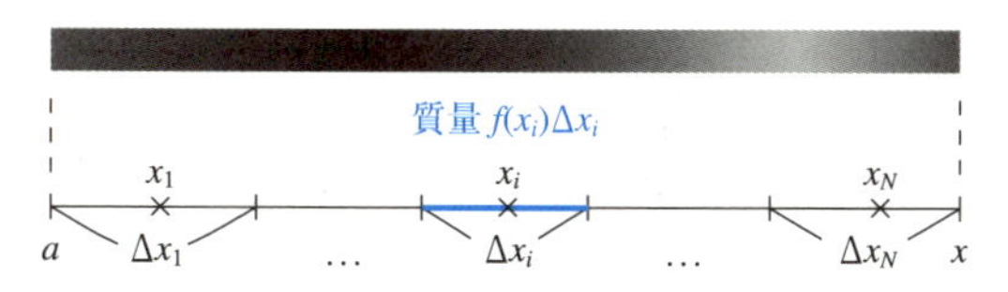

図 6.21　棒の密度（密度が高い部分を濃く表した）と質量

るわけです．

6.3.4　棒の密度と重さ

次項でお話しする「力のモーメント（連続体の釣り合い）」の準備として，棒の重さと密度の関係を微分・積分を用いて整理しておきましょう．x 座標で区間 $[a,b]$ にある棒を考えます．一般に棒の素材は均質とは限りません．左端の a から x までの質量を $m(x)$ とします．特に，棒全体の質量は $m(b)$ です．区間 $[x,x+\ell]$ における棒の質量は $m(x+\ell)-m(x)$ となりますから，幅 ℓ のこの区間の単位長さあたりの平均の質量は

$$\frac{m(x+\ell)-m(x)}{\ell}$$

です．幅 ℓ を 0 に近づけたときの極限，すなわち $m(x)$ の微分を，x における**密度**とよびましょう．密度は，その点の近辺が重い素材か軽い素材かを数量的に表します．場所に依存することを強調したいときは**密度関数**と言います．図 6.21 の上段では，密度が x 座標に依存する場合に，密度関数の値の大小を濃淡で表示しました．座標 x を変数として密度関数を $f(x)$ と書くと，定義から

$$f(x) = m'(x)$$

です．逆に，密度から質量を計算することもできます．区間 $[a,x]$ を N 個に分割し，それぞれの区間の幅を $\Delta x_1,\cdots,\Delta x_N$ とし，区間から点を 1 つずつとり，それを $x_1,\cdots,x_N$ としましょう（図 6.21）．各点 t における密度が $f(t)$ ならば，密度の定義から i 番目の区間の棒の質量はほぼ $f(x_i)\Delta x_i$ です．したがって，区間 $[a,x]$ の棒の質量 $m(x)$ は $\sum_{i=1}^{N} f(x_i)\Delta x_i$ の極限として

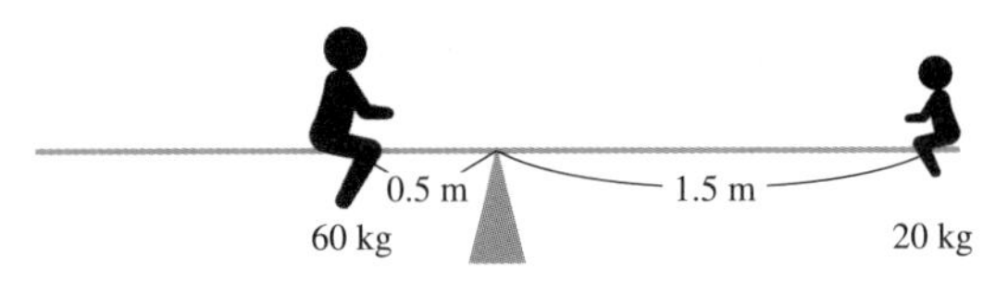

図 6.22　シーソーの釣り合い（2 人の場合）

$$m(x) = \int_a^x f(t)\,dt$$

という密度関数の積分で与えられることになります（区分求積法）.

6.3.5　力のモーメント

連続体の釣り合いも積分を使って求めることができます．連続体を考える前に**梃子の原理**を思い出しておきます．

シーソーでは，子供の方が大人よりはるかに軽くても，乗る場所を選べば釣り合うという面白さがあります．簡単な例から始めましょう．図 6.22 では，シーソーの左側に体重 60 kg の大人が乗っていて，右側に体重 20 kg の子供が乗っています．この場合，支点から 50 cm のところに大人が座り，支点から 1.5 m のところに子供が座ると釣り合います．釣り合いの状態は次の等式で表されます．

$$60 \times 0.5 = 20 \times 1.5$$

このシーソーの右側，支点から 1 m のところにもう 1 人子供が乗ったとしましょう（図 6.23）．2 人めの子供は体重 15 kg とするとき，左側の大人がどこに座れば釣り合うでしょうか．支点から x m のところに座るとして

$$60 \times x = 15 \times 1 + 20 \times 1.5$$

という釣り合いの方程式を解くと $x = 0.75$，すなわち左側の大人が 25 cm 後ろに下がって支点から 75 cm のところに移動すればぴったり釣り合います（図 6.23）．支点から「左に 75 cm」というのを「右に −75 cm」と読み替えると

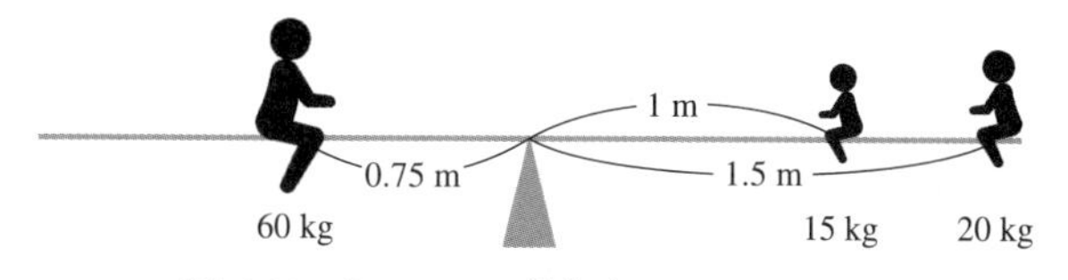

図 6.23　シーソーの釣り合い（3 人の場合）

$$60 \times (-0.75) + 15 \times 1 + 20 \times 1.5 = 0$$

という等式で表されます．釣り合いを表す等式では，シーソーの回転する効果が，乗る人の重さという絶対的な量そのものではなく，座る位置にもよる，すなわち，支点からの距離にも比例するということを使っていました．より正確には，支点の左にいるときは距離を -1 倍したので，距離（大きさ）と方向の情報をもっているベクトルを考えていることになります．シーソーが回転する効果を 1 つの式にまとめた

$$\text{重さ} \times \text{支点からのベクトル}$$

という量を**力のモーメント**と言います．ここで「重さ」は物体に作用する万有引力（重力）の大きさと考えているので，「力」という言葉が用いられています．また，「ベクトル」という，ちょっと大げさな用語を使いましたが，シーソーという 1 次元的な釣り合いだけでなく，たとえば，お皿を指 1 本で支えるときのバランスのように 2 次元的な釣り合いの問題を考えるときは，「ベクトル」を用いれば見通し良く釣り合いの式を表すことができます．

それでは，連続的な物体（**連続体**）の釣り合いは，どのように考えればよいでしょうか．以下では 1 次元連続体の釣り合いを考えます．たとえば 1 本の棒があったとします．その棒が均質ならば真ん中に支点を置くと釣り合いますが，均質ではない場合は，どこに支点を置いたら左右のバランスがとれて釣り合うでしょうか？ この釣り合いの位置は，棒の密度関数と積分の言葉で述べることができます．まず，棒を有限個に分割して梃子の原理を（近似的に）考え，次に区分求積法の考え方を適用します．重力加速度は棒のどの点でも同じと考えられるので，釣り合いは「重さ」で考えても「質量」で考えてもかまいません．具体的に書いてみましょう．

前項と同じように，棒は x 座標で区間 $[a,b]$ にあり，点 x における密度を $f(x)$ とします．棒の区間 $[a,b]$ を N 個に分割し，それぞれの区間の幅を $\Delta x_1, \cdots, \Delta x_N$ とし，区間から点を 1 つずつとり，それを $x_1, \cdots, x_N$ とすると，i 番目の区間の棒の質量はほぼ $f(x_i)\Delta x_i$ です（図 6.21）．

支点の x 座標は c としましょう．ここで，

$$x_i - c = \begin{cases} \text{支点からの距離} & (x_i \text{ が支点の右にあるとき}) \\ (-1)\times \text{支点からの距離} & (x_i \text{ が支点の左にあるとき}) \end{cases}$$

は $x=c$ を始点とする（1 次元の）位置ベクトルです．ここでシーソーの釣り合いの式を思い出しましょう．そうすると

$$\text{質量} \times \text{支点 } c \text{ を始点とする位置ベクトル} \fallingdotseq (f(x_i)\Delta x_i)\times(x_i - c)$$

が i 番目の区間の「（シーソーの）回転の効果」になります．これらを全部足し合わせた $\sum_{i=1}^{N}(f(x_i)\Delta x_i)\times(x_i-c)$ が正ならば右に傾き，負ならば左に傾くことになります．分割を細かくして極限をとると

$$\sum_{i=1}^{N} \underbrace{(f(x_i)\Delta x_i)}_{i\text{ 番目の区間の質量}} \times \underbrace{(x_i - c)}_{\text{位置ベクトル}} \xrightarrow[\text{分割を細かくする}]{} \int_a^b f(x)(x-c)\,dx$$

と表されます．この極限値が正ならば棒は右に傾き，負ならば左に傾くことになります．したがってこの棒が $x=c$ を支点として釣り合うための必要十分条件は，$\int_a^b f(x)(x-c)\,dx=0$ という等式で表されます．この式は

$$\int_a^b f(x)x\,dx - c\int_a^b f(x)\,dx = 0$$

と書き直せます．したがって，連続体の釣り合いの位置 c は積分を用いて

$$c = \frac{\int_a^b f(x)x\,dx}{\int_a^b f(x)\,dx} = \frac{\text{棒のモーメント}}{\text{棒の質量}}$$

と表すことができます．分母は密度関数 $f(x)$ の積分なので，第 6.3.4 項で見

たように棒の質量です．分子に現れる積分 $\int_a^b f(x)x\,dx$ のことを連続体に対する（原点を中心とする）力のモーメントと言います．

6.3.6 重みをつけた積分

シーソーでは支点から遠くに座るほど回転の効果が大きくなりますが，逆に騒音などは音源が遠くなるほど影響が小さくなります．絶対的な量に位置などの別のファクターをかけることでその効果が表されるのは物理現象だけではありません．さまざまな場面で，「効果」や「影響力」は，何かの絶対的な量で決まるのではなく，それがどのようなタイミングや状況で影響するかという「立ち位置」にも依存します．たとえば，経営に関する指標は経営資源の絶対的な量だけでは決まらず，状況に依存するファクターも考慮する必要があるでしょう．またリスク管理においては，個々のリスクの絶対量にそれが起こりうる確率をかけて，総合的な利益・損失を判断する必要があります．

このように，絶対的な量に何らかの重みをかけ，それを合算して総合的な「効果」を考えるケースはいろいろな場面で現れます．合算する際には，時刻や空間や配分量など連続的に変わる量を扱うこともあるでしょう．もし要素が有限個の場合の原理を正しく理解しており，しかも，複数の「効果」が足し合わさる形で統合できる場合には，全体の「効果」は絶対的な量 $f(x)$ にその‘効果の重み’を表す関数 $g(x)$ をかけて積分をすることで算出されます．これはシーソーの原理から（一様でない）棒の釣り合いに一般化したときと同じ考え方であり，区分求積法の 1 つの応用です．このような考え方は適用範囲が広く，得られた積分は**重みつきの積分**とよばれます．

この節では，さまざまな量を 1 変数の積分を用いて表しました．積分は難しいものではなく，身近なものです．「とらえたい量」をよく理解した上で分割して有限個の総和をとり，さらに分割を細かくすれば，とらえたい量に近づくだろう，という区分求積法の考え方に親しんでいただけたかと思います．

6.4　多重積分

この節では，多変数関数の積分である多重積分についてお話しします．1変数の積分は，微分の逆演算である（微分積分学の基本定理）という見方と，細かく分けて足し合わせる（区分求積法）という見方の2つがあるという話をしました．細かく分けて足し合わせるというのは，身近な場面でも「そこにある量」を計るときに何気なく使っている考え方ですが，この素朴な考え方には汎用性があります．多重積分の定義には，この素朴な考え方を用います．

2変数関数の積分は**2重積分**，3変数関数の積分は3重積分と言います．より一般に，多変数関数の積分はその変数の個数を明記しないときは**多重積分**，あるいは単に**重積分**と言います．変数が2個以上で通用する考え方の多くは，変数がもっと増えても適用できます．この節では多重積分を2変数の場合に説明しますが，それを理解していく中で，3重積分や4重積分に対するイメージも自然に芽生えることと思います．

以下では，x, y という変数によって値が決まる2変数関数 $f(x, y)$ を考えます．平面の領域 D が与えられたときに，2重積分 $\iint_D f(x, y)\,dxdy$ を定義するのが目標です．まずは，そもそもこれがどういう量をとらえているかを先にお話ししましょう．そのあとで，あらためて抽象的な定義を考えます．

6.4.1　多重積分の意味

関数 $f(x, y)$ に何か意味を与えたときに，2重積分 $\iint_D f(x, y)\,dxdy$ が何を表すかを具体例で考えてみることにします．D は平面上の領域です．たとえば D を日本列島とします．（地球は丸いので，平面地図に書くと多少の誤差が出ますが，ここでは気にしないことにします．）まず，$f(x, y)$ が定数関数

(6.22)
$$f(x, y) \equiv 1$$

という場合を考えてみましょう．3本線のイコール $\equiv$ の記号で「恒等的に等しい」ということを表します．このとき，今から定義しようとしている2重積分 $\iint_D f(x, y)\,dxdy$ が表す意味は日本列島の総面積となります．

次に，$f(x,y)$ を地点 (x,y) における海面からの高さ，つまり標高としましょう．

$$f(x,y) = \text{点}\,(x,y)\,\text{における標高} \tag{6.23}$$

このとき，2 重積分 $\iint_D f(x,y)\,dxdy$ が表す意味は，日本列島において海面から上にある部分の土の体積となります．

あるいは，$f(x,y)$ が地点 (x,y) における年間降水量を表すとしましょう．

$$f(x,y) = \text{点}\,(x,y)\,\text{における 1 年間の降水量} \tag{6.24}$$

これを積分すると，日本列島に 1 年間に降った水の体積になります．

多重積分の定義はまだ述べていませんが，上に挙げた 3 つの例を見ておわかりのように，これらはとても具体的な量をとらえようとしています．それでは，一般の多重積分をどのように定義するかを考えていきましょう．

6.4.2　多重積分の定義

前項で例示したような意味をもつように多重積分を定義するには，どのようにすればよいでしょうか．抽象的な 2 変数関数 $f(x,y)$ の積分を定義するヒントとして，1 年間に日本列島にどれだけの水が降ったかを概算する方法を考えてみます．

まず，日本列島を分割して，それぞれの場所で観測点を選んで 1 年間の降水量を調べ，これにその場所の面積をかけて合算すれば，この近似値が得られるでしょう．たとえば，日本列島 D を 47 個の都道府県 $D_1, D_2, \cdots, D_{47}$ に分割して，それぞれの分割から観測点を 1 つずつ選びます．観測点はたとえば都道府県庁所在地を選んでもいいでしょう．観測点の座標を $(x_1, y_1), (x_2, y_2), \cdots, (x_{47}, y_{47})$ とします．ここに雨水がたまる装置を置いて，1 年間の降水量を測ります．各地点における降水量は体積ではなく雨がたまる深さとして測ります．観測点 (x_i, y_i) における年間降水量を $f(x_i, y_i)$ とすると，i 番目の都道府県に 1 年間に降った水の体積はおおよそ $f(x_i, y_i)\times$（D_i の面積）と考えられます．たとえば，東京は，1 年間に 1600 mm くらいの雨が降り，面積は 2200 km^2 くらい．沖縄でしたら，那覇では年間降水量は 2160 mm くらいで，県の面積は 2300 km^2 くらい．こういうものを足し合わせていきます．全部を足し合わせた

$$\sum_{i=1}^{47} f(x_i, y_i) \times (D_i \text{の面積}) \tag{6.25}$$

は日本列島に 1 年間に降った水の体積に近い値となっているだろうと考えられるわけです．では，もっと精密に知りたいときはどうすればよいでしょうか．

1 つの県につき 1 つの観測点では誤差が生じます．たとえば，東京都には八丈島という離島がありますが，八丈島では都心の 2 倍くらいの量の雨が降り，年間降水量は 3300 mm くらいです．この島の面積は東京都全体の 30 分の 1 くらいです．こういうデータを細かく分けて合算すれば，日本全体に 1 年間に降った水の量をより正確に計算できるでしょう．これは，1 変数のときに説明した区分求積法と同じ考え方です．

さて，最初の概算では分割した各領域 D_i で都道府県庁所在地を観測点に選びましたが，別の場所を観測点に選べば，(6.25)の値は多少異なるでしょう．しかし，分割をどんどん細かくして観測点も増やせば，観測点の選び方による差異もだんだん無視できるようになるだろうと考えられます．

これは降水量に限った話ではなく，より一般の多変数関数にも適用できる考え方です．この考え方に沿って，一般の 2 重積分の定義を述べましょう．

$f(x, y)$ を 2 変数 x, y の連続な関数とし，D を xy 平面の領域とします．D は線分やなめらかな曲線で囲まれているような領域(たとえば多角形や円や扇形など)で，しかも有界(大きな円の中にすっぽり含まれる図形)であるものを考えます．

日本列島に 1 年間に降った水の総量の計算と同様に，領域 D を $D_1, \cdots, D_n$ と分割し，それぞれの領域 D_i から点 (x_i, y_i) を 1 つずつ自由に選び(‘観測点’に相当します)，(6.25)と同様に次の有限和を考えます．

$$\sum_{i=1}^{n} f(x_i, y_i) \times (D_i \text{の面積})$$

D_i は正方形でもいいし，長方形でもいいし，面積さえわかればもっと変な形でもかまいません．「分割を細かくする」という言葉を，すべての D_i の x 方向の幅も y 方向の幅も小さくするという意味で使うことにします．このとき，1 変数の区分求積法と同様の定理が成り立ちます．

定理（区分求積法，リーマン積分）　$f(x,y)$ を連続な関数とする．xy 平面の有界な領域 D を細かく分割していくと $\sum_{i=1}^{n} f(x_i, y_i) \times (D_i$ の面積$)$ は一定の数に収束する．

この極限値を $\iint_D f(x,y)\,dxdy$ と書き，**重積分**あるいは **2 重積分**とよびます．ここで，2 重積分の最後に $dxdy$ と書きましたが，これは第 6.4.3 項で説明する累次積分（フビニの定理）と整合性があるように設計された記号法です（本書では扱いませんが，この記号法の本質を掘り下げた‘微分形式’という理論もあります）．

多変数関数の区分求積法は 1 変数関数の場合と同じ原理に基づいています．1 次元の場合は，線分を細かく分割して，

‘観測点’における関数の値 × ‘短い’線分の長さ

を足し合わせました．2 次元では，1 個 1 個の分割として小さな平面領域をとり，

‘観測点’における関数の値 × ‘小さな’領域の面積

を合算しました．いずれも分割を細かくすると，その総和は一定の値に近づくので，その極限値として積分を定義しました．同じように，3 変数の関数 $f(x,y,z)$ を xyz 空間の領域で積分する場合は，3 次元の領域を細かく分割します．それぞれの領域で観測点を設けて，その観測点における関数の値と分割した小さな領域の体積をかけて足し合わせる．このようにして求めた有限個の総和は，分割をどんどん細かくすれば一定の値に近づく．その極限値として **3 重積分**が定義されるのです．

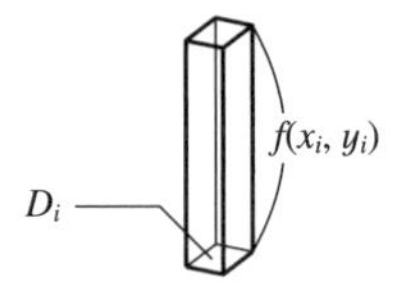

図 6.24　小さな区画の体積を考える

6.4.3　累次積分（フビニの定理）

多重積分は難しそうに見えますが，実は，1 変数の積分よりも計算方法が多いのです．その理由をふんわりと言うと，積分はすでに‘そこにある量’をとらえる概念であり，変数が多いと算出するアプローチが多様にある，という背景があります．正確な数値を求めるということは別の問題ですが，算出方法自体には多様なアプローチがあるということを例で見てみましょう．

たとえば，日本列島における（海面より高い部分の）土の体積の概算法を考えてみます．日本列島を小さな区画に分割して，区画ごとに図 6.24 のような底面積 D_i，標高 $f(x_i, y_i)$ の柱を考えて，その体積を足し合わせると土の体積が近似できるでしょう．さらに区画を細かくした極限として，日本列島の土の体積が 2 重積分で表されることがわかります．

$$\text{日本列島の土の体積} = \iint_D f(x, y)\, dxdy \tag{6.26}$$

しかし土の体積を求めるのには，他の方法もあります．たとえば，第 6.3.3 項の 1 変数の積分のお話では体積が断面積の積分で表されることを見ました．そこで日本列島の断面を考えてみましょう．図 6.25 は北緯 35 度 40 分のあたりで切った様子です．いちばん西は兵庫県の最北部をかすめて（東経 134 度 30 分くらい）京都の京丹後市を通って若狭湾で海抜 0 m になり，木曽山脈・南アルプスで高度が上がり，甲府・東京を通って，いちばん東は千葉県の銚子のあたり（東経 141 度くらい）となります．大まかな図ですが，この緯度での断面（山の形）は図 6.25 の右のような感じになるでしょう．細かい方眼紙に断面図を描けば，枡目を数えることでこの部分の断面積を概算できそうです．断面積は緯度によって変わるので，北緯 y での断面積を $S(y)$ と書くことにします．

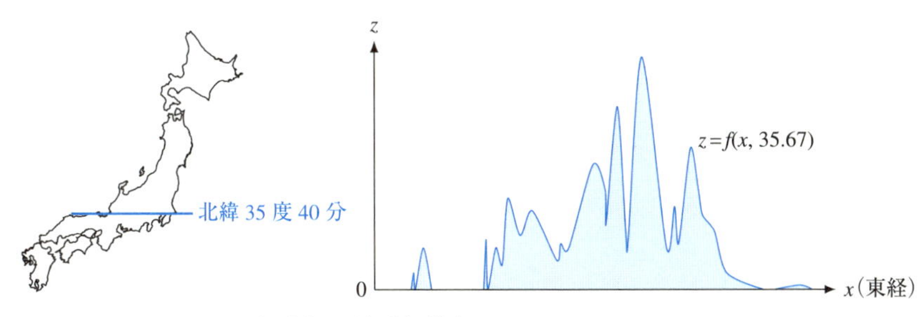

図 6.25 日本列島の断面を考える(北緯 35 度 40 分 ≒35.67 度の例)
(スペースの制約上，沖縄や離島は描かれていません)

いま y は北緯で説明しましたが，もしメートル法で計算結果を表したい場合は，緯度が 1 度増えることは，111 km ほど北に移動するというように換算すればよいでしょう．日本列島のサイズならば，地球が丸いことも少し影響してきますが，ここでは話を簡単にして，平面上で記述します．そうすると，いちばん南端の緯度を a，いちばん北を b とすると，a から b の積分になります．

$$\text{日本列島の土の体積} = \int_a^b S(y)\,dy$$

右辺は 1 変数関数 $S(y)$ の積分です．

次に，断面積 $S(y)$ 自身にも区分求積法を使います．いつものように x は東西方向の座標(たとえば東経)とし，$f(x, y)$ を地点 (x, y) における標高としています．図 6.25 右は，緯度 y を北緯 35 度 40 分(≒35.67 度)に固定し，x が動くときの高度 $f(x, y)$ のグラフになっています．このときの積分範囲は，座標 x が東経としておおよそ $134 \leqq x \leqq 141$ で考えればよいのです．緯度 y ごとに x に関する積分範囲は変わってくるはずです．そのことを明示したいときは，積分範囲を y ごとに変わる値，たとえば $c(y)$ と $d(y)$ と書いて x は $c(y) \leqq x \leqq d(y)$ を動くと表記することもできます．そうすると図 6.25 右のように，緯度 y を止めたときの日本列島の断面積は，

$$S(y) = \int_{c(y)}^{d(y)} f(x, y)\,dx$$

と表せることになります．2 つの式をまとめると

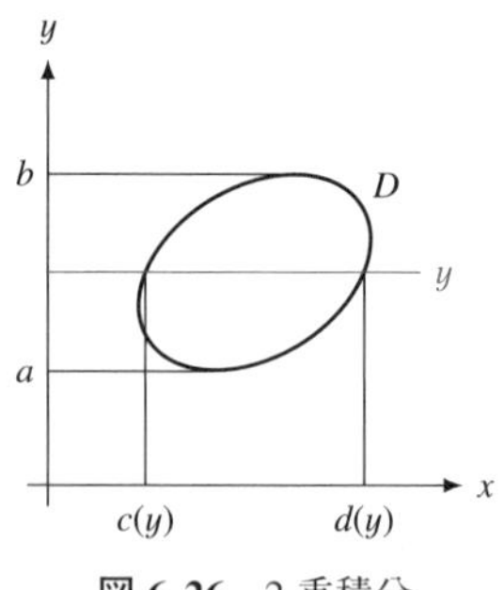

図 6.26　2 重積分

$$\text{日本列島の土の体積} = \int_a^b \left(\int_{c(y)}^{d(y)} f(x, y)\, dx \right) dy$$

となります．この式と(6.26)を見比べると

$$\iint_D f(x, y)\, dxdy = \int_a^b \left(\int_{c(y)}^{d(y)} f(x, y)\, dx \right) dy$$

という式が成り立つことがわかります．左辺の $\iint_D f(x, y)\, dxdy$ の方は土の体積を 2 重積分としていて，高さ×面積の総和として一気に 2 変数の積分を扱います．右辺の方は 1 変数の積分を 2 回行います．すなわち，断面積を積分して求めるのですが，この断面積も元を正せば一度積分をして得られたものでした．

日本列島の土の量の算出方法として考えたことを，2 重積分の公式として整理しておきましょう．$f(x, y)$ は標高とは限らない一般の 2 変数関数とします．xy 平面の有界な領域 D を考え，y 座標が一定のところで領域 D を切ったときの左端を $c(y)$ として，右端を $d(y)$ としましょう（図 6.26）．$c(y)$, $d(y)$ は y ごとに値が変わります．y を止めたまま先に x に関して積分すると，その積分値 $\int_{c(y)}^{d(y)} f(x, y)\, dx$ は y に依存していますので，$S(y)$ と表記することにします．$S(y)$ は，$f(x, y)$ が標高の場合には y を固定した切り口の断面積になります．ここまでは y を止めていたわけですが，最後に y を動かします．領域 D の y 座標でもっとも小さい値を a，もっとも大きい値を b とし，1 変数の関数 $S(y)$ を a から b まで積分します．そうすると，断面積の積分が体積に等しいのと同様に，$S(y)$ の積分 $\int_a^b S(y)\,dy$ が 2 重積分 $\iint_D f(x,y)\,dxdy$ に等しい，すなわち，一般に，

$$\iint_D f(x,y)\,dxdy = \int_a^b \left(\int_{c(y)}^{d(y)} f(x,y)\,dx \right) dy$$

が成り立ちます．

この等式は x と y の役割を入れ替えてもかまいません．たとえば x を止めて y について先に積分しても同じです．まとめると，次の定理が成り立ちます．

定理（フビニの定理，累次積分） $f(x,y)$ を連続な関数とし，D を xy 平面の有界な領域とすると，次の等式が成り立つ．

$$\iint_D f(x,y)\,dxdy = \int_a^b \left(\int_{c(y)}^{d(y)} f(x,y)\,dx \right) dy = \int \left(\int f(x,y)\,dy \right) dx$$

記号が煩瑣（はんさ）になるのを避けるため，この定理の右辺の積分範囲は省略しましたが，中辺で y を止めて x で積分したときと同じように，領域 D の端から端まで目一杯計算すると思ってください．

本書では深入りしませんが，この定理はさらに一般の設定にも拡張され，**フビニの定理**とよばれます．標語的にいうと「重積分は**累次積分**で表される」ということになります．ここで累次という言葉は，1 変数の積分を繰り返すということに由来しています．累次積分では，x あるいは y のどちらを先に積分しても結果が等しくなります．フビニの定理は，ぼんやりと眺めていると当たり前に見えるかもしれません．しかし，これはそれぞれ異なる定義で計算したものが一致するという定理です．この等式があたかも当たり前に見えるのは，ライプニッツが積分の記法を上手に設計したおかげであって，記号の操作で論証したわけではありません．

2 重積分が累次積分（1 変数の積分を繰り返した積分）として得られるというフビニの定理の原理をもう一度整理しておきましょう．フビニの定理を理解する例として，日本列島の土の体積のように実体のある量に対して，平面領域を小さな区画に分割して，それぞれの細い柱にある部分の土の量を足し合わせても

いいし，断面で少しずらしたときの体積を足し合わせても同じ値が得られるという説明をしました．この考え方は，区分求積法で極限をとる有限和の段階では日常生活でも自然に現れています．第4章で2重和についてお話ししたように，たとえば1か月の出費を求めるときに，食費がいくら，交通費がいくら，というように品目ごとに1か月の小計を出してから合算しても，1日ごとの出費の小計をとってから合算しても，いずれも1か月の出費と一致します．これがフビニの定理の原理です．

ところで，土の体積を求めるまったく別の方法もあります．標高に合わせて濃淡，あるいは黄緑色→黄土色→茶色→こげ茶色→… と色分けした地図を見られたことがあるでしょう．この地図に細かい枡目を入れて，たとえば標高が1600 m〜2000 m の範囲にある山岳地帯の面積を概算すれば，この部分のおおよその体積がわかります．標高 0 m から富士山の標高 3776 m まで適当に分割して，標高がある一定の範囲内の地域の面積を求め，その部分の体積を計算して全部足し合わせれば，やはり日本列島の土の体積が概算できるでしょう．そして標高を細かく分割すれば，より正確な体積が求められるでしょう．‘水平に切る’ というこの考え方を追求した積分論はアンリ・ルベーグ(1875–1941)によって展開され，**ルベーグ積分**とよばれます．本書では「領域を細かく分割する」という区分求積法(リーマン積分)の考え方を紹介しましたが，領域ではなく「関数の値域を細かく分割する」ルベーグ積分も自然で有用な考え方です．

6.4.4 体積と表面積

最後に，「細かく分けて足し合わせる」という積分の考え方から，体積と表面積の関係を考察しましょう．球やドーナツを例として取り上げます．

前項でもお話ししたように，細かく分割する方法は何通りもあるというのがポイントです．たとえば第 6.1.1 項では円の面積を求めるのに，4 通りの方法をお話ししました．そのうちの 1 つは「同心円」を使って円をバウムクーヘンや年輪のように分割するというもので

円周の長さの公式 ⇝ 円の面積

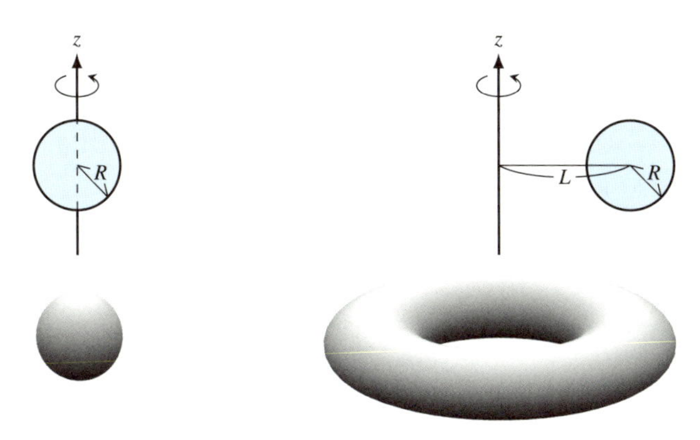

図 6.27　円盤を回転させると球やドーナツ状の図形ができる
（図 6.7 再掲）

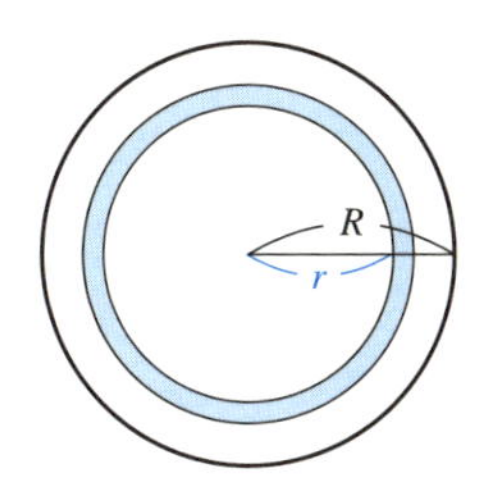

図 6.28　薄皮を積み重ねていって球の体積を求める

という順序で円の面積を計算しました．次元を上げた場合の例として，風船に空気を入れて膨らましていくときの体積変化に注目するという視点で

球の表面積の公式 ⇝ 球の体積

の関係を見てみましょう．この対応を逆に用いることによって，球やドーナツの表面積を体積の公式から求めます．

ここで用いる図をもう一度掲載しておきます（図 6.27）．まず，半径 R の球の体積と球の表面積の関係を調べ，これを使って球の表面積を計算します．同じ中心で R より小さな半径 r の球の体積を $V(r)$ とし，その表面積を $S(r)$ とします．この r を少しずつ大きくしていくと，饅頭（まんじゅう）の皮のような，球面に少し厚みをつけた図形ができるでしょう（図 6.28）．

半径 r の球面と半径 $(r+\Delta r)$ の球面の間にある饅頭の薄い皮のような図形の体積はだいたい「球面の面積 $S(r)\times$ 皮の厚さ Δr」となります．この総和を考える，つまり，饅頭の皮のような体積を全部集めていけば，全体の体積に近づくというわけです．

たとえば区間 $[0,R]$ を N 個の区間に分割し，その幅を順に $\Delta r_1,\cdots,\Delta r_N$，各区間から選んだ点を $r_1,\cdots,r_N$ とします．饅頭の薄い皮のような図形の体積の和は，ほぼ $\sum_{i=1}^{N} S(r_i)\Delta r_i$ と考えられるので，分割を細かくした極限として，

$$\sum_{i=1}^{N} S(r_i)\Delta r_i \xrightarrow[\text{分割を細かくする}]{} \int_0^R S(r)\,dr$$

が半径 R の球の体積 $V(R)$ となります．第 6.1.2 項の(6.3)では，別の方法で $V(R)$ が $\frac{4}{3}\pi R^3$ となることをすでに計算していました．そのときは，球を横に薄くスライスするという分割を用いたのですが，今回は，球を饅頭の皮のように薄く同心球で分割しています．この 2 つの異なる分割方法を見比べると，

$$\int_0^R S(r)\,dr = V(R) = \frac{4}{3}\pi R^3$$

が成り立ちます．積分して微分すると元の関数に戻るという微分積分学の基本定理を思い出すと，上の等式の R に関する微分は，

$$S(R) = V'(R) = 4\pi R^2$$

となります．このようにして，

$$\text{半径 } R \text{ の球の表面積 } S(R) = 4\pi R^2$$

が証明できました．

同じようにして，ドーナツの表面積を求めてみましょう．第 6.1.2 項ではドーナツのサイズを 2 つの数 R, L を用いて表しました．すなわち直線(図 6.27 右では z 軸)から L だけ離れた点を中心に半径 $R\,(<L)$ の円盤を描き，直線を回転軸にしてこの円盤をぐるっと回すとドーナツができます．このドーナツの体積を $V(R,L)$ と書くと，輪切りにして「互い違いに重ねる」という方法で $V(R,L)=2\pi^2R^2L$ となることを(6.2)で算出しました．この式を用いて，このド

ーナツの表面積も求めます．今度はドーナツの分割の方法を変えてみます．うんと細いドーナツから厚みを少しずつ増やしていくことを考えるのです．それぞれの段階で増える薄い皮のような部分の体積を全部足し合わせればドーナツ全体の体積に近づくはずです．

ドーナツの厚みを増やしていくのには，図 6.27 の右上の円盤の半径 R のかわりに半径 r とし，r を 0 から R まで動かせばよいのです．

そこで半径 r の円盤 $(0<r\leqq R)$ を回転させた（細い）ドーナツの表面積を $S(r,L)$ とします．回転軸との距離 L は止めて考えます．

先ほどと同じように区間 $[0,R]$ を N 個の区間に分割し，その幅を順に $\Delta r_1, \cdots, \Delta r_N$ とし，各区間から選んだ点を $r_1,\cdots,r_N$ とします．半径 r_i の円盤を回転させたドーナツの表面積は $S(r_i,L)$ なので，それが Δr_i の厚みをもっているとすると，ドーナツの薄い皮のような図形の体積はほぼ $S(r_i,L)\Delta r_i$ となります．これを足し合わせれば，ほぼドーナツの体積になり，分割を細かくすれば，

$$\sum_{i=1}^{N} S(r_i,L)\times\Delta r_i \xrightarrow[\text{分割を細かくする}]{} \text{ドーナツの体積} = V(R,L)$$

となります．区分求積法の定義により，この極限は積分 $\displaystyle\int_0^R S(r,L)\,dr$ と表されるので，$\displaystyle\int_0^R S(r,L)\,dr = V(R,L)$ がわかりました．一方，輪切りにして積み重ねるという別の方法で求めたドーナツの体積の公式 (6.2) と合わせて，

$$\int_0^R S(r,L)\,dr = V(R,L) = 2\pi^2R^2L$$

が成り立つことになります．この等式を R で微分します．L を止めて考えているので，微分は偏微分の記号で表します．微分積分学の基本定理より，

$$\text{ドーナツの表面積}\ S(R,L) = \frac{\partial}{\partial R}V(R,L) = \frac{\partial}{\partial R}(2\pi^2R^2L) = 4\pi^2RL$$

となります．このようにして，

$$\text{ドーナツの表面積の公式}\quad S(R,L) = 4\pi^2RL$$

が得られました．

この章では「細かく分けて足し合わせる」という考え方を土台にして，積分論を展開しました.「そこにある量」をとらえるために細かく分けるのにはいろいろなやり方がありますが，どの分割をとっても同じ量が得られます．このことを利用して，多重積分にいろいろな計算方法があることを導き，その一例として，一見難しそうな表面積の公式も自然に求めることができました.

おわりに

この本は微分・積分の通常の教科書とは趣を異にし，定理・公式やその証明や計算よりも，「そもそも微分や積分は何をとらえているか」という芯の部分を大事にして，一数学者の思考の過程をお見せしながらお話ししてきました．

まず，大きな数を理解しよう，というところから始めました．微分を考えるというのは，無限小のレベルにおける姿を見ようとしているわけですけれども，無限小の極限をとらえるためには，主要な部分が何かを見抜く必要があります．同じ小さな量でも，切り捨ててはいけない量と，目的によっては切り捨ててよい量があります．それを見分ける眼力と論理的思考力を育てようということで，大きな数と小さな数について「そんなことは知っているよ」と思わずに，複数の視点で感覚を研ぎ澄ませるためのトレーニングをしました．

微分や偏微分は少し抽象的な概念ですが，的確なイメージがつかめるよう，ただ計算するのではなくて，身近な場面でどういうときに「微分を感じるか」という話もたくさんしました．積分の方は，感じるというよりも，「そこにある量」を算出するために，細かく分けて合算する考え方に普遍性があるというお話をしました．そして，いろいろな具体例を通じ，何をどのように扱えば，知りたい量を積分でとらえられるかについてのイメージをふくらませてみました．

この本では，できるだけものの本質を前面に出して，それを易しく話そうと努めました．しかし，数学は理解するのに時間がかかることがあります．わからないところが出てきたら，一歩踏み込んで，手を動かしてみたり，どこがわからないかをゆっくりと自問したり，人と議論して言葉にしてみたりという時間を設けると，さらにたくさんの‘気づき’が生まれてくると思います．

本書を通じて読者のみなさんが数学を好きになり，数学的な地力が高まるきっかけになれば嬉しく思います．

謝　辞

本書のもとになった東京大学の前期課程の講義における多くの受講者や，講義のティーチング・アシスタントをしてくださった大学院生の方々からは折に触れて貴重なコメントをいただきました．また，原稿の段階から刊行まで長い期間にわたって岩波書店編集部の濱門麻美子さんには非常にお世話になりました．最後に，本書の草稿に建設的なアドバイスを下さった以下の方々の名前を五十音順で記して感謝の意を表したいと思います．

青山天馬，井上ゆい，加藤晃史，北川宜稔，久保利久，郡山幸雄，
里見貴志，田内大渡，田中雄一郎，田森宥好，樋川達郎，
ビクトール・ペレズ=バルデス，宮内俊輔，吉野太郎

図版出典

図 3.13 の鍵盤のイラスト	awk07/123RF
図 4.8，4.10，5.12 の人物アイコン	stodolskaya/123RF
図 4.21 の手のイラスト	tastycat/123RF
図 5.3 の天気図	気象庁
図 6.22，6.23 の人物アイコン	salamzade/123RF
図 6.25 の日本地図	CraftMAP

索　引

太字のページには，その用語の定義や説明がある

記 号

欧 字

数 字

あ 行

か 行

さ 行

た 行

な 行

は 行

ま 行

や 行

ら 行

小林俊行

東京大学大学院数理科学研究科教授．理学博士．専門は対称性の数学．特に無限次元表現の分岐理論，非可換調和解析，不連続群論の先駆的な研究で知られる．
1962年生まれ．1985年東京大学理学部数学科卒業．1987年東京大学大学院理学系研究科修士課程修了．東京大学助手・助教授，京都大学数理解析研究所助教授・教授を経て，2007年より現職．2011-2022年東京大学国際高等研究所カブリ数物連携宇宙研究機構主任研究員兼任．2023年より日仏数学連携拠点所長兼任．ハーバード大学・イェール大学・ソルボンヌ大学(旧パリ第6大学)ほか客員教授．
1999年日本数学会賞春季賞．2002年国際数学者会議(ICM)招待講演．2006年大阪科学賞．2006年度日本学術振興会賞．2008年フンボルト賞．2010年度井上学術賞．2014年紫綬褒章．2017年アメリカ数学会フェロー．2022年ランス大学(フランス)名誉博士．
著書に『リー群と表現論』(共著，岩波書店)，『新・数学の学び方』(分担執筆，岩波書店)，『数学の最先端 21世紀への挑戦 第1巻』(分担執筆，丸善出版)，共編著書に『数学の現在 i, π, e』(東京大学出版会)，『数学は役に立っているか？』(丸善出版)など．

地力をつける 微分と積分

2024年 9 月20日 第1刷発行
2024年10月15日 第2刷発行

著 者 小林俊行(こばやしとしゆき)

発行者 坂本政謙

発行所 株式会社 岩波書店
〒101-8002 東京都千代田区一ツ橋 2-5-5
電話案内 03-5210-4000
https://www.iwanami.co.jp/

印刷・製本 法令印刷

ISBN 978-4-00-005889-6 Printed in Japan